三菱FX系列 PLC

编程速成 全图解

韩相争 编著

MITSUBISHI

化学工业出版社

·北京·

图书在版编目（CIP）数据

三菱 FX 系列 PLC 编程速成全图解/韩相争编著. —北京：化学工业出版社，2015.6（2020.9 重印）
ISBN 978-7-122-23649-4

Ⅰ.①三⋯ Ⅱ.①韩⋯ Ⅲ.①PLC 技术-程序设计-图解 Ⅳ.①TM571.6-64

中国版本图书馆 CIP 数据核字（2015）第 075168 号

责任编辑：宋　辉　　　　　　　　　　　　装帧设计：王晓宇
责任校对：吴　静

出版发行：化学工业出版社（北京市东城区青年湖南街 13 号　邮政编码 100011）
印　　装：三河市延风印装有限公司
787mm×1092mm　1/16　印张 19　字数 493 千字　　2020 年 9 月北京第 1 版第 10 次印刷

购书咨询：010-64518888　　　　　　　　售后服务：010-64518899
网　　址：http://www.cip.com.cn
凡购买本书，如有缺损质量问题，本社销售中心负责调换。

定　　价：56.00 元

前言
FOREWORD

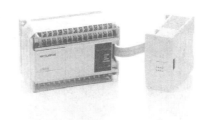

　　三菱 FX 系列 PLC 以其结构简单、功能强大、性价比高等优点，在工控等领域应用广泛。因此，熟悉 FX 系列 PLC 的性能，掌握其工作原理、编程方法和系统设计，对于电气工程技术人员来说，显得尤为重要。

　　本书以 FX 系列 PLC 为讲授对象，从实际应用的角度着眼，结合笔者多年教学和工程实践经验，以 FX 系列 PLC 结构、工作原理、指令系统及应用为基础，以数字量、模拟量和通信的编程方法为重点，以控制系统的设计为最终目的，循序渐进，由浅入深全面展开内容。

　　全书共分 9 章，包括 PLC 概述、FX 系列 PLC 硬件组成与编程基础、三菱 PLC 编程软件的使用方法、FX 系列 PLC 基本指令、应用指令、数字量控制程序的设计、模拟量控制程序的设计、通信及应用、控制系统的设计及附录。

　　本书具有以下特色：

　　1. 从实际的角度出发，重点讲述 FX 系列 PLC 的编程方法和控制系统设计，为读者解决编程无从下手和系统设计缺乏实践经验的难题；

　　2. 编程方法涵盖数字量控制、模拟量控制和通信领域，方法齐全新颖；

　　3. 以 FX 系列 PLC 系统说明书、编程说明书及硬件说明书为第一手资料，与实际接轨性强；

　　4. 系统地介绍三菱通用编程软件 GX Developer；

　　5. 以图解的形式编写，图文并茂，生动形象，易学易懂；

　　6. 理实结合，编写过程中列举了大量的应用实例；

　　7. 设有"重点提示"专栏，时时和读者进行编程经验的交流。

　　本书具有实用性，不仅为初学者提供了一套有效的编程方法，还为工程技术人员提供了大量的实践经验，可作为广大电气工程技术人员自学和参考用书，也可作为高等工科院校、职业技术院校自动化、机电一体化的 PLC 教材。

　　全书由韩相争编著，宁伟超、李艳昭审阅，李志远、杨萍、杜海洋和刘将帅校对，对于他们付出的辛苦和大力支持，在此一并表示衷心的感谢。

　　由于笔者水平有限，书中难免有不足之处，敬请广大专家和读者批评指正。

韩相争

目 录
CONTENTS

第 9 章
PLC 控制系统的设计 235

第1章

PLC 概述

本章要点

- ◉ PLC 硬件和软件组成
- ◉ PLC 编程语言
- ◉ PLC 工作原理
- ◉ PLC 分类、特点、应用领域及发展趋势

1.1 PLC 的组成

PLC 与一般的计算机一样，也是由硬件和软件两部分组成。

1.1.1 PLC 的硬件组成

目前 PLC 的生产厂家很多，其产品结构也不一致，但硬件组成大致相同。本书将采用经典的计算机结构对 PLC 硬件组成进行讲解，PLC 的硬件组成如图 1-1 所示。从图中不难发现，PLC 的硬件由 CPU 单元、存储器单元、输入输出接口模块、电源、通信接口及扩展接口等组成。

（1）CPU 单元

CPU 又称中央处理器，是 PLC 的控制核心，相当于人的大脑和心脏。它不断地采集输入电路的信息，执行用户程序，刷新系统输出，以实现现场各个设备的控制。CPU 由运算器和控制器两部分组成。运算器是完成逻辑、算术等运算的部件；控制器是用来统一指挥和控制 PLC 工作的部件。

通常 PLC 采用的 CPU 有三种形式，分别为通用微处理器、单片机芯片和位片式微处理器。一般说来，小型 PLC 多采用 8 位通用微处理器或单片机芯片作为 CPU，它具有价格低、普及通用性好等优点。中型 PLC 多数采用 16 位微处理器或单片机作为 CPU，其具有集成度高、运算速度快、可靠性高等优点。大型 PLC 多采用位片微处理器作为 CPU，其具有灵活性强、速度快、效率高等优点。

目前一些生产厂家（如德国西门子公司）在生产 PLC 时，采用冗余技术即采用双 CPU 或三 CPU 工作，使 PLC 平均无故障工作时间达几十万小时以上。

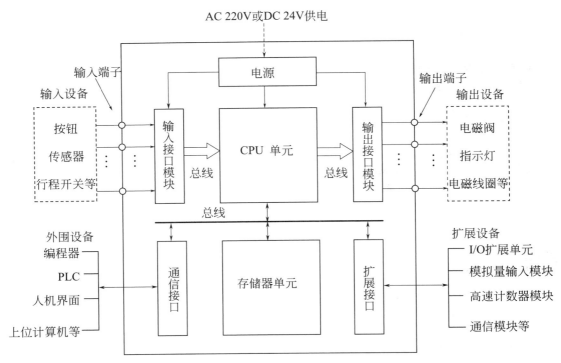

图 1-1　PLC 硬件组成框图

（2）存储器单元

PLC 的存储器由只读存储器（ROM）、随机存储器（RAM）和可电擦写存储器（EEP-ROM）三部分组成。其功能是存储系统程序、用户程序及中间工作数据。

只读存储器（ROM）用来存储系统程序，是一种非易失性存储器。在 PLC 出厂时，厂家已将系统程序固化在 ROM 中，通常用户不能改变。

随机存储器（RAM）用来存储用户程序和中间运算数据，它是一种高密度、低功耗、价格廉的半导体存储器。其不足在于数据存储具有易失性，往往配有锂电池作为备用电源。当关断 PLC 的外接电源时，由锂电池为随机存储器（RAM）供电，这样可以防止数据丢失。锂电池的使用寿命与环境温度有关，通常可以用 5～10 年，在经常带负载的情况下，能用 2～5 年。当锂电池电压过低时，PLC 指示灯会放出欠电压信号，提醒用户更换锂电池。

可电擦写存储器（EEPROM）兼有 ROM 非易失性和 RAM 随机存取的优点，用来存取用户程序和需要长期保存的重要数据。

重点提示

① 多数 PLC 中的存储器直接集成在 CPU 内。

② 现在部分 PLC 仍用 RAM 存储用户程序。

（3）输入输出接口模块

输入输出接口模块：输入输出接口模块（Input Out Unit，简称 I/O 模块），相当于人的眼睛、耳朵和四肢，是联系外部设备（输入输出电路）和 CPU 单元的桥梁，本质上就是 PLC 传递输入输出信号的接口部件。其具有传递信号、电平转换与隔离作用。

① 输入接口模块。用来接收和采集现场输入信号，经滤波、光电隔离、电平转换后，

以能识别的低压信号形式送交给 CPU 进行处理。

图 1-2 为输入接口模块的电路原理图。当传感器中 NPN 型晶体管饱和导通时，DC 电源、光电耦合器、电阻 R_2、端子 X1、NPN 型晶体管、COM 端形成通路，光电耦合器中的反向并联二极管有一个发光，光敏三极管饱和导通，这样将外部传感器的 1 状态写入了 CPU 的内部；当传感器中 NPN 型晶体管截止时，以上各者不能构成通路，光电耦合器中的反向并联二极管不发光，光敏三极管截止，这样将外部传感器的 0 状态写入了 CPU 的内部。

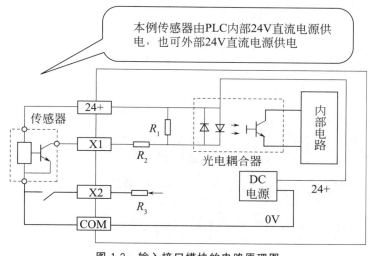

图 1-2　输入接口模块的电路原理图

② 输出接口模块。根据驱动负载元件的不同，可以将输出接口模块分为继电器输出接口模块、晶体管输出接口模块、双向晶闸管输出接口电路。

a. 继电器输出接口模块，如图 1-3 所示。该输出接口模块通过驱动继电器线圈来控制常开触点的通断，从而实现对负载的控制。通常继电器输出型既能驱动交流负载，又能驱动直流负载，驱动能力一般每一个输出点在 2A 左右。它具有使用电压范围广，导通压降小，承受瞬时过电压和过电流能力强的优点，但动作速度较慢，寿命相对无触点器件来说要短，工作频率较低。一般适用于输出量变化不频繁和频率较低的场合。

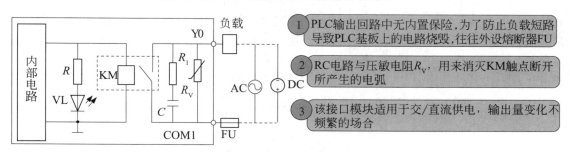

图 1-3　继电器输出接口电路

继电器输出接口模块的工作原理：当内部电路的状态为 1 时，继电器 KM 的线圈得电，常开触点闭合，负载得电。同时输出指示灯 VL 点亮，表示该路有输出；当内部电路的状态为 0 时，继电器 KM 的线圈失电，常开触点断开，负载断电。同时输出指示灯 VL 熄灭，表示该路无输出。其中与触点并联的 RC 电路和压敏电阻 R_v 用来消除触点断开产生的电弧。

b. 晶体管输出接口模块，如图 1-4 所示。晶体管输出型也称直流输出型，属于无触点输出型模块，因输出接口模块的输出电路采用晶体管而得名，其输出方式一般为集电极输出型。该输出接口模块通过控制晶体管的通断，从而控制负载与外接电源通断。一般说来，晶体管输出接口模块只能驱动直流负载，驱动负载能力每一输出点在 0.5A 左右。它具有可靠性强，执行速度快，寿命长等优点，但其过载能力差。往往适用于直流供电和输出量变化较快的场合。

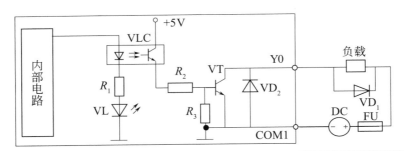

图 1-4　晶体管输出接口模块电路

晶体管输出接口模块的工作原理：当内部电路的状态为 1 时，光电耦合器 VLC 导通，使得大功率晶体管 VT 饱和导通，负载得电。同时输出指示灯 VL 点亮，表示该路有输出。当内部电路为 0 时，光电耦合器 VLC 不导通，使得大功率晶体管 VT 截止，负载断电。同时输出指示灯 VL 熄灭，表示该路无输出。当负载为感性时，会产生较大的反向电动势，为了防止 VT 过电压损坏，在负载两端并联了续流二极管 VD_1 为放电提供了回路。VD_2 为保护二极管，为了防止外部电源极性接反、电压过高或误接交流电源使晶体管损坏。

c. 双向晶闸管输出型，如图 1-5 所示。双向晶闸管输出型也称交流型输出型，双向晶闸管输出型和晶体管输出型一样，都属于无触点输出型接口模块。该输出接口模块通过控制双向晶闸管的通断，从而控制负载与外接电源通断。通常双向晶闸管输出接口模块只能驱动交流负载，驱动负载能力一般每一输出点在 0.3A 左右，它具有可靠性强、反应速度快，寿命长等优点，但其过载能力差。往往适用于交流供电和输出量变化快的场合。

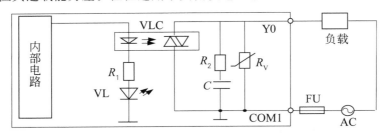

图 1-5　双向晶闸管输出接口电路

双向晶闸管输出接口模块的工作原理：当内部电路的状态为 1 时，光电耦合器 VLC 中的发光二极管导通发光，相当于给双向晶闸管一个触发信号，双向晶闸管导通，负载得电，同时输出指示灯 VL 点亮，表示该路有输出。当内部电路的状态为 0 时，光电耦合器 VLC 中的发光二极管不发光，双向晶闸管无触发信号，双向晶闸管不导通，负载失电，输出指示灯 VL 不亮，表示该路无输出。当感性负载断电，阻容电路 RC 和压敏电阻 R_V 会吸收电感释放的磁场能，从而保护了双向晶闸管。

（4）电源

PLC 的供电电源有交流和直流两种形式。交流多为 AC 220V，直流多为 DC 24V。PLC 内部一般都有开关电源，一方面为机内电路供电，另一方面还可为外部输入元件及扩展模块提供 DC 24V 电源。

重点提示

> PLC 除本机需要供电外，输入/输出设备也需要供电。输入设备可以由 PLC 内部电源供电，也可外接 DC24V 电源；输出设备用户需视其负载的性质，选择合适的交流或直流电源。

（5）通信接口及扩展接口

通信接口的作用主要实现 PLC 与外围设备的数据交换。通过通信接口，PLC 可连接编程器、上位机、人机界面和其他 PLC 等，以构成局域网及分布式控制系统。PLC 的通信接口一般为 RS-232、RS-422、RS-485 等标准串行接口。

为了提升 PLC 的控制能力，可以通过扩展接口为 PLC 增设一些专用模块，如 I/O 扩展模块、模拟量输入/输出模块、高速计数器模块和通信模块等。

1.1.2　PLC 的软件组成

PLC 控制系统除需要硬件外，还需软件的支持，二者之间缺一不可，共同构成了 PLC 的控制系统。PLC 的软件通常由系统程序和用户程序两部分组成，如图 1-6 所示。

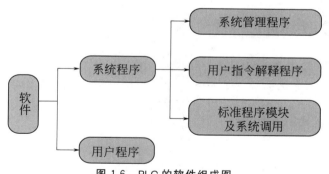

图 1-6　PLC 的软件组成图

（1）系统程序

系统软件在产品出厂时，由厂家固化在只读存储器（ROM）中，通常用户不能改变。系统软件其功能是控制 PLC 的运行，通常由系统管理程序、用户指令解释程序、标准程序模块及系统调用三部分构成。

① 系统管理程序。系统管理程序是系统软件中最重要、最核心的部分，它主管控制 PLC 的运行，使整个 PLC 有条不紊地工作。其作用可以概括为三个方面。

a. 运行管理：时间分配的运行管理即控制 PLC 输入、输出、运行、自检及通信的时序。

b. 存储空间的分配管理：主要进行存储空间的管理即生成用户环境，由它规定各种参数、程序的存放地址，将用户使用的数据参数存储地址转化为实际的数据格式及物理存放地址等，它将有限的资源变为用户可直接使用的很方便的元件。例如，它们可将有限个 CTC 扩展为上百个用户时钟和计数器，通过这部分程序，用户看到的就不是实际机器存储地址和 CTC 的地址了，而是按照用户数据结构排列的元件空间和程序存储空间。

c. 系统自检程序：它包括各种系统出错检验、用户程序语法检验、句法检验、警戒时钟运行等。

② 用户指令解释程序。用户指令解释程序的主要任务是将用户编程使用的 PLC 语言（如梯形图语言）变为机器能懂的机械语言程序，用户指令解释程序是联系高级程序语言和机器码的桥梁。众所周知，任何计算机最终执行的都是机器语言指令，但用机器语言编程却是非常复杂的事情。PLC 可用梯形图语言编程，把使用者直观易懂的梯形图变成机器语言，这就是解释程序的任务。解释程序将梯形图逐条翻译成相应的机器语言指令，在由 CPU 执行这些指令。

③ 标准程序模块及系统调用。标准程序模块和系统程序调用由许多独立的程序组成，各程序块具有不同的功能，有些完成输入、输出处理，有些完成特殊运算等。

（2）用户程序

用户程序也称用户软件，所谓的用户程序是指用户利用 PLC 厂家的编程语言根据工业现场的控制要求编写出来的程序。它通常存储在用户存储器（即可电擦写存储器 EEPROM）中，用户可根据控制的实际需要，对原有的用户程序进行相应的修改、增加或删除。用户程序包括开关量逻辑控制程序、模拟量控制程序、PID 闭环控制程序和操作站系统应用程序等。

在 PLC 的应用中，最重要的是利用 PLC 的编程语言来编写用户程序，以实现对工业现场的控制。PLC 的编程语言种类繁多，常用的有梯形图语言、指令表语言、顺序功能图语言等。对于这些编程语言，我们将在下一节详细介绍。

1.2　PLC 编程语言

利用 PLC 厂家的编程语言来编写用户程序是 PLC 在工业现场控制中最重要的环节之一，用户程序的设计主要面向的是企业电气技术人员，因此对于用户程序的编写语言来说，应采用面对控制过程和控制问题的"自然语言"，1994 年 5 月国际电工委员会（IEC）公布了 IEC61131-3《PLC 编程语言标准》，该标准具体阐述、说明了 PLC 的句法、语义和 5 种编程语言，具体情况如下。

① 梯形图语言（Ladder Diagram，LD）
② 指令表（Instruction List，IL）
③ 顺序功能图（Sequential Function Chart，SFC）
④ 功能块图（Function Block Diagram，FBD）
⑤ 结构文本（Structured Text，ST）

在该标准中，梯形图（LD）和功能块图（FBD）为图形语言；指令表（IL）和结构文本（ST）为文字语言；顺序功能图（SFC）是一种结构块控制程序流程图。

本书应实际编写的需要，对功能块图和结构文本这两种语言不做讨论。

1.2.1 梯形图

梯形图是 PLC 编程中使用最多的编程语言之一，它是在继电器控制电路的基础中演绎出来的，因此分析梯形图的方法和分析继电器控制电路的方法非常相似。对于熟悉继电器控制系统的电气技术人员来说，学习梯形图不用花费太多的时间。

（1）梯形图的基本编程要素

梯形图通常由触点、线圈、功能框三个基本编程要素构成。为了进一步了解梯形图，需要弄清以下几个基本概念：

① 能流：在梯形图中，为了分析各个元器件输入输出关系，而引入的一种假象的电流，我们称之为能流。通常认为能流是按从左到右的方向流动，能流不能倒流，这一流向与执行用户程序的逻辑运算关系一致，见图 1-7。在图 1-7 中，在 X0 闭合的前提下，能流有 4 条路径，现以其中的两条为例给予说明：一条为触点 X0、X1 和线圈 Y0 构成的电路；另一条为触点 Y0、X1 和线圈 Y0 构成的电路。

② 母线：梯形图中两侧垂直的公共线，称之为母线。母线可分为左母线和右母线。通常左母线不可省，右母线可省，能流可以看成由左母线流向右母线，如图 1-7 所示。

③ 触点：触点表示逻辑输入条件。触点闭合表示有"能流"流过，触点断开表示无"能流"流过。常用的有常开触点和常闭触点 2 种，如图 1-7 所示。

④ 线圈：线圈表示逻辑输出结果。若有"能流"流过线圈，线圈吸合，否则断开。

⑤ 功能框：代表某种特定的功能。"能流"通过功能框时，则执行功能框的功能，功能框代表的功能有多种如：数据传递、移位、数据运算等，如图 1-7 所示。

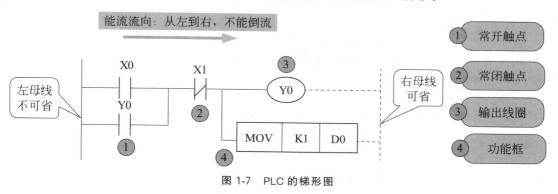

图 1-7　PLC 的梯形图

（2）举例：三相异步电动机的启保停电路

三相异步电动机的启保停电路，如图 1-8 所示。通过对图 1-8 的分析不难看出，梯形图电路和继电器控制电路一一呼应，电路结构大致相同，控制功能相同，因此对于梯形图的理解完全可以仿照分析继电器控制电路的方法。

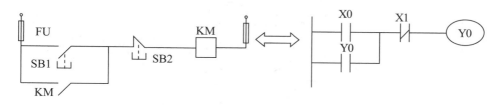

图 1-8　三相异步电动机的启保停电路

梯形图电路与继电器控制电路的符号对照,如表 1-1 所示。

表 1-1　梯形图电路与继电器控制电路的符号对照

符号名称	继电器电路符号	梯形图符号	备注
常开触点	──╱──	──╎╎──	无
常闭触点	──╲──	──╎╱╎──	无
输出线圈	──▭──	──◯──	书面上的线圈
		──（　　）──	编程软件上的线圈
功能框	无	──▭▭──	书面上的功能框
		──［　　］──	编程软件上的功能框

重点提示

　　我们做这样的约定,对于输出线圈和功能框在指令讲解上采用书面的书写模式,在实际举例中将采用编程软件上的书写模式。

（3）梯形图的特点

① 梯形图与继电器原理图相呼应,形象直观,易学易懂。

② 梯形图可以有多个网络,每个网络只写一条语言,在一个网络中可以有一个或多个梯级,如图 1-9 所示。

③ 每行起于左母线,然后为触点的连接,最后终止于线圈/功能框或右母线。

④ 能流不是实际的电流,是为了方便对梯形图的理解假想出来的电流,能流方向从左向右,不能倒流。

⑤ 在梯形图中每个编程元素应按一定的规律加标字母和数字,例：X0、M100 等。

⑥ 梯形图中的触点、线圈仅为软件上的触点和线圈,不是硬件上（实际）的触点和线圈,因此在驱动控制设备时需要接入实际的触点和线圈。

⑦在梯形图中,同一编号的触点可用多次,同一编号的线圈不能用多次,否则会出现双线圈（同一编号的线圈出现的次数大于或等于2）问题。

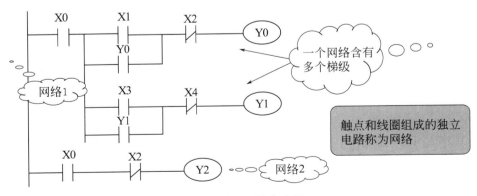

图 1-9　梯形图特点验证

1.2.2　指令表

指令表是一种类似于微机汇编语言的一种文本语言，由操作码和操作数构成。其中操作码表示操作功能；操作数表示指定的存储器的地址，操作数可能有一个或多个，有时也可能没有操作数，如图 1-10 所示。

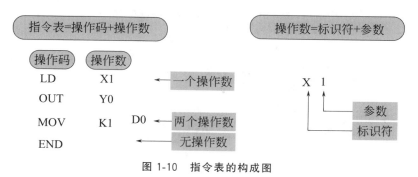

图 1-10　指令表的构成图

指令表可供经验丰富的编程员使用，有时可以实现梯形图所不能实现的功能。

1.2.3　顺序功能图

顺序功能图是一种图形语言，它具有条理清晰、思路明确、直观易懂等优点，适用于开关量顺序控制程序的编写。

顺序功能图主要由步、有向连线、转换条件和动作等要素组成，如图 1-11 所示。在顺序程序的编写时，往往根据输出量的状态将一个完整的控制过程划分为若干个阶段，每个阶段就称为步，步与步之间有转换条件，且步与步之间有不同的动作。当上一步被执行时，满足转换条件立即跳到下一步，同时上一步停止。在编写顺序控制程序时，往往先画出顺序功能图，然后再根据顺序功能图写出梯形图，经过这一过程后使程序的编写大大简化。

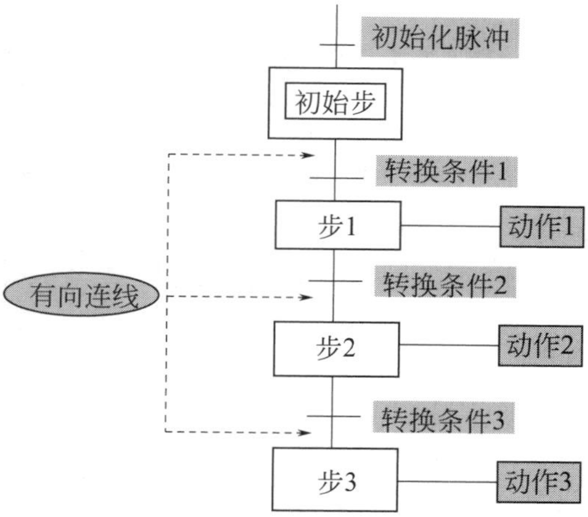

图 1-11　顺序功能图

1.3　PLC 工作原理

PLC 的工作原理可以简单地描述为在系统程序的管理下，通过运行应用程序对控制要求进行处理判断，并通过执行用户程序来实现控制任务。其特点可以概括为："循环扫描，集中处理"。循环扫描指的是 PLC 的工作方式，集中处理指的是在用户程序扫描阶段，对输入采样、用户程序的执行、输出刷新三个阶段进行集中处理。PLC 的工作原理具体如下。

1.3.1　循环扫描方式

◆循环扫描方式：PLC 作为工业控制计算机，它采用的是循环扫描的工作方式。循环扫描的工作方式是指在 PLC 运行时，CPU 根据分时操作原理将用户程序按指令排布的先后顺序进行周期性扫描，在无跳转指令的情况下，则从第一条指令开始逐条执行，直到最后一条指令执行结束，然后再重新返回到第一条指令开始新一轮的扫描。每次扫描所用的时间称为扫描周期或工作周期。

需要指出的是，PLC 在运行时 CPU 不可能同时处理多项操作，只能是一个时刻执行一个操作，由于 CPU 的运算处理速度相当快，从宏观的角度看，PLC 外部装置的控制结果似乎是同时的。

◆循环扫描方式举例，如图 1-12 所示。

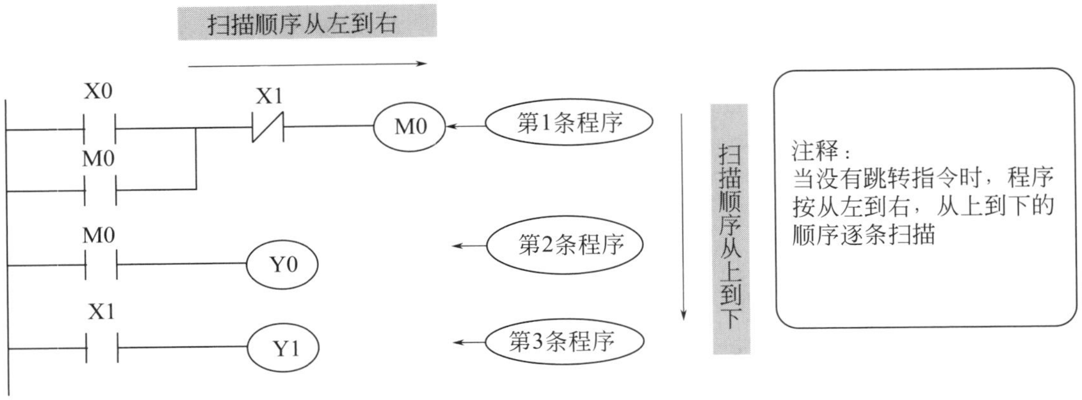

(a) 不含跳转指令程序

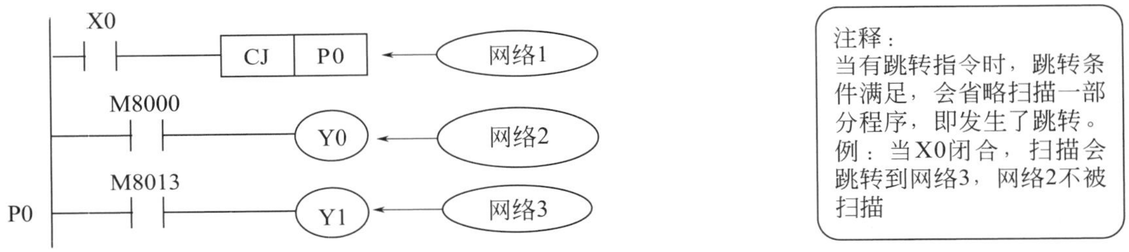

(b) 含跳转指令程序

图 1-12　循环扫描方式举例

1.3.2　工作过程

PLC 的工作过程可以分为两大部分，分别为公共处理阶段和用户程序扫描阶段，工作过程流程图如图 1-13 所示。当 PLC 运行时，首先进入公共处理阶段，当公共处理正常后，然后进入用户程序扫描阶段。

（1）公共处理阶段

① 内部处理阶段：当 PLC 上电后，CPU 需要各种内部处理，它包括清除内部继电器区，复位定时器和计数器，对电源、PLC 内部电路和用户程序语法进行检查等。

② 自诊断阶段：为了确保系统的可靠运行，PLC 在每个扫描周期都要进行自诊断，它包括检测用户存储器是否正常，检测扫描周期是否过长和复位监控定时器（WDT，也称看门狗指令）。如果发现异常情况，PLC 会根据错误的类别发出报警信号或中断 PLC 的运行。

③ 通信阶段：在每个通信阶段，PLC 需要进行 PLC 与 PLC、PLC 与计算机和 PLC 与

智能模块的信息交换；同时也接收编程器、上位机等外部设备的请求。

（2）用户程序扫描阶段

用户程序扫描的全过程，如图 1-14 所示。

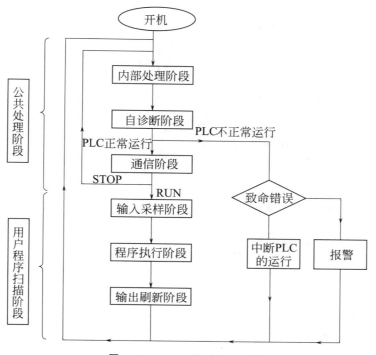

图 1-13 PLC 工作过程流程图

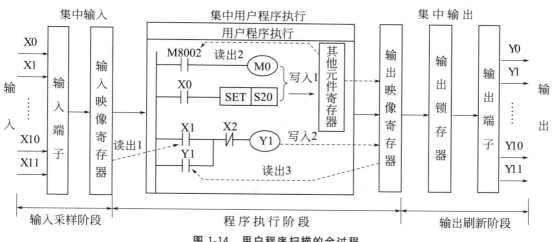

图 1-14 用户程序扫描的全过程

① 输入采样阶段：在输入采样阶段，PLC 首先扫描所有输入端子，将输入信号的状态按顺序集中写入输入映像寄存器中，这个过程叫作输入采样或输入刷新。当输入采样（输入刷新）完成后，关闭输入端口进入到下一阶段即程序执行阶段。进入程序执行阶段后，无论输入信号的状态是否改变，输入映像寄存器的内容也不改变，用户程序执行所用到的输入信号状态只能在输入映像寄存器中读取，即使外部的输入信号发生改变，也只能在下一扫描周

期被读取。

需要说明的是，在输入采样阶段，所有输入信号的状态均写在输入映像寄存器中，用户程序所需要的输入状态均在输入映像寄存器中读取，而不能直接到输入端或输入模块中读取。

② 程序执行阶段：在程序执行阶段，PLC 按照从上到下从左到右的原则逐条执行用户程序。当遇到跳转指令时，根据跳转条件是否满足决定是否跳转。当执行程序涉及到输入信号的状态时，需根据具体情况到输入映像寄存器或其他元件寄存器中读取。用户程序运算后的结果均写入输出映像寄存器或其他元件寄存器中，而不是直接驱动外部负载。当最后一条程序执行完毕后，立刻进入到下一工作阶段即输出刷新阶段。

③ 输出刷新阶段：当程序中所有指令执行完毕后，PLC 将输出映像寄存器的内容依次送到输出锁存器中，并通过一定输出方式（继电器输出、晶体管输出和双向晶闸管输出）经输出端子驱动外部负载。在刷新阶段结束后，CPU 进入下一扫描周期，重新执行输入采样并周而复始地循环。

1.3.3 PLC 的信号处理原则

① 输入映像寄存器中的数据内容集中输入，其数据内容取决于当前扫描周期输入采样所处的状态。在程序执行和输出刷新阶段，输入映像寄存器中的数据内容不会因输入信号的状态发生改变而改变。

② 输出映像寄存器的数据内容集中输出，在输入采样和输出刷新阶段，输出映像寄存器的数据内容不会发生改变。

③ 输出端子直接与外部负载相连，其状态由输出映像寄存器中的数据来确定。

1.3.4 PLC 的延时问题

PLC 的延时时间一般由输入延时、程序执行延时和输出延时三部分组成。

① 输入延时有两部分：一部分是输入信号经输入接口模块到达 PLC 内部所需的时间；另一部分是输入信号等待输入采样阶段到来所用的时间；一般说来，输入信号状态的变化是否改变输入映像寄存器的内容就取决于输入延时，为了确保 PLC 正常工作，一般要求输入信号脉冲宽度大于一个扫描周期。

② 程序执行延时就是在输入采样阶段、程序执行阶段和输出刷新阶段所用的时间。

③ 输出延时也有两部分：一部分是输出锁存器的内容经输出接口模块转换输出信号所用的时间；另一部分是输出信号等待输出刷新阶段到来所用的时间。输出延时与输出接口模块的类型有关。

1.3.5 PLC 控制系统与继电器控制系统工作方式的比较

① 继电器控制系统是典型的硬件接线系统，在忽略电磁滞后和机械滞后的情况下，只要形成电流通路，就可能有几个接触器或继电器同时动作，因此继电器控制系统采用的是并行工作方式。

② PLC 控制系统是典型的存储程序系统，由于程序指令分时执行，对于 PLC 中的软继电器来说，不同时刻有不同的动作需要执行，因此 PLC 采用的是串行的工作方式。

③ 举例：图 1-15（a）中，当按下启动按钮 SB1，在忽略电磁滞后和机械滞后的情况下，线圈 KM1、KM2 和 KA 几乎同时得电，当按下停止按钮 SB2，在忽略电磁滞后和机械滞后的情况下，线圈 KM1、KM2 和 KA 几乎同时失电，因此说继电器控制系统采用的是并

行工作方式；图 1-15（b）中，当 X0 闭合时，在第一个扫描周期，软继电器 M0、Y1 得电，下一个扫描周期软继电器 Y0 才得电，PLC 是分时完成的任务，因此它采取的是串行的工作方式。

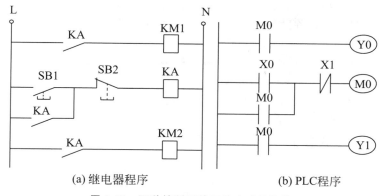

(a) 继电器程序   (b) PLC 程序

图 1-15 两种控制系统工作方式的比较

1.3.6 PLC 的等效电路

PLC 控制系统是在继电器控制系统的基础上演绎过来的，因此二者具有一定的相似性，我们不妨利用二者的相似性对 PLC 控制系统进一步加以理解。如图 1-16 所示，PLC 等效电路可以分为 3 部分：输入电路部分、程序控制电路部分和输出电路部分。输入电路用于采集输入信号，程序控制电路按照用户程序要求根据采集的数据和已知的结果进行逻辑运算，输出电路执行部件。

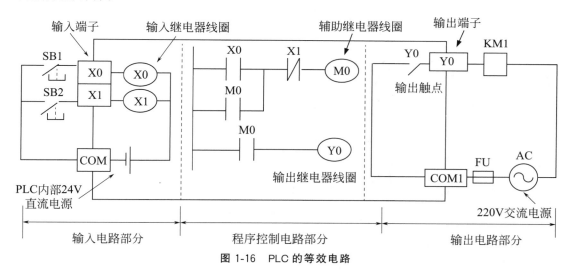

图 1-16 PLC 的等效电路

（1）输入电路部分

输入电路部分由外部输入电路、PLC 输入接线端子和输入软继电器组成。它通过外部信号的通断，从而来控制输入软继电器线圈的通断，进而使相应的输入映像寄存器写入"1"或"0"。

（2）程序控制电路部分

该电路作用是按照用户程序的逻辑关系，利用本次采样的输入信号值和已有的各个继电器线圈状态值进行逻辑运算，并将逻辑运算结果写入到各个输出继电器线圈对应的映像寄存器中。

（3）输出电路部分

输出电路部分由输出触点、输出接线端子和外部驱动电路组成。该电路作用是根据本次逻辑运算得到的结果，驱动相应的输出执行元件即输出刷新。

（4）举例

在图 1-16 中，当按下启动按钮 SB1，输入软继电器线圈 X0 得电，常开触点 X1 闭合，辅助继电器 M0 线圈得电并自锁，输出软继电器 Y0 线圈得电，常开触点 Y0 闭合，输出电路构成通路，进而驱动外部负载；当按下停止按钮 SB2，输入软继电器 X1 得电，常闭触点 X1 断开，辅助软继电器 M0 线圈和输出继电器 Y0 线圈失电，Y0 常开触点断开，输出电路形成断路，进而外部负载断电。

第 2 章

FX 系列 PLC 硬件组成与编程基础

本章要点

- FX 系列 PLC 型号与硬件配置
- FX 系列 PLC 外部结构与接线
- FX 系列 PLC 编程元件
- FX 系列 PLC 寻址方式

2.1 FX 系列 PLC 型号与硬件配置

2.1.1 FX 系列 PLC 概述

三菱 FX 系列 PLC 是在 F1/F2 系列 PLC 基础上发展起来的小型产品，以其结构紧凑、性能优越等特点，广受用户好评。FX 系列 PLC 有 5 种基本类型，具体如下。

① 三菱 FX1S 系列适用于较小的安装空间，它能满足低成本的用户在有限的 I/O 范围内，实现功能强大的控制。FX1S 最多可提供 30 个 I/O 点，并可以进行通信扩展，广泛运用于各种小型机械设备上。

② FX1N 系列是一款功能较强普及型 PLC。基本单元 I/O 点数有 14/24/40/60，可扩展到 128 点；8K 步存储容量，并且可以连接多种扩展模块，特殊功能模块；具有通信和数据链接功能。

③ FX2N 系列三菱公司推出的第 2 代产品，它是 FX 家族较先进的系列。它具有高速处理等功能，可提供大量满足单个需要的特殊功能模块，为工业自动化提供了很强的控制能力和很大的灵活性。

④ FX3U 系列是 FX 系列第 3 代高性能 PLC，在 FX2N 的基础上开发升级而来，更适应不断发展和更新的市场需要。增加了各种强大的功能，性能和速度大大提高。FX3U 系列 PLC 处理速度业内领先，达到了 $0.065\mu s$ 基本指令，内置了高达 64K 步的大容量 RAM 存

储器，大幅增加了内部软元件的数量。晶体管输出型的主机内置 3 轴最高 100kHz 的定位功能，增加了新的定位指令，从而使得定位控制功能更加强大，使用更为方便。

⑤ FX3G 系列是三菱电机推出的第 3 代微型 PLC，在 FX1N 的基础上升级开发而来。FX3G 系列 PLC 拥有 3 轴定位功能，多条定位指令，设置简便，是搭建伺服/步进等小型定位系统的首选机型。FX3G 系列 PLC 主机自带两路高速通信接口，内置 32K 存储器；可设置两级密码，每级 16 字符，增强了密码保护功能。标准模式时基本指令处理速度可达 0.21μs，可实现浮点数运算。

重点提示

三菱 FX 系列 PLC 发展到 FX2N 系列，功能趋于完备，对于其他系列来说，FX2N 起到了承前启后的过渡作用，因此本书以最有代表性的 FX2N 系列为主要研究对象，进行相关问题的讲述。

2.1.2　FX 系列 PLC 型号

① FX 系列 PLC 型号及说明，如图 2-1 所示。

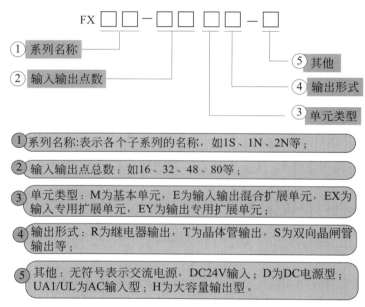

① 系列名称：表示各个子系列的名称，如 1S、1N、2N 等；

② 输入输出点总数：如 16、32、48、80 等；

③ 单元类型：M 为基本单元，E 为输入输出混合扩展单元，EX 为输入专用扩展单元，EY 为输出专用扩展单元；

④ 输出形式：R 为继电器输出，T 为晶体管输出，S 为双向晶闸管输出等；

⑤ 其他：无符号表示交流电源，DC24V 输入；D 为 DC 电源型；UA1/UL 为 AC 输入型；H 为大容量输出型。

图 2-1　FX 系列 PLC 型号及说明

② 举例：说出 FX2N-64MR、FX2N-8EYT 的含义。

解析：FX2N-64MR 表示 FX2N 系列，I/O 总点数为 64 点，基本单元，继电器输出方式；FX2N-8EYT 表示 FX2N 系列，I/O 总点数为 8 点，输出专用扩展单元，晶体管输出方式。

重点提示

FX 系列 PLC 基本单元与扩展单元的型号极易发生混淆，区别关键在于找到"单元类型"这一项，看是 M 还是 E，是 M 为基本单元，是 E 为扩展单元。

2.1.3 FX2N 系列 PLC 一般性能指标

在使用 FX 系列 PLC 前，需仔细阅读一般性能指标，只有这样设计出来的系统才能安全、可靠地工作。

① 环境指标：如表 2-1 所示。

表 2-1 环境指标

环境温度	使用时：0～55℃；保存时：−20～70℃；				
相对湿度	使用时：35～80RH（无凝露）				
耐振性能		频率	加速度	单振幅	X、Y、Z 方向各 10 次（合计各 80min）
	DIN 导轨安装时	10～57Hz	—	0.035mm	
		57～150Hz	4.9	—	
	直接安装时	10～57Hz	—	0.075mm	
		57～150Hz	9.8	—	
耐冲击性能	JISC0041 标准（147，作用时间 11ms，正弦半波脉冲下 X、Y、Z 方向各 3 次）				
抗噪声性能	采用噪声电压 1000V（峰—峰值），噪声宽带 1μs，周期 30～100Hz 的噪声模拟器				
耐压指标	AC1500V，1min			所有端子和接地端子之间	
绝缘电阻	DC500V 用兆欧表测 50MΩ 以上				
接地	D 种接地（不允许和强电系统共接地）				
使用环境	无腐蚀性、可燃性气体、无大量导电性尘埃				

② 输入技术指标：如表 2-2 所示。

表 2-2 输入技术指标

项目	DC 输入	DC 输入
机型	＜AC 电源型＞ FX2N 基本单元 FX2N 扩展单元	＜DC 电源型＞ FX2N 基本单元 FX2N 扩展单元
输入信号电压	DC24V±10％	
输入信号电流	7mA/DC24V（X10 以后为 5mA/DC24V）	
输入 ON 电流	4.5mA 以上/DC24V（X10 以后为 3.5mA/DC24V）	
输入 OFF 电流	1.5mA 以下	
输入响应时间	约 10ms X0～X17 内置数字滤波器，可在 0～60ms 范围内变更	
输入信号	触点输入或 NPN 型集电极开路晶体管	
电路隔离	光电隔离	
输入动作显示	输入 ON 时，LED 亮	

③ 输出技术指标：如表 2-3 所示。

表 2-3　输出技术指标

项目		继电器输出	晶闸管输出	晶体管输出	
机型		FX2N 基本单元 扩展单元 扩展模块	FX2N 基本单元 扩展单元 扩展模块	① FX2N 基本单元、扩展单元 ② FX2N、FX0N 扩展模块 ③ FX2N-16EYT-C ④ FX0N-8EYT-H、FX2N-8EYT-H	
外部电源		AC 250V 以下或 DC 30V 以下	AC 85～242V	DC 5～30V	
电路隔离		机械隔离	光电晶闸管隔离	光耦隔离	
动作显示		继电器线圈接通时，LED 灯亮	光电晶闸管被驱动时，LED 灯亮	光耦驱动时，LED 灯亮	
最大负载	电阻负载	2A/1 点 8A/4 点 COM 8A/8 点 COM	0.3A/1 点 0.8A/4 点 COM 0.8A/8 点 COM	① 0.5A/1 点、0.8A/4 点、1.6A/8 点（Y0、Y1 为 0.3A/1 点） ② 0.5A/1 点、0.8A/4 点、1.6A/8 点 ③ 0.3A/1 点、1.6A/16 点 ④ 1A/1 点、2A/4 点	
	电感负载	80VA	15VA/AC 100V 30VA/AC 200V	① 12W/DC 24V（Y0、Y1 为 7.2W/DC24V） ② 12W/DC24V ③ 7.2W/DC24V ④ 24W/DC24V	
	灯负载	100W	30W	① 1.5W/DC24V（Y0、Y1 为 0.9W/DC24V） ② 1.5W/DC24V ③ 1W/DC24V ④ 3W/DC24V	
开路漏电流		—	1mA/AC100V、2mA/AC200V	0.1mA/DC30V	
最小负载		DC5V、2mA 参考值	0.4VA/AC100V、1.6VA/AC200V	—	
响应时间	OFF→ON	约 10ms	1ms 以下	0.2ms 以下	15μs（Y0、Y1 时）
	ON→OFF	约 10ms	10ms 以下	0.2ms 以下	30μs（Y0、Y1 时）

2.1.4 FX2N 系列 PLC 硬件配置

（1）功能简介

FX2N 系列是 FX 家族中较为先进的系列。其基本指令执行时间高达 $0.08\mu s$，内置用户存储器为 8K 步，可扩展至 16K 步；I/O 点数最大可以扩展到 256 点；其元件资源丰富，有 3072 点辅助继电器；它提供了多种特殊功能模块，可实现定位控制；有功能很强的指令集，可实现三角函数运算、开平方运算、浮点运算等；PID 指令可以用于闭环控制；此外，有多种 RS-232、RS-422、RS-485 串行通信模块或功能扩展板能实现通信和数据链接。

（2）硬件配置

FX2N 系列 PLC 硬件包括基本单元、扩展单元、扩展模块、模拟量输入/输出模块及各种特殊功能模块等。

① 基本单元

FX2N 基本单元有 16、32、48、64、80 和 128 点，且每个基本单元都能进行 I/O 扩展，最大可扩展至 256 点。FX2N 基本单元按供电电源不同，可分为两类，如表 2-4 所示。

表 2-4 FX2N 系列基本单元

输入输出点总数	输入点数	输出点数	FX2N 系列				
			AC 电源 DC 输入			DC 电源 DC 输入	
			继电器输出	晶闸管输出	晶体管输出	继电器输出	晶体管输出
16	8	8	FX2N-16MR	FX2N-16MS	FX2N-16MT	—	—
32	16	16	FX2N-32MR	FX2N-32MS	FX2N-32MT	FX2N-32MR-D	FX2N-32MT-D
48	24	24	FX2N-48MR	FX2N-48MS	FX2N-48MT	FX2N-48MR-D	FX2N-48MT-D
64	32	32	FX2N-64MR	FX2N-64MS	FX2N-64MT	FX2N-64MR-D	FX2N-64MT-D
80	40	40	FX2N-80MR	FX2N-80MS	FX2N-80MT	FX2N-80MR-D	FX2N-80MT-D
128	64	64	FX2N-128MR	—	FX2N-128MT	—	—

② 扩展单元及扩展模块

FX2N 系列 PLC 有较为灵活的 I/O 扩展能力，可利用扩展单元及扩展模块实现 I/O 扩展，如表 2-5、表 2-6 所示。

表 2-5 FX2N 系列扩展单元

输入输出点总数	输入点数	输出点数	FX2N 系列				
			AC 电源 DC 输入			DC 电源 DC 输入	
			继电器输出	晶闸管输出	晶体管输出	继电器输出	晶体管输出
32	16	16	FX2N-16ER	FX2N-32ES	FX2N-32ET	—	—
48	24	24	FX2N-48ER	—	FX2N-48ET	FX2N-48ER-D	FX2N-48ET-D

表 2-6　FX2N 系列扩展模块

输入输出点总数	输入点数	输出点数	继电器输出	输入	晶体管输出	晶闸管输出	输入信号电压	连接形式
8	4	4	FX2N-8ER	—	—	DC24V	横向	横向端子排
8	8	0	—	FX2N-8EX	—	—	DC24V	
8	0	8	FX2N-8EYR	—	FX2N-8EYT FX2N-8EYT-H	—	—	
16	16	0	—	FX2N-16EX	—	—	DC24V	纵向端子排
16	0	16	FX2N-16EYR	—	FX2N-16EYT	FX2N-16EYS	—	
16	16	0	—	FX2N-16EX-C	—	—	DC24V	连接器输入
16	16	0	—	FX2N-16EXL-C	—	—	DC5V	
16	16	0	—	FX2N-16EYT-C	—	—		

　　此外，FX2N 系列 PLC 还有许多特殊功能模块，用于基本单元的功能扩展，如模拟量输入/输出模块，高速计数器模块等，我们将在后续章节中陆续讲到。

2.2　FX2N 系列 PLC 外部结构与接线

2.2.1　FX2N 系列 PLC 外部结构

　　FX2N 系列 PLC 采用的是典型的整体式结构，其 CPU 单元、存储器单元、I/O 接口单元及电源集中封装在同一塑料机箱内。FX2N 系列 PLC 外部结构及局部放大图，如图 2-2 所示。图 2-2（a）左侧为基本单元，系统若有需要，用户可选择合适的扩展单元（扩展模块）或特殊功能模块，对基本单元功能进行扩展，图 2-2（a）右侧为扩展单元（扩展模块）或特殊功能模块。

　　从图 2-2 中不难发现，FX2N 系列 PLC 面板主要由 3 部分组成，具体如下。

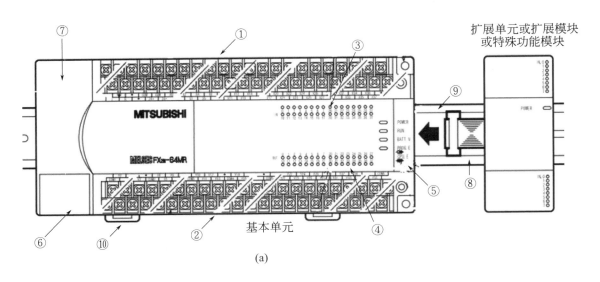

(a)

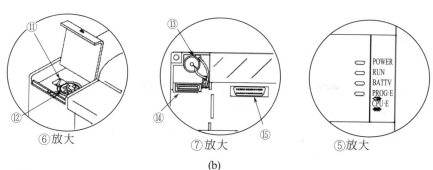

⑥放大　　　　　　　⑦放大　　　　　　　⑤放大

(b)

①输入接线端子、电源端子（L，N），内置DC24V端子　　⑧扁平电缆
②输出接线端子　　　　　　　　　　　　　　　　　　　　⑨35mm宽DIN导轨
③输入指示灯　　　　　　　　　　　　　　　　　　　　　⑩DIN导轨卡子
④输出指示灯　　　　　　　　　　　　　　　　　　　　　⑪运行模式转换开关
⑤CPU状态指示灯　　　　　　　　　　　　　　　　　　　⑫编程设备接口
⑥盖板　　　　　　　　　　　　　　　　　　　　　　　　⑬锂电池
⑦面板　　　　　　　　　　　　　　　　　　　　　　　　⑭功能扩展板安装接口
　　　　　　　　　　　　　　　　　　　　　　　　　　　⑮存储卡盒选件安装接口

图 2-2　FX2N 系列 PLC 外部结构及局部放大图

（1）外部接线端子

外部接线端子包括输入接线端子、输出接线端子、电源端子（L，N）、内置 DC24V 电源端子（24＋，COM）和接地端子等。外部接线端子位于机箱的两侧，采用可拆卸式端子排，并且每个端子都有对应的编号，主要用于电源、输入输出设备的连接。

（2）指示灯部分

指示灯部分包括输入/输出状态指示灯、电源指示灯（POWER）、机器运行状态指示灯（RUN）、RAM 后备电源指示灯（BATT.V）、程序出错指示灯（PROG-E）和 CPU 错误指示灯（CPU-E）等，用于输入/输出状态指示和机器状态指示。

（3）接口部分

接口部分主要包括编程设备接口、扩展接口、功能扩展板安装接口和存储卡安装接口等。接口用于基本单元与编程设备、外部存储设备、扩展单元和特殊功能模块的连接。

此外，FX2N 系列 PLC 盖板下还设有运行模式转换开关 SW（RUN/STOP），运行模式转换开关在 RUN 档，PLC 处于运行状态；运行模式转换开关在 STOP 档，PLC 处于停止状态；PLC 处于 STOP 状态时，用户可进行用户程序的下载、编辑和修改。

2.2.2　FX2N 系列 PLC 的接线

（1）FX2N 系列 PLC 端子排布

弄清 FX2N 系列 PLC 的接线，先了解其基本单元的端子排布是前提。本书以 FX2N 系列 32 点基本单元为例，对端子排布问题进行说明，如图 2-3 所示。其余点数基本单元的端子排布情况，见附录。

（2）FX2N 系列 PLC 接线

正确接线是保证 PLC 安全可靠工作的前提，PLC 的接线包括供电电源接线、输入输出接线和接地。

① 供电电源线接

PLC 基本单元供电情况通常有两种，一种是交流供电，一种是直流供电。交流供电是指直接使用工频交流电，通过交流电源输入端子（L、N）接入基本单元。交流供电对电压的要求较宽松，一般在 $100\sim240V$；直流供电是将外部 24V 直流电，通过直流电源输入端子（＋，－）接入基本单元。图 2-4、图 2-5 给出了基本单元带扩展模块的 2 种供电情况。

需要指出的是，不带内置电源的扩展模块所需 24V 直流电，可由基本单元或带有内置电源的扩展模块提供。

② 输入接线

输入器件都是一些触点类器件，如按钮、开关和传感器等。输入器件在接入 PLC 时，将其一端与输入点相连，另一端与输入公共点 COM 端相连。输入器件的电源可由内置 DC24V 电源提供，也可外接 24V 直流电源。由于内置电源能为每个输入点大约提供 7mA 的工作电流，因此线路长度会受到限制。输入器件接线如图 2-6 所示。

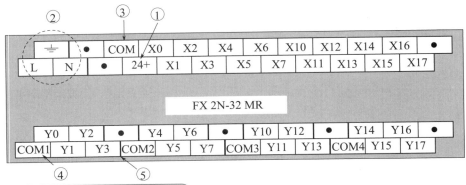

① 24+为内置DC24V的正极

② L为交流电源火线，N为交流电源零线，⏚为接地

③ COM既为输入端子的公共端，又为内置DC24V电源负极

④ COM1为第一组输出端子的公共端；COM2以后以此类推

⑤ 第一组输出点与第二组输出点的分界线；以后以此类推

其余为数字量输入/输出端子

(a) AC电源DC输入型

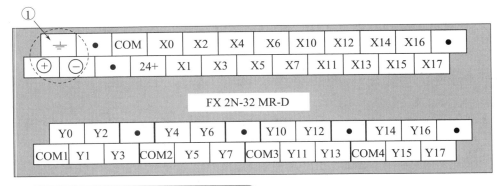

① +为直流电源正极，-为直流电源负极

② 其他端子说明与（a）图一致，这里不再赘述

(b) DC电源DC输入型

图 2-3　FX2N 系列 PLC 端子排布图

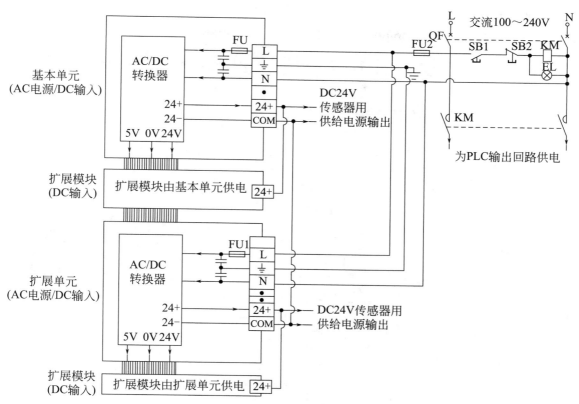

图 2-4　AC 电源/DC 输入型电源接线

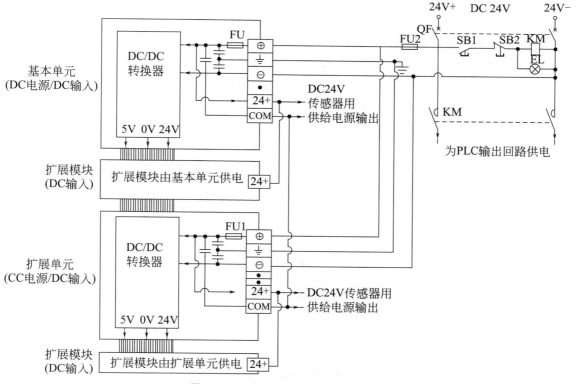

图 2-5　DC 电源/DC 输入型电源接线

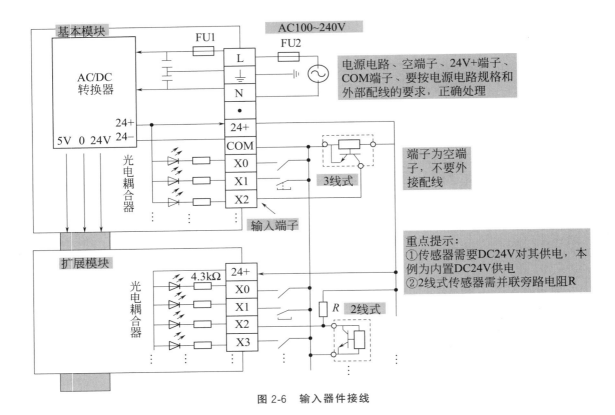

图 2-6　输入器件接线

（3）输出接线

输出器件主要是接触器、继电器、电磁阀等线圈，这些器件均需外接专用电源供电。输出器件在接入 PLC 时，线圈的一端接入输出点，另一端经专用电源接入输出公共端（COM1 等）。因输出点连接的线圈种类繁多，不同线圈所需电源类型和电压也不同，因此 PLC 输出点通常分为若干组，且每组均有各自的公共端。PLC 输出点的额定电流一般为 2A，大电流的执行器件需配装中间继电器。输出器件接线如图 2-7 所示。

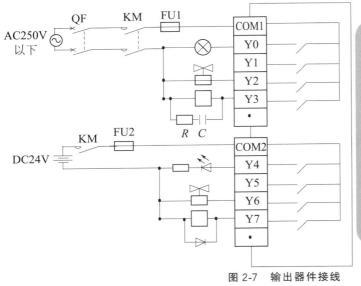

重点提示：
①PLC 输出电路无内置熔断器，为防止负载短路使 PLC 内置基板烧毁，往往每 4 点设置 5~10A 熔断器
②为了防止感性负载断电时产生的反向电动势使 PLC 内部输出元件损坏，因此直流感性负载需并联续流二极管，交流感性负载需并联阻容吸收电路；续流二极管选用额定电流为 1A，额定电压为电源电压 3 倍的；阻容元件，电阻可选 50~120Ω，电容为 0.1~0.47μF
③注意续流二极管的连接极性，电源负极与续流二极管阳极相连，电源正极与续流二极管阴极相连

图 2-7　输出器件接线

（4）接地

良好的接地是保证 PLC 安全可靠工作的重要条件，PLC 接地一般遵循以下原则。

① PLC 最好采用独立的接地装置单独接地，如图 2-8（a）所示。如不可能，可与其他设备共用接地系统，但需用自己的接地线直接与公共接地极相连，如图 2-8（b）所示，绝不允许与大型电动机等设备共用接地系统。

② PLC 接地线应尽量短，使得接地极靠近 PLC，一般接地线最长不超过 20m。

③ PLC 如有多个单元组成，为保证各单元间等电位，各单元间采用同一点接地；特别的，若一台 PLC 输入输出单元分散在较远的现场（大于 100m），是可以分开接地的。

④ 接地线线径应大于 2.5mm²，接地电阻应小于 100Ω。

⑤ 若 PLC 输入输出信号线采用屏蔽电缆，其屏蔽网应采取单端接地，即靠近 PLC 这端电缆接地，而另一端不接地。

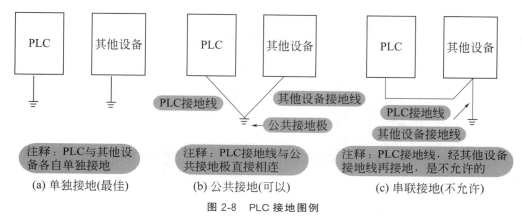

图 2-8　PLC 接地图例

2.3　FX 系列 PLC 编程元件

PLC 是以 CPU 单元为核心，以运行程序的方式实现控制功能。其内部有各种编程元件，用户通过编程来表达出各编程元件间的逻辑关系，进而实现各种逻辑控制功能。FX 系列 PLC 编程元件有输入继电器（X）、输出继电器（Y）、辅助继电器（M）、状态继电器（S）、定时器（T）、计数器（C）、数据寄存器（D）和指针（P、I）8 类。本书以 FX2N 系列 PLC 为例，对编程元件进行讲解。

2.3.1　FX2N 系列 PLC 编程元件编号

在 FX 系列 PLC 内，每个编程元件都分配一个地址号即编程元件编号。编程元件编号分为两部分，第一部分是代表功能的英文字母，如辅助继电器用 M 表示，定时器用 T 表示；第二部分是数字，表示该类元件的序号，输入输出继电器序号采取 8 进制，其余编程元件的序号采取 10 进制；编程元件编号图示如图 2-9 所示。

2.3.2　FX2N 系列 PLC 编程元件

（1）输入继电器（X）与输出继电器（Y）

① 输入输出继电器元件编号

输入输出继电器元件编号，如表 2-7 所示。

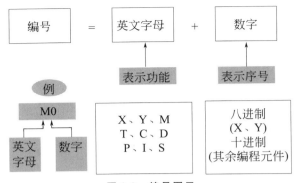

图 2-9　编号图示

表 2-7　FX2N 系列 PLC 输入输出继电器元件编号

型号	FX2N-16M	FX2N-32M	FX2N-48M	FX2N-64M	FX2N-80M	FX2N-128M	扩展时
输入	X0～X7 8 点	X0～X17 16 点	X0～X27 24 点	X0～X37 32 点	X0～X47 40 点	X0～X17 64 点	X0～X267 184 点
输出	Y0～Y7 8 点	Y0～Y17 16 点	Y0～Y27 24 点	Y0～Y37 32 点	Y0～Y47 40 点	X0～X17 64 点	Y0～Y267 184 点

② 输入继电器

输入继电器与输入端子相连，它是 PLC 接收外部输入信号的窗口。换句话说，外部输入信号通过驱动输入继电器线圈，从而带动其触点动作。输入继电器等效电路，如图 2-10 所示。

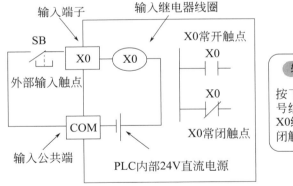

图 2-10　输入继电器等效电路

需要说明的是，输入继电器状态只能由外部输入信号驱动，不能由内部指令改写；在编程时，只能使用输入继电器的触点，不能出现输入继电器的线圈，且有无数个常开和常闭触点供编程使用。

③ 输出继电器（Y）

输出继电器是向外部负载发出控制信号的窗口。输出继电器线圈由 PLC 内部指令驱动，其线圈状态先传送给输出接口模块，再由输出接口模块的硬件触点来驱动外部负载。输出继电器的等效电路，如图 2-11 所示。

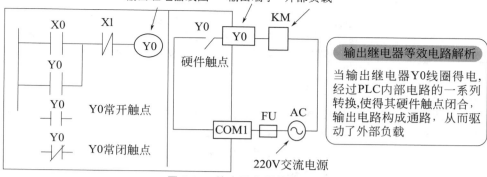

图 2-11　输出继电器等效电路

需要说明的是，输出继电器线圈通断状态只能由内部指令驱动；软件上输出继电器有无数个常开和常闭触点供编程使用，但硬件上只有一个常开触点；编程时，输出继电器的触点和线圈均能出现，且其线圈的通断状态表示程序的最终运算结果，这与辅助继电器有着明显区别。

④ 输入输出继电器整体说明

下面将就 PLC 读入和写输出信号做整体说明，输入输出继电器等效电路，如图 2-12 所示。

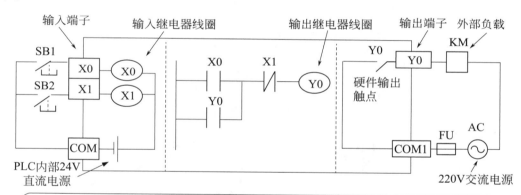

图 2-12　输入输出继电器等效电路

重点提示

① 只有输入输出继电器的元件编号采用 8 进制，其余元件编号均采用 10 进制，这点读者需特别注意。

② X0、Y0 等为书面书写形式，X000、Y000 为编程软件显示方式，二者均正确；我们做这样的约定，在理论讲解时，我们采取书面书写形式；在应用实例中，我们采取软件显示形式。

（2）辅助继电器（M）

辅助继电器是 PLC 中非常重要的中间编程元件之一，它不能直接接收外部输入信号，也不能直接驱动外部负载，其作用相当于继电器控制电路中的中间继电器。辅助继电器常用来存储逻辑运算的中间结果，其线圈状态只能由内部指令驱动。在编程中，有无数个常开常闭触点供使用。

辅助继电器分类

① 通用辅助继电器。通用辅助继电器不具有断电保持功能，即在 PLC 运行时电源突然断电，通用辅助继电器的全部线圈均由 ON 变为 OFF 状态；当电源再次上电时，除了因外部输入信号而变为 ON 状态以外，其余仍处于 OFF 状态。

通用辅助继电器元件编号：M0～M499（共 500 点）

② 断电保持用辅助继电器。与通用继电器不同的是，断电保持用辅助继电器具有断电保持功能，即它能记忆电源断电前的状态，系统再次上电后，它能重现其状态。断电保持用辅助继电器之所以能记忆电源断电前的状态，是因为 PLC 中的锂电池的供电保持了其映像寄存器的内容。

a. 断电保持用辅助继电器元件编号：M500～M3071（共 3072 点）

b. 通用辅助继电器与断电保持用辅助继电器比对：试观察系统断电前后，两种方案小灯点亮情况（X1 对应硬件按钮为点动按钮），如图 2-13 所示。

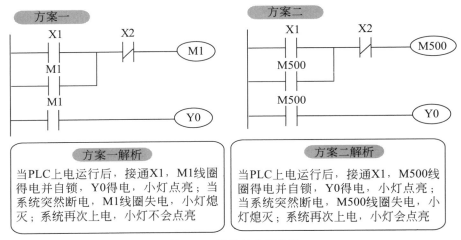

图 2-13　辅助继电器举例

重点提示

通过上例比对，很容易观察出通用继电器与断电保持用辅助继电器功能不同。

③ 特殊用辅助继电器。PLC 中存在着大量的特殊用辅助继电器，它们都具有各自特定功能；特殊用辅助继电器通常可以分为触点型和线圈型两类，如图 2-14 所示。特殊用辅助继电器波形图及举例，如图 2-15 所示。

需要指出，以上给出的是一些常用的特殊用辅助继电器，对于其他特殊用辅助继电器请读者参考附录，也可查阅相关书籍、文献和手册。

（3）状态继电器（S）

与辅助继电器一样，状态继电器也是编制顺控程序的重要的编程元件之一，它通常与后续的步进指令 STL 联用。

图 2-14　特殊用辅助继电器

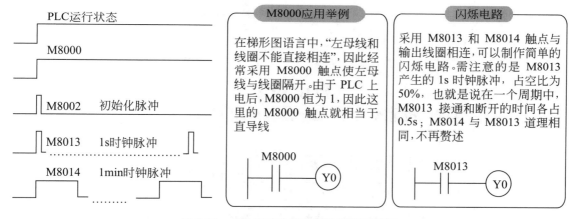

图 2-15　特殊用辅助继电器波形图及举例

① 类型、元件编号及用途

状态继电器的类型、元件编号及用途，如图 2-16 所示。

② 几点注意

a. 状态继电器有无数个常开和常闭触点供编程使用；

b. 状态继电器不与步进指令联用时，可作辅助继电器使用。

（4）定时器（T）

① 定时器简介。定时器简介如图 2-17 所示。

② 定时器元件编号。定时器元件编号如表 2-8 所示。

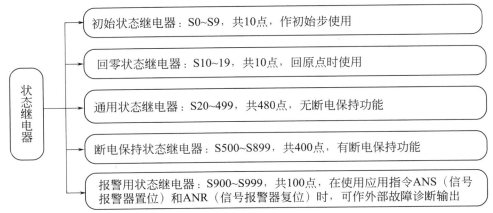

图 2-16 状态继电器的类型、元件编号及用途

表 2-8 定时器元件编号

分类	时基	FX2N 定时器元件编号
通用定时器	100ms	T0～T199，共 200 点
	10ms	T200～T245，共 46 点
	1ms	—
积算定时器	1ms	T246～T249，共 4 点
	100ms	T250～T255，共 6 点

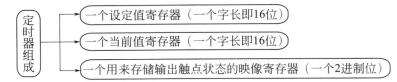

定时器简介

PLC中的定时器相当于继电器控制电路中的时间继电器;

①定时器组成

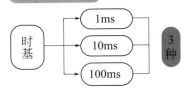

定时器组成 —— 一个设定值寄存器（一个字长即16位）
—— 一个当前值寄存器（一个字长即16位）
—— 一个用来储存输出触点状态的映像寄存器（一个2进制位）

②时钟脉冲

时基 —— 1ms
—— 10ms
—— 100ms
3种

③定时基本原理

定时器通过对一定周期时钟脉冲累积实现定时。当累计时间等于设定值时，定时器触点动作

④当前值与设定值

定时器当前累计的时间称为当前值;根据编程需要事先设定的时间称为设定值;设定值可用常数K和数据寄存器D内容来设置

⑤定时时间计算公式

定时时间=时基×设定值

图 2-17 定时器简介

③ 定时器分类

a. 通用定时器。通用定时器工作原理，如图 2-18 所示。

b. 积算定时器。积算定时器工作原理，如图 2-19 所示。

c. 应用举例

举例一断电延时电路：断电延时电路，如图 2-20 所示。

举例二特殊定时电路：特殊定时电路如图 2-21 所示。

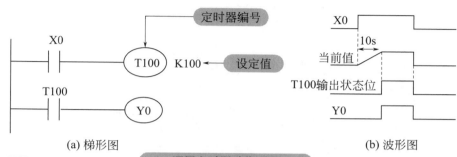

(a) 梯形图　　　　　　　　　　　　　　　　(b) 波形图

通用定时器动作原理

当 X0 接通时，定时器 T100 线圈得电计时，当前值从 0 开始递增，当前值大于或等于设定值 100 时，定时器 T100 输出状态位为 1，其常开触点 T100 闭合，线圈 Y0 得电吸合；当 X0 断电，定时器 T100 被复位，当前值被清零，输出状态位为 0，线圈 Y0 断电

图 2-18　通用定时器动作原理

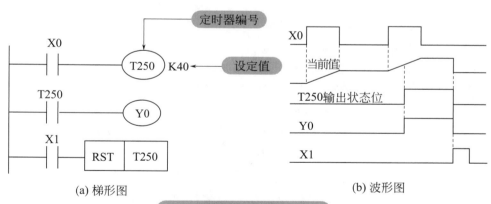

(a) 梯形图　　　　　　　　　　　　　　　　(b) 波形图

积算定时器动作原理

当 X0 接通时，定时器 T250 线圈得电计时；当 X0 断开，定时器 T250 当前值仍保持不变，当 X0 再次接通，其当前值在原来的基础上开始递增，当前值大于或等于设定值 40 时，定时器 T250 输出状态位为 1，线圈 Y0 有输出，此后即使 X0 断电，T250 输出状态位依然为 1，直到接通 X1，线圈复位指令 RST 进行复位操作，定时器 T250 状态位被清零，其常开触点断开，线圈 Y0 断电

图 2-19　积算定时器动作原理

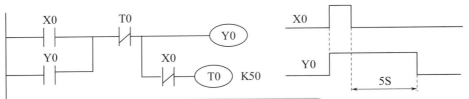

断电延时电路解析

当启动按钮X0接通时，线圈Y0得电并自锁；当启动按钮X0松开，T0开始定时,延时5S后，Y0线圈断电

图 2-20　断电延时电路

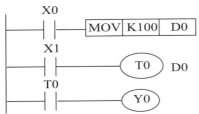

特殊定时电路解析

MOV为数据传送指令,当X0闭合,将十进制100送到数据寄存器D0中,D0的当前值为K100,作为定时器T0的设定值

图 2-21　特殊定时电路

重点提示

① 在子程序和中断程序中，由于中程序和中断程序间歇使用，为了防止定时器不正常工作，在使用时基为 100ms 的定时器常在 T192~ T199 中选择，这点读者一定要注意；

② 积算定时器只能由复位指令 RST 进行清零；

③ 定时器设定值可用常数 K 来设定，亦可用数据寄存器 D 的内容来设定。

（5）计数器（C）

计数器是一种用来累计输入脉冲个数的编程元件。它由复位指令、计数线圈及相应的常开常闭触点组成。按计数信号频率的不同，可将其分为通用型计数器和高速计数器。

① 计数器元件编号。计数器元件编号如表 2-9 所示。

表 2-9　FX2N 系列计数器元件编号

分类	具体情况		FX2N 计数器元件编号
通用计数器	16 位增计数器	通用型	C0～C99，共 100 点
		断电保持型	C100～C199，共 100 点
	32 位增减计数器	通用型	C200～C219，共 20 点
		断电保持型	C220～C234，共 15 点
高速计数器	单相单计数输入高速计数器		C235～C245，共 11 点
	单相双计数输入高速计数器		C246～C250，共 5 点
	双相双计数输入高速计数器		C251～255，共 5 点

② 计数器分类

a. 通用型计数器

ⓐ16 位增计数器。16 位增计数器工作原理，如图 2-22 所示。

ⓑ32 位增减计数器。32 位增计数器工作原理，如图 2-23 所示。

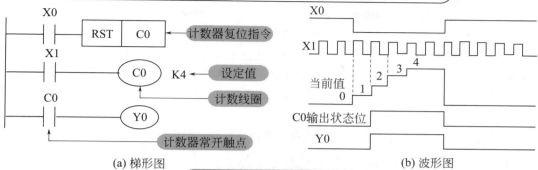

16位增计数器

①设定值范围:1~32767
②设定值可由常数K设定,也可由数据寄存器D的内容设定

(a) 梯形图　　　　　　　(b) 波形图

16位增计数器工作原理

当复位输入X0=1时,计数器脉冲输入无效;当复位输入X0=0时,计数输入X1每接通一次,计数器C0当前值都会增加1,当当前值等于设定值4时,计数器C0输出状态位置1,其常开触点闭合,Y0线圈得电;此后,即使计数输入X1接通,C0当前值仍不变,直到复位电路X0接通,计数器C0的当前值和输出状态位被清零

图 2-22　16 位增计数器工作原理

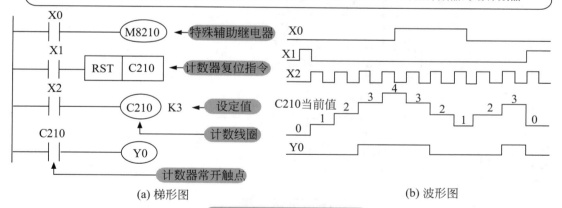

32位增计数器

①设定值范围:−2147483648~+2147483647
②设定值可由常数K设定,也可由数据寄存器D的内容设定,32位设定值存放在元件号相连的两个数据寄存器中;例:指定数据寄存器为D0,则设定值存放在D1、D0中
③32位增减计数器C200~C234的增减方式由特殊辅助继电器M8200~M8234设定。当特殊辅助继电器为ON时, 对应计数器为减计数器; 当特殊辅助继电器为OFF时, 对应计数器为增计数器

(a) 梯形图　　　　　　　(b) 波形图

32位增计数器工作原理

C210设定值为3, 当X0输入断开, 特殊辅助继电器M8210线圈断开, 对应计数器C210进行加计数, 当前值大于或等于3时, 计数器C210输出状态位置1, 其常开触点闭合, Y0线圈得电。当X0输入接通, 特殊继电器M8210线圈得电, 对应计数器C210进行减计数, 当前值小于3时, 计数器C210输出状态位为0; 当X1接通时, C210被复位, 当前值、状态为清零, 其常开触点断开, Y0线圈失电

图 2-23　32 位增计数器工作原理

需要指出，16 位增计数器和 32 位增减计数器均有断电保持型，断电保持型与普通型的区别在于当电源突然中断时，断电保持型能保持其当前值和触点的状态，而普通型不能。

b. 高速计数器。当计数频率较高时（一般说来在 kHz 级），通用计数器就不适用了，这时需采用高速计数器；高速计数器为 32 断电保持型增减计数器，元件编号 C235～C255，共 21 点；高速计数器有特定输入端子（X0～X7），且每一特定输入端子只能同时供一个高速计数器使用；

高速计数器采用中断方式进行计数处理，因此不受 PLC 扫描周期的影响；在对外部高速脉冲计数时，高速计数器线圈需一直接通。

ⓐ高速计数器元件编号与特定端子对照表。高速计数器元件编号与特定端子对照表，如表 2-10 所示。

表 2-10　高速计数器元件编号与特定端子对照表

计数器类型	计数器编号	输入分配								计数方向	备注
		X0	X1	X2	X3	X4	X5	X6	X7		
单相单计数输入高速计数器	C235	U/D								① 高速计数器的增减方式由特殊辅助继电器 M8235～M8245 决定，如对应的辅助继电器为 ON 时，为减计数，如对应的辅助继电器为 OFF 时，为增计数 ② 若高速计数器带有启动端子，则启动端子接通后，方可计数	U 为增计数输入端，D 为减计数输入端，S 为启动输入端，R 为复位输入端，A 为 A 相输入端，B 为 B 相输入端
	C236		U/D								
	C237			U/D							
	C238				U/D						
	C239					U/D					
	C240						U/D				
	C241	U/D	R								
	C242			U/D	R						
	C243					U/D	R				
	C244	U/D	R					S			
	C245			U/D	R				S		
单相双计数输入高速计数器	C246	U	D							高速计数器的增减方式由计数输入端决定，特殊辅助继电器 M8246～M8250 只对高速计数器 C246～C250 增减方式起监视作用。ON：减计数，OFF：增计数	
	C247	U	D	R							
	C248				U	D	R				
	C249	U	D	R				S			
	C250				U	D	R		S		
双相双计数输入高速计数器	C251	A	B							高速计数器的增减方式由 A/B 相输入状态的变化决定，特殊辅助继电器 M8251～M8255 只对高速计数器 C251～C255 增减方式起监视作用。ON：减计数，OFF：增计数	
	C252	A	B	R							
	C253				A	B	R				
	C254	A	B	R				S			
	C255				A	B	R		S		

ⓑ单相单计数输入高速计数器。单相单计数输入高速计数器原理，如图 2-24 所示；
ⓒ单相双计数输入高速计数器。单相双计数输入高速计数器原理，如图 2-25 所示；
ⓓ双相双计数输入高速计数器。双相双计数输入高速计数器原理，如图 2-26 所示。

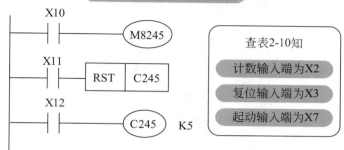

图 2-24　单相单计数输入高速计数器原理

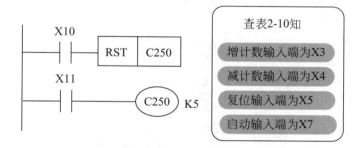

图 2-25　单相双计数输入高速计数器原理

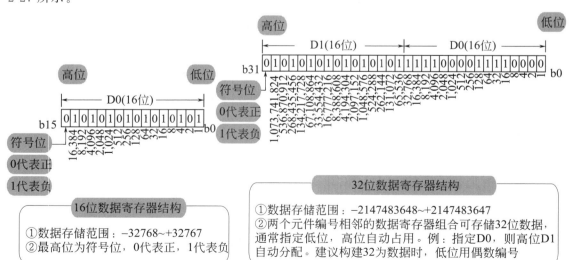

双相双计数输入高速计数器

```
 X10
──┤├──────[RST  C251]

 X11
──┤├──────────(C251) K10

 C251
──┤├──────────(Y0)

 M8251
──┤├──────────(Y1)
```

查表2-10知
A相输入端为X0
B相输入端为X1

A/B相不仅可以提供信号，根据其相位关系，还可提供计数方向

A相   A相

B相   B相

A相输入为ON时，若B相输入由OFF变为ON，则为加计数

A相输入为ON时，若B相输入由ON变为OFF，则为减计数

双相双计数输入高速计数器工作原理

当X11接通时，高速计数器C251对计数输入X0、X1进行计数；当前值大于或等于设定值10时，C251置1，Y0接通。可利用特殊继电器M8251对高速计数器C251的增减计数方向进行监视。减计数时，M8251为ON状态，Y1接通。反之，M8251为OFF状态，Y1断开

图 2-26　双相双计数输入高速计数器原理

重点提示

① 在对高速脉冲计数时，梯形图中的高速计数器线圈必须一直接通；

② 与高速计数器线圈相连的触点不是计数输入端，而是线圈接通条件；

③ 高速脉冲输入端子只能根据计数器的编号，在 X0～X7 中选择；

④ 单相双计数/双相相双计数输入高速计数器所对应的特殊辅助继电器只对高速计数器计数方向起监视作用，不能通过其接通和断开来改变计数方向。

（6）数据寄存器（D）

数据寄存器是用来存储数据的编程元件，它供数据传送、比较和运算等使用。数据寄存器可以存储 16 位数据，两个元件编号相邻的数据寄存器组合也可存储 32 位数据，具体如图 2-27 所示。

16位数据寄存器结构

①数据存储范围：−32768～+32767
②最高位为符号位，0代表正，1代表负

32位数据寄存器结构

①数据存储范围：−2147483648～+2147483647
②两个元件编号相邻的数据寄存器组合可存储32位数据，通常指定低位，高位自动占用。例：指定D0，则高位D1自动分配。建议构建32为数据时，低位用偶数编号

图 2-27　数据寄存器的结构及特点

① 数据寄存器元件编号及分类。如表 2-11 所示。

表 2-11   数据寄存器元件编号及分类

分类	元件编号	说明
通用型	D0～D199 共 200 点	将数据写入通用数据寄存器中，其数值保持不变，直到下一次被改写；数据寄存器数值的读出和写入一般采用应用指令；当 PLC 由 RUN→STOP 或停电时，该寄存器中的数值会被清零
断电保持型	D200～D511 共 312 点	当 PLC 由 RUN→STOP 或停电时，该寄存器中的数值不会被清零
断电保持专用型	D512～D7999 共 7488 点	根据参数设定，D1000 以后的数据寄存器可以作为文件寄存器使用；不作文件寄存器使用时，与通常的断电保持型一样，可以用程序和外部设备进行数据读写；断电保持专用型与断电保持型的区别在于，断电保持型可通过参数设定变更断电保持的特性，而断电保持专用型不能
特殊型	D8000～D8255 共 256 点	用于控制和监视 PLC 内部各种工作方式和元件，例如电池电压、扫描周期等

② 数据寄存器。举例如图 2-28 所示。

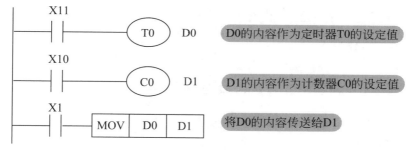

图 2-28   数据寄存器举例

③ 变址寄存器（V、Z）。与普通的数据寄存器一样，是可以进行数据读入、写出的 16 位数据寄存器；若 V 与 Z 组合使用，可以处理 32 位数据，规定 Z 为低 16 位。变址寄存器的结构，如图 2-29 所示。变址寄存器的元件编号：V0～V7，Z0～Z7。变址寄存器用来改变编程元件的元件编号，如 V0＝K5，执行 D20V0 时，被执行的软元件编号为 D25（20＋5）。

（7）指针与常数

① 指针（P、I）。在程序执行过程中，当某一条件满足时，会跳转过一段不需要执行的程序或调用一个子程序或执行指定的中断程序。这时需要用一个"操作标记"指明跳转、调用目标或指明中断程序的入口，这一"操作标记"即指针。

指针通常可分为分支指针（P）和中断指针（I），中断指针又包括输入中断指针、定时器中断指针和高速计数器中断指针，具体如图 2-30 所示；指针的具体应用我们将在第 5 章中配合相应的指令、实例予以详解，这里不具体展开。

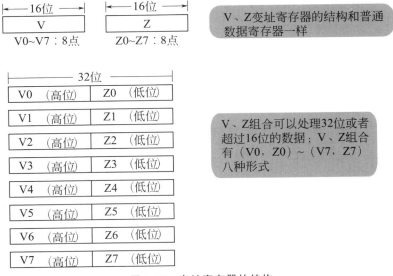

图 2-29　变址寄存器的结构

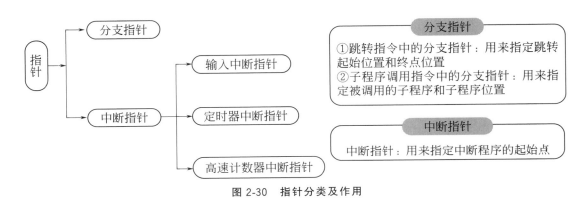

图 2-30　指针分类及作用

② 常数（K、H）。K 是十进制常数的表示符号，用途有以下两方面。

a. 可以指定定时器、计数器的设定值。

b. 可以指定应用指令操作数中的数值。

常数 K 的应用实例，如图 2-31 所示。

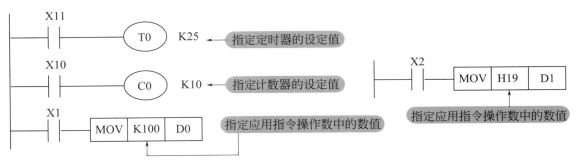

图 2-31　常数 K、H 应用举例

H 是十六进制常数的表示符号，用来指定应用指令操作数中的数值。

常数 H 的应用实例，如图 2-31 所示。

如 25 用十进制常数可以表示为 K25，用十六进制常数可以表示为 H19。

重点提示

① 位元件：用来表示开关量的状态，通 1 断 0，X、Y、M、S 为位元件；

② 字元件：一个字由 16 个 2 进制位组成，D、V、Z 为字元件；

③ 定时器、计数器中的当前值寄存器、设定值寄存器为字元件，输出状态位为位元件；

④ 指针 P、I 为标号。

2.4　FX 系列 PLC 寻址方式

PLC 将数据存放在不同的存储单元中，每个存储单元都有唯一确定的地址编号。在执行程序过程中，处理器根据指令中所给的地址信息来寻找操作数的存放地址的方式叫寻址。FX 系列 PLC 的寻址方式有直接寻址和间接寻址两种方式。

（1）直接寻址

直接寻址是指在指令中直接使用存储器或寄存器地址编号，直接到指定的区域读取或写入数据。直接寻址有位寻址、字寻址、双字寻址和位组合寻址。

① 位寻址。位寻址是针对逻辑变量存储的寻址方式。FX 系列 PLC 中输入继电器、输出继电器、辅助继电器、状态继电器等采用位寻址方式。位地址含存储器类型和序号，例：X0、Y0、M2、S10 等，其中字母表示存储器类型，数字为以位为单位的存储器序号。

② 字寻址。在 FX 系列 PLC 中，一个字长由 16 个二进制位组成，其中最高位为符号位，0 代表正，1 代表负。字寻址在数据存储上用。字地址含存储器类型和序号，如 D0、V1 等；

③ 双字寻址。FX 系列 PLC 也可双字寻址，双字寻址存储单元为 32 位，通常指定低位，高位自动占有，建议构成 32 位数据时低位地址序号用偶数。如指定低位 D20，高位 D21 自动分配。

④ 位组合寻址。在 FX 系列 PLC 中，为了使位元件联合起来存储数据，提供了位组合寻址方式。位元件可以为 X、Y、M 和 S，位组合是由 4 个连续的位元件组成，形式用 KnP 表示，其中 P 为位元件的首地址，n 为组数，$n=1\sim8$。例 K2Y0 表示由 Y0～Y7 组成的两个位元件组，其中 Y0 为位元件首地址，$n=2$。

（2）间接寻址

间接寻址是指数据存放在变址寄存器中，在指令中出现所需数据的存储单元内存地址即可。

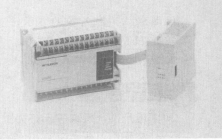

第3章

三菱 PLC 编程软件的使用

本章要点

- ◉ GX Developer 编程软件概述
- ◉ GX Developer 编程软件使用
- ◉ GX Developer 仿真软件使用
- ◉ GX Developer 编程软件使用综合举例

3.1 GX Developer 编程软件的使用

GX Developer 编程软件的操作界面，如图 3-1 所示。该操作界面主要包括状态栏、主菜单、标准工具条、程序工具条、梯形图输入快捷键工具条等。

① 状态栏：显示工程名称、编辑模式、程序步数、PLC 类型以及当前操作状态等。

② 主菜单：包含工程、编辑、查找/替换、交换显示、在线等 10 个菜单。

③ 标准工具条：由工程菜单、编辑菜单、查找/替换菜单、在线菜单、工具菜单中的常用功能组成，如图 3-2 所示；例如：工程新建、工程保持、复制、软元件查找、PLC 写入等。

④ 数据切换工具条：可在程序、注释、参数、软元件内存这四项中切换。

⑤ 梯形图输入快捷键工具条：包含梯形图编辑时，所需的常开触点、常闭触点、线圈、应用指令等内容，如图 3-3 所示。

⑥ 工程参数列表：显示程序、软元件注释、参数、软元件内存等，可实现这些数据的设置。

⑦ 程序工具条：可实现梯形图模式、指令表模式转换；可实现写入模式、读出模式、监控模式和监控写入模式的转换等，如图 3-4 所示。

⑧ 操作编辑区：完成程序的编辑、修改、监控的区域。

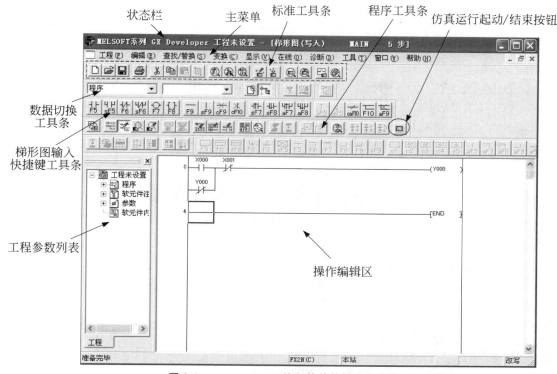

图 3-1　GX Developer 编程软件的操作界面

图 3-2　标准工具条

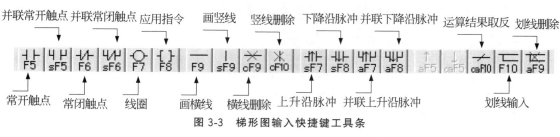

图 3-3　梯形图输入快捷键工具条

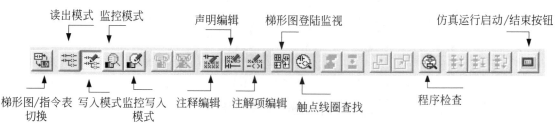

图 3-4　程序工具条

3.1.1 工程项目的相关操作

（1）创建一个新工程

操作步骤：

① 双击桌面上的"🐾"图标，或执行"开始→程序→MELSOFT 应用程序→GX Developer"，打开 GX Developer 编程软件；

② 单击"□"图标或执行"工程→创建新程序"，创建一个新工程；

③ 在弹出的"创建新工程"对话框中，设置相关选项，如图 3-5 所示；

④ 显示图 3-6 编辑窗口，可开始编程。

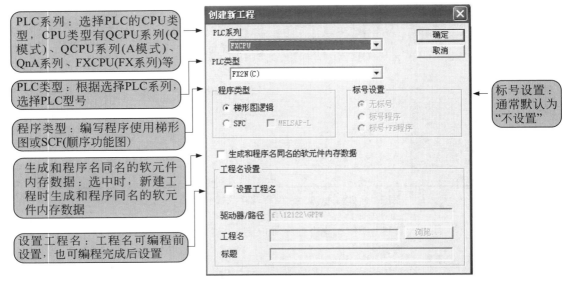

PLC系列：选择PLC的CPU类型，CPU类型有QCPU系列(Q模式)、QCPU系列(A模式)、QnA系列、FXCPU(FX系列)等

PLC类型：根据选择PLC系列，选择PLC型号

程序类型：编写程序使用梯形图或SCF(顺序功能图)

生成和程序名同名的软元件内存数据：选中时，新建工程时生成和程序同名的软元件内存数据

设置工程名：工程名可编程前设置，也可编程完成后设置

标号设置：通常默认为"不设置"

图 3-5　创建新工程对话框

图 3-6　创建新工程编辑窗口

（2）保持工程

操作步骤：

① 单击 "🖫" 图标或执行 "工程→保持工程"，弹出 "另存工程为" 对话框，如图 3-7 所示；

② 选择驱动器/路径，并输入工程名，单击 "保持" 按钮，如图 3-7 所示。

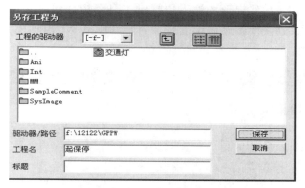

图 3-7　另存为对话框

（3）打开工程

打开工程就是读取已保持的工程文件。操作步骤：

单击 "📂" 图标或执行 "工程→打开工程"，弹出 "打开工程" 对话框，如图 3-8 所示，选择工程驱动器/路径和工程名，单击 "打开" 按钮，被选工程便可被打开。

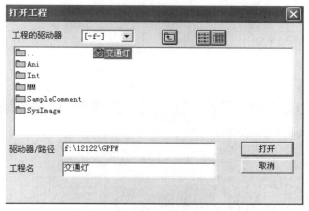

图 3-8　打开工程窗口

（4）关闭工程

操作步骤：

执行 "工程→关闭工程"，弹出 "关闭工程" 对话框，单击 "是" 按钮，退出工程，单击 "否" 按钮返回编辑窗口。

（5）删除工程

删除工程就是将已保持的程序删除；操作步骤：

执行 "工程→删除工程"，弹出 "关闭工程" 对话框，单击 "删除" 按钮，会删除工程，单击 "取消" 按钮，不执行删除操作。

3.1.2 程序编辑

（1）程序输入

程序输入常用方法有两种，具体如下。

① 直接从梯形图输入快捷键工具条中输入

例：输入常开触点 X1；从梯形图输入快捷键工具条中，单击"苷"按钮，弹出"梯形图输入"对话框，输入 X1，单击"确定"按钮，常开触点 X1 出现在相应位置，如图 3-9 所示。但常开触点为灰色。

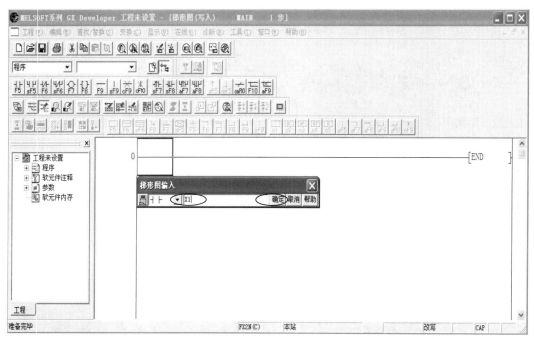

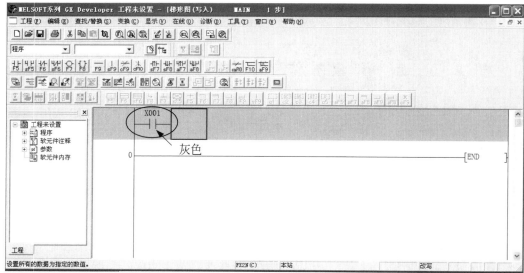

图 3-9　梯形图输入

② 用键盘上的快捷键输入

快捷键与软元件对应关系，如图 3-10 所示；例：输入常开触点 X1；单击 "F5" 按钮，弹出 "梯形图输入" 对话框，输入 X1，单击 "确定" 按钮，常开触点 X1 出现在相应位置，与图 3-9 一致。

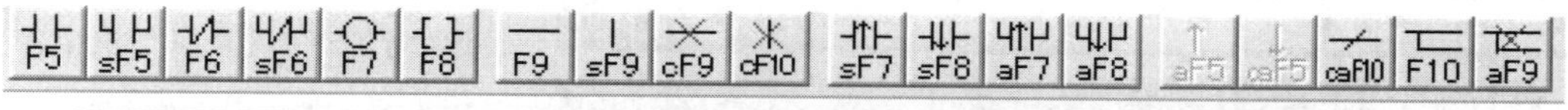

⊣⊢	� 4⊢	⊣↗	� 4⊮	○	{⊦}	—	⎮	⤬	✳	⊪⊦	⊣⊮⊦	4⊦⊦	4⊮⊦	↑	↓	⤬	⊢⊐	⊢⊡
F5	sF5	F6	sF6	F7	F8	F9	sF9	cF9	cF10	sF7	sF8	aF7	aF8	aF5	aF5	caF10	F10	aF9

单键：
F5代表常开触点，F6代表常闭触点，F7代表线圈，F8代表应用指令
组合键：
shift+单键：sF5代表常开触点并联，sF6代表常闭触点并联，ctrl+单键：cF9代表横线删除
alt+单键：aF7代表上升沿脉冲并联；ctrl+ alt+单键：caF10代表运算结果取反
有些对应关系没有给出，读者可根据上述所讲自行推理

图 3-10　快捷键与软元件的对应关系

③ 连线输入与删除

在梯形图输入快捷键工具条中，[F9] 是输入水平线功能键，[sF9] 是输入垂直线功能键；[cF9] 是删除水平线功能键，[caF10] 是删除垂直线功能键。

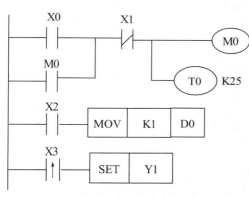

图 3-11　梯形图输入举例

④ 举例

输入图 3-11 所示梯形图程序；基本步骤和最后结果，如图 3-12 所示。

（2）程序变换

程序输入完成后，程序变换是必不可少的，否则程序既不能保持，也不能下载。当程序没有经过变换时，操作编辑器为灰色，经过变换后，操作编辑器为白色。

程序变换常用方法有三种，具体如下：

a. 单击键盘上 F4 键；

b. 执行主菜单中 "变换→变换"；

c. 单击程序工具条中的 [⬚] 键。

（3）程序检查

在程序下载前，最好进行程序检查，以防止程序出错。

程序检查方法：执行 "工具→程序检查" 之后，弹出 "程序检查" 对话框，如图 3-13 所示，单击 "执行" 按钮，开始执行程序检查，若无错误在界面中显示 "没有错误" 字样。

（4）软元件查找与替换

① 软元件查找

若一个程序比较长，查找一个软元件比较困难，使用该软件的查找软元件比较方便。

软元件查找方法：执行 "查找/替代→软元件查找" 之后，弹出 "软元件查找" 对话框，如图 3-14 所示，在方框中输入要查找的软元件，单击 "查找下一个" 按钮，可以看到，光标移到要查找的软元件上。

基本步骤

按F5键，在"梯形图输入"对话框中，输入X0，回车

按F6键，在"梯形图输入"对话框中，输入X1，回车
（在常开X0后，输入常闭X1）

按F7键，在"梯形图输入"对话框中，输入M0，回车
（在常闭X1后，输入线圈M0）

按shift+F9键，回车
（在常闭X1后，输入竖线）

按F9键，回车
（在竖线后，输入横线）

按F7键，在"梯形图输入"对话框中，输入T0 K25;切记T0与K25间有空格，回车
（在横线后，输入T0）

按shift+F5键，在"梯形图输入"对话框中，输入M0，回车
（在常开触点X0下，并联常开M0）

按F5键，在"梯形图输入"对话框中，输入x2，回车
（另起一行，输入x2）

按F8键，在"梯形图输入"对话框中，输入MOV K1 D0;切记MOV、K1、D0间有空格，回车
（在常开X2后，输入MOV）

按shift+F7键，在"梯形图输入"对话框中，输入x3，回车
（另起一行，输入上升沿脉冲x3）

按F8键，在"梯形图输入"对话框中，输入set y1;切记set与y1间有空格，回车
（在x3后，输入set）

最后结果

图 3-12　GX Developer 软件中的梯形图程序

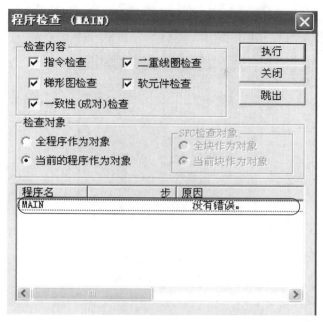

图 3-13　程序检查

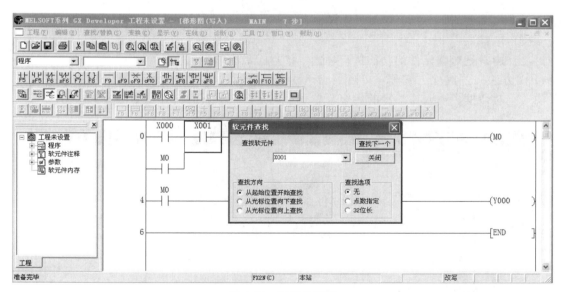

图 3-14　软元件查找

② 软元件替换

使用 GX Developer 软件的替换软元件比较方便，且不易出错。

软元件替换方法：执行"查找/替代→软元件替换"之后，弹出"软元件替换"对话框，如图 3-15 所示，在"旧软元件"方框中输入要被替换软元件，在"新软元件"方框中输入新软元件，如果要把所有的旧元件换成新元件，则单击"全部替换"。

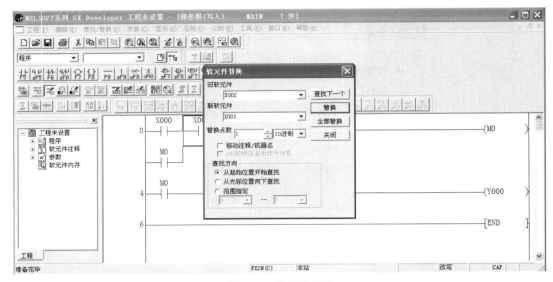

图 3-15　软元件替换

3.1.3　程序描述

一个程序，特别是较长的程序，如果很容易被别人看懂，做好程序描述是必要的。程序描述包括三个方面，分别是注释、声明和注解。

（1）注释

注释通常是对软元件的功能进行描述，描述时最多能输入 32 个字符。

① 方法一：执行"编辑→文档生成→注释编辑"后，双击要注释的软元件，弹出"注释输入"对话框，输入要注释的内容，单击"确定"。例：注释 X0，如图 3-16 所示。

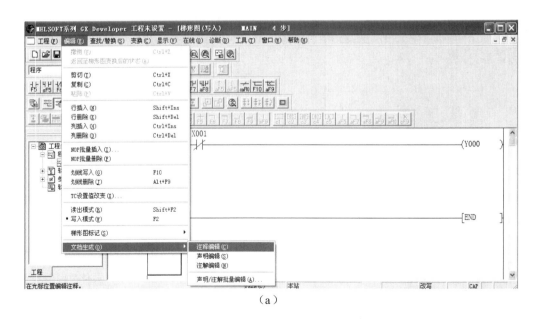

（a）

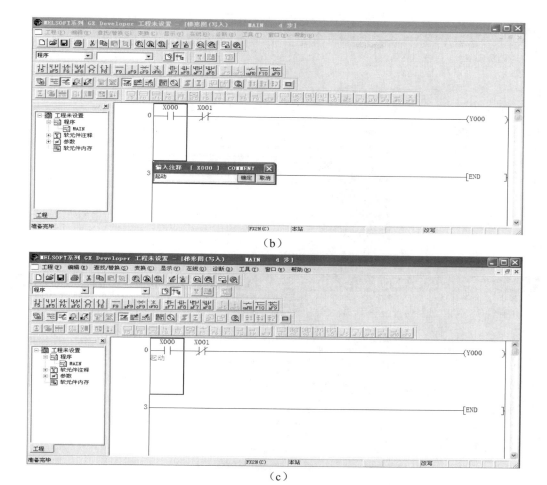

（b）

（c）

图 3-16 关于 X0 的注释

② 方法二：双击"程序参数列表"中的"软元件注释"，再双击 📖 COMMENT ，弹出注释编辑窗口，在列表"注释"选项，注释需要注释的软元件，单击"显示"；双击"程序参数列表"中的程序，再双击 📖 MAIN ，显示出梯形图编辑窗口。执行"显示→注释显示"，这时在梯形图编辑窗口中可以显示出注释的内容。例：注释 X1，如图 3-17 所示。

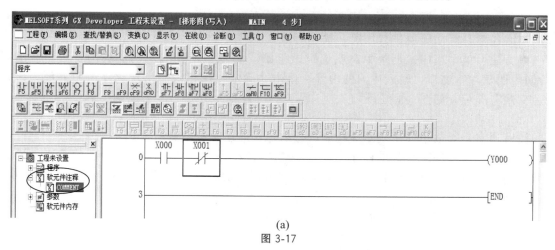

（a）

图 3-17

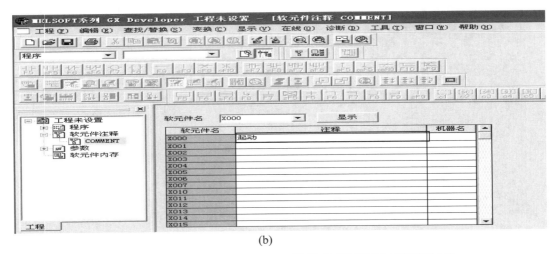

(b)

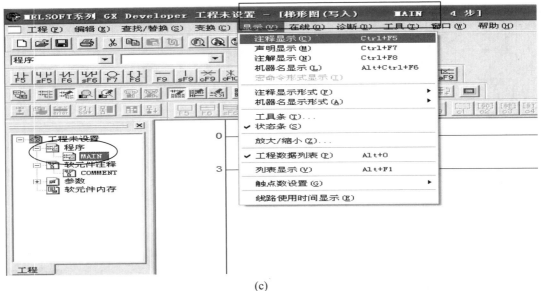

(c)

图 3-17　关于 X1 的注释

（2）声明

声明通常是对功能块进行描述，描述时最多能输入 64 个字符。

◆方法：单击程序工具条中声明编辑图标▧，再双击所要编辑功能块的行首，会出现"行间声明输入"窗口，输入声明的内容，单击"确定"按钮，会出现程序声明界面，再执行"变换"即可，如图 3-18 所示。

（3）注解

注解通常是对输出应用线圈等功能进行描述，描述时最多能输入 32 个字符。

方法：单击程序工具条中程序注解图标▧，再双击所要编辑的应用指令，会出现"输入注解"窗口，输入注解的内容，单击"确定"按钮，会出现程序注解界面，再执行"变换"即可，如图 3-19 所示。

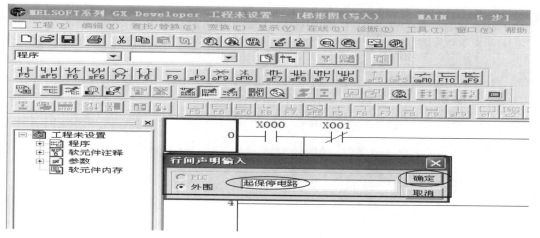

(a) 行间声明输入窗口

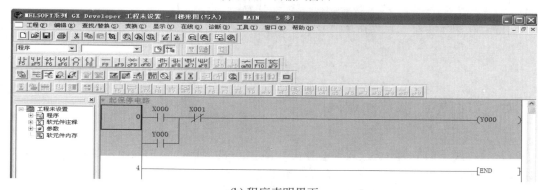

(b) 程序声明界面

图 3-18　声明界面

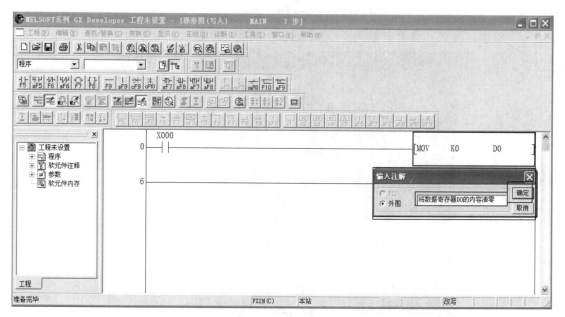

(a) 输入注解窗口

图 3-19

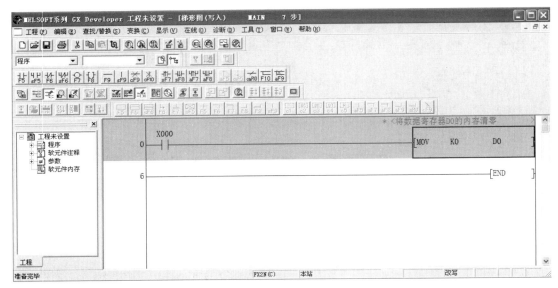

(b) 程序注解界面

图 3-19　注解窗口与界面

3.1.4　程序传送、监控和调试

（1）下载

执行"在线→PLC 写入"，软件会弹出如图 3-20 的界面，勾选图中左侧三项，单击"传输设置"按钮，弹出"传输设置"界面，如图 3-21 所示；有多种下载方案，这里选择"串行"下载，会弹出"串口详细设置"窗口，可设置详细参数，选择完毕后，单击"确定"按钮。

返回图 3-20，单击"执行"按钮，弹出"是否执行写入"界面，如图 3-22 所示；单击"是"按钮，弹出"是否停止 PLC 运行"界面，如图 3-23 所示；单击"是"按钮，PLC 停止运行；程序、参数和注释开始向 PLC 中下载，下载完毕后，最后单击"是"按钮。

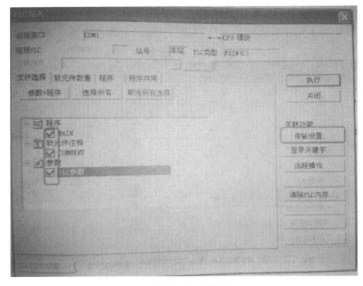

图 3-20　PLC 写入

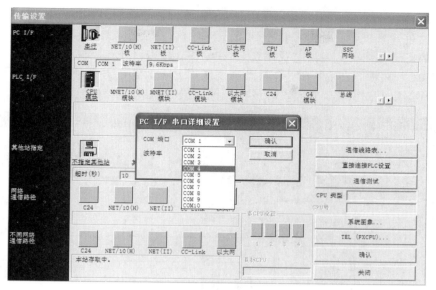

图 3-21 传输设置

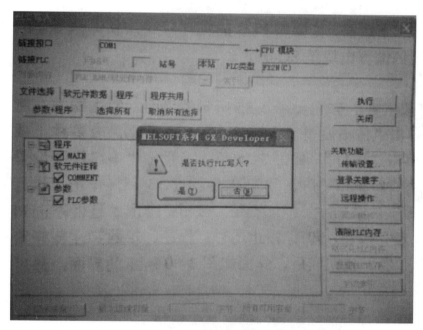

图 3-22 是否执行写入

图 3-23 是否停止 PLC 运行

（2）监视

监视是通过计算机界面，实时监控 PLC 程序的执行情况。

方法：执行"在线→监视→监视模式"，在编程软件中会弹出监视状态窗口，监控开始，如图 3-24 所示。在图中，所有的闭合触点和线圈均显示为蓝色方块；监控状态下，可以实时显示字中存储数值的变化。执行"在线→监视→监视停止"，监控停止。

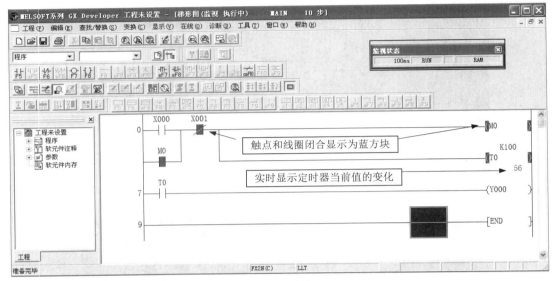

图 3-24　监视

（3）软元件测试

软元件测试可以强制执行位元件的 ON/OFF，也可改变字元件的当前值。

方法：执行"在线→调试→软元件测试"，在编程软件中会弹出软元件测试界面，如图 3-25 所示。在位软元件方框中输入 X0，单击"强制 ON"；在字软元件方框中输入 T0，设置值方框中输入 5，单击设置。通过监控可以看到，X0 闭合，T0 当期值为 5。

图 3-25　软元件测试界面

3.2 GX Simulator 仿真软件使用

3.2.1 GX Simulator 仿真软件简介

GX Simulator 是三菱公司设计的一款不错的仿真软件，该仿真软件可以模拟 PLC 运行和测试程序。GX Simulator 仿真软件不能脱离 GX Developer 编程软件而单独使用，若 GX Developer 编程软件中已安装 GX Simulator 仿真软件，工具栏中"仿真按钮"亮，否则显示为灰色。

3.2.2 GX Simulator 仿真软件启动与停止

① 打开 GX Developer 编程软件，新建或打开一个程序。

② 单击仿真按钮，启动梯形图逻辑测试操作，界面如图 3-26 所示。

③ 再次单击仿真按钮，梯形图逻辑测试结束，GX Simulator 仿真软件退出运行。

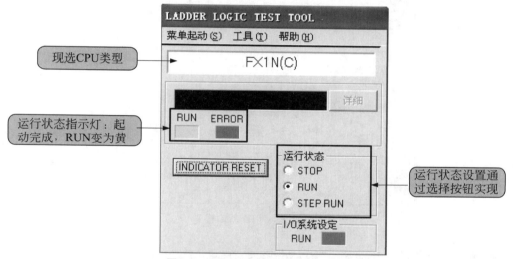

图 3-26　梯形图逻辑测试操作界面

3.3 GX Developer 编程软件使用综合举例

3.3.1 GX Developer 编程软件使用应用实例

以图 3-27 为例，建立一个完整工程项目。

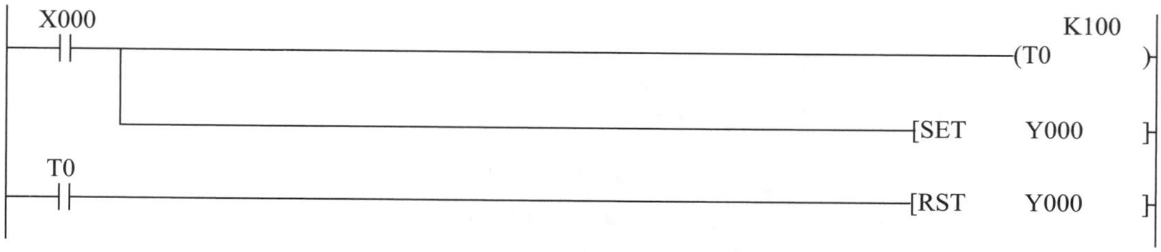

图 3-27　GX Developer 编程软件使用举例

3.3.2 建立一个完整工程项目的基本步骤

（1）创建一个新工程

① 双击桌面上的"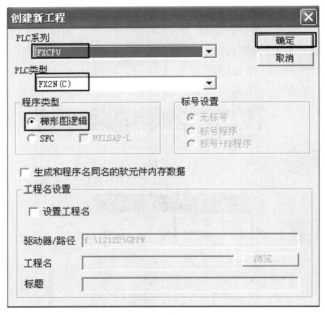"图标，打开 GX Developer 编程软件。

② 单击"□"图标，创建一个新工程。

③ 在弹出的图 3-28"创建新工程"对话框中，"PLC 系列"项选择"FXCPU"，"PLC 类型"项选"FX2N（C）"，"程序类型"项选择"梯形图逻辑"，其余项默认，单击"确定"，一个新工程创建完毕，新工程编辑窗口，如图 3-29 所示。

图 3-28　创建新工程

图 3-29　新工程编辑窗口

需要指出，PLC系列、PLC类型的选择，使用者应根据自己的实际使用情况来确定。

（2）程序输入

程序输入的基本步骤与最终结果，如图3-30所示。

（3）程序变换

程序输入完成后，程序区为灰色，如图3-30最终结果所示。按F4键进行程序变换，程序变换后，程序区为白色，如图3-31所示。

（4）注释

为了增加程序的可读性，本例对程序进行了注释。执行"编辑→文档生成→注释编辑"后，双击要注释的软元件，弹出"注释输入"对话框，输入要注释的内容，单击"确定"，如图3-32所示。

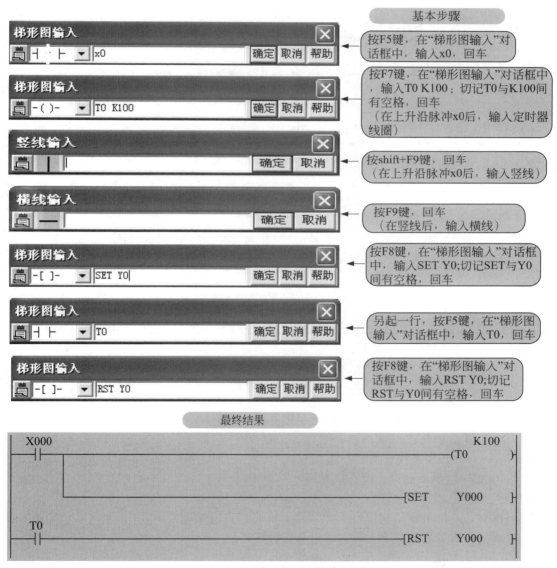

图3-30　程序输入的基本步骤及最终结果

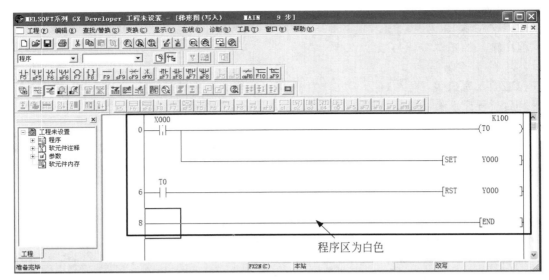

图 3-31　程序变换

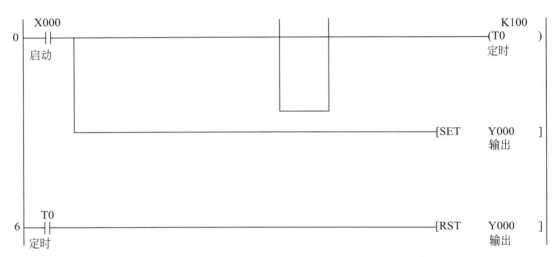

图 3-32　程序注释

（5）仿真、调试和监视

单击仿真按钮▣，启动梯形图逻辑测试操作；再执行"在线→调试→软元件测试"，在编程软件中会弹出软元件测试界面，如图 3-33 所示。在位软元件方框中输入 X000，单击"强制 ON"；再执行"在线→监视→监视模式"，在编程软件中会弹出监视状态窗口，监控开始，如图 3-34 所示。通过监控可以看到，X000 闭合，T0、Y000 线圈得电，T0 当前值增加，10s 后，Y000 线圈被复位。

需要指出，本例可不用软件仿真和调试，可将程序直接下载到 PLC 上，联机调试，具体下载过程读者可参照 3.2 节下载，这里不再赘述。

重点提示

本例综合性较强，读者值得参考，掌握本例，3.2 节、3.3 节不学自通。

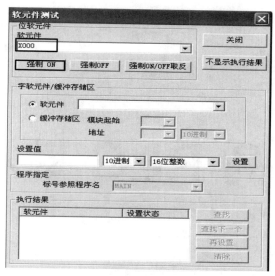

图 3-33 软件测试界面

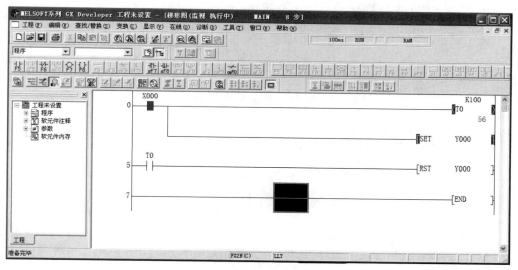

图 3-34 程序状态监视窗口

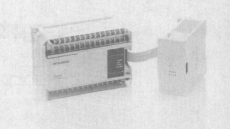

第4章

FX 系列 PLC 基本指令

本章要点

- ◉ 位逻辑指令
- ◉ 梯形图程序的编写规则及优化
- ◉ 基本编程环节
- ◉ 基本指令应用

　　基本指令是 PLC 中最基本，使用频率最高的指令。基本逻辑指令一般指位逻辑指令、定时器指令和计数器指令，这些指令多用于开关量的逻辑控制。

4.1　位逻辑指令

　　位逻辑指令主要指对 PLC 存储器中的某一位进行操作的指令，它的操作数是位。位逻辑指令包括触点指令和线圈指令两大类，常见的触点指令有触点取用指令、触点串、并联指令、电路块串、并联指令等；常见的线圈指令有线圈输出指令、置位复位指令等。

　　位逻辑指令是依靠 1、0 两个数进行工作的，1 表示触点或线圈的通电状态，0 表示触点或线圈的断电状态。利用位逻辑指令可以实现位逻辑运算和控制，在继电器系统的控制中应用较多。

重点提示

　　① 在位逻辑指令中，指令常见的表达方式一般有两种：一种为梯形图；另一种为指令表。

　　② 指令表表达方式如下：

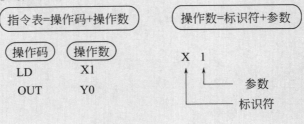

4.1.1 触点取用指令与线圈输出指令

（1）指令格式及功能说明

触点取用指令与线圈指令指令格式及功能说明，如表 4-1 所示。

表 4-1　触点取用指令与线圈指令指令格式及功能说明

指令名称	梯形图 表达方式	指令表 表达方式	功能	操作元件
常开触点的 取用指令	<位地址>	LD<位地址>	用于逻辑运算的开始，表示常开触点与左母线相连	X、Y、M、S、T、C
常闭触点的 取用指令	<位地址>	LDI<位地址>	用于逻辑运算的开始，表示常闭触点与左母线相连	X、Y、M、S、T、C
线圈输出指令	<位地址>	OUT<位地址>	用于线圈的驱动	Y、M、S、T、C

（2）应用举例

触点取用指令与线圈指令应用举例，如图 4-1 所示。

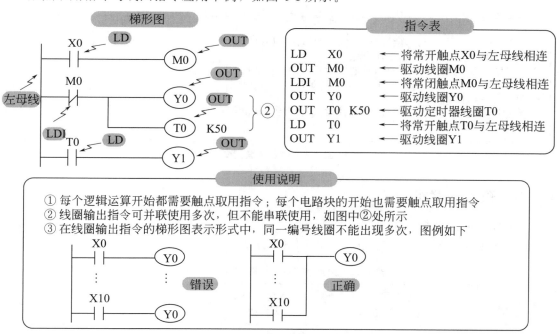

图 4-1　触点取用指令与线圈指令

4.1.2 触点串联指令

（1）指令格式及功能说明

触点串联指令指令格式及功能说明，如表 4-2 所示。

表 4-2　触点串联指令格式及功能说明

指令名称	梯形图 表达方式	指令表 表达方式	功能	操作元件
常开触点 串联指令	＜位地址＞	AND＜位地址＞	用于单个常开触点的 串联；	X、Y、M、S、T、C；
常闭触点 串联指令	＜位地址＞	ANI＜位地址＞	用于单个常闭触点的 串联；	X、Y、M、S、T、C；

（2）应用举例

触点串联指令应用举例，如图 4-2 所示。

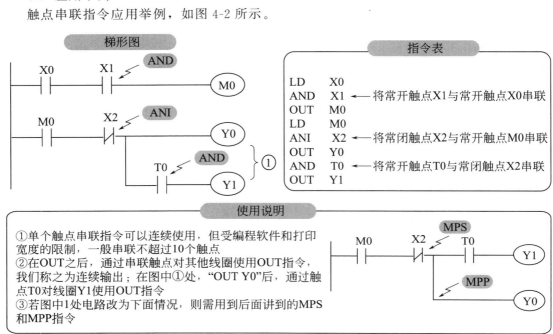

图 4-2　触点串联指令

4.1.3　触点并联指令

（1）指令格式及功能说明

触点并联指令格式及功能说明，如表 4-3 所示。

表 4-3　触点并联指令格式及功能说明

指令名称	梯形图 表达方式	指令表 表达方式	功能	操作元件
常开触点 并联指令	＜位地址＞	OR＜位地址＞	用于单个常开触点的并联	X、Y、M、 S、T、C

指令名称	梯形图 表达方式	指令表 表达方式	功能	操作元件
常闭触点 并联指令	<位地址>	ORI<位地址>	用于单个常闭触点的并联	X、Y、M、 S、T、C

（2）应用举例

触点并联指令应用举例，如图4-3所示。

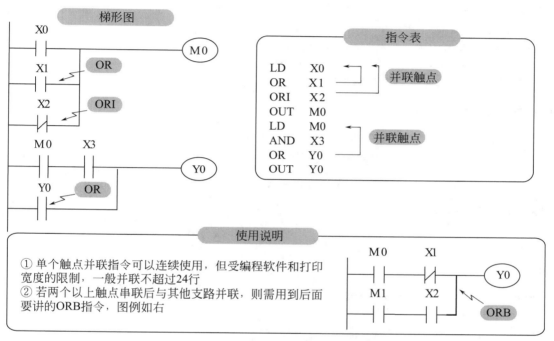

图 4-3　触点并联指令

4.1.4　电路块串联指令

（1）指令格式及功能说明

电路块串联指令格式及功能说明，如表4-4所示。

表 4-4　电路块串联指令格式及功能说明

指令名称	梯形图 表达方式	指令表 表达方式	功能	操作元件
电路块 串联指令		ANB	用来描述并联电路块的串联关系 注：两个以上触点并联形成的电路叫并联电路块	无

（2）应用举例

电路块串联指令应用举例，如图 4-4 所示。

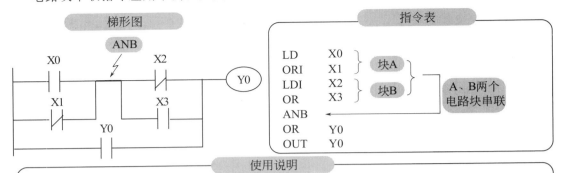

使用说明

① 在每个并联电路块的开始都需用LD或LDI指令
② 可顺次使用ANB指令，进行多个电路块的串联
③ ANB指令用于并联电路块的串联，而AND/ANI用于单个触点的串联

图 4-4　电路块串联指令

4.1.5　电路块并联指令

（1）指令格式及功能说明

电路块并联指令格式及功能说明，如表 4-5 所示。

表 4-5　电路块并联指令格式及功能说明

指令名称	梯形图表达方式	指令表表达方式	功能	操作元件
电路块并联指令		ORB	用来描述串联电路块的并联关系 注：两个以上触点串联形成的电路叫串联电路块	无

（2）应用举例

电路块并联指令应用举例，如图 4-5 所示。

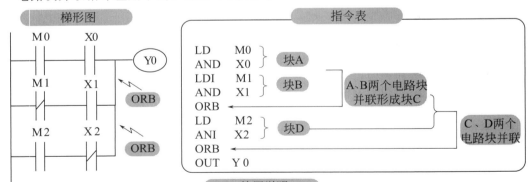

使用说明

① 在每个串联电路块的开始都需用LD或LDI指令
② 可顺次使用ORB指令，进行多个电路块的并联
③ ORB指令用于串联电路块的并联，而OR/ORI用于单个触点的并联

图 4-5　电路块并联指令

4.1.6 脉冲检测指令

脉冲检测指令，是利用边沿触发信号产生一个宽度为一个扫描周期的脉冲，用以驱动输出线圈。

（1）指令格式及功能说明

脉冲检测指令格式及功能说明，如表4-6所示。

表 4-6　脉冲检测指令格式及功能说明

指令名称	梯形图表达方式	指令表表达方式	功能	操作元件
脉冲上升沿触点取指令	<位地址>	LDP＜位地址＞	用于脉冲上升沿触点与左母线相连	X、Y、M、S、T、C
脉冲上升沿触点与指令	<位地址>	ANDP＜位地址＞	用于脉冲上升沿触点与上一个触点串联	X、Y、M、S、T、C
脉冲上升沿触点或指令	<位地址>	ORP＜位地址＞	用于脉冲上升沿触点与上一个触点并联	X、Y、M、S、T、C
脉冲下降沿触点取指令	<位地址>	LDF＜位地址＞	用于脉冲下降沿触点与左母线相连	X、Y、M、S、T、C
脉冲下降沿触点与指令	<位地址>	ANDF＜位地址＞	用于脉冲下降沿触点与上一个触点串联	X、Y、M、S、T、C
脉冲下降沿触点或指令	<位地址>	ORF＜位地址＞	用于脉冲下降沿触点与上一个触点并联	X、Y、M、S、T、C

重点提示

脉冲边沿触点和普通触点一样，可以取用，可以串联，也可以并联。

（2）应用举例

脉冲检测指令应用举例，如图4-6所示。

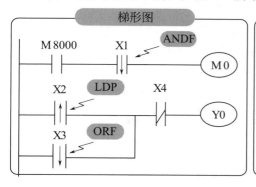
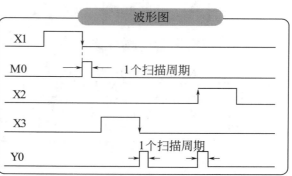

图 4-6

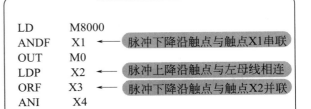

使用说明	指令表
① 脉冲上升沿指令用来检测上升沿触点由OFF-ON的状态变化，当上升沿到来时,其操作对象接通一个扫描周期 ② 脉冲下降沿指令用来检测下降沿触点由ON-OFF的状态变化，当下降沿到来时,其操作对象接通一个扫描周期	LD　　　M8000 ANDF　　X1　←　脉冲下降沿触点与触点X1串联 OUT　　　M0 LDP　　　X2　←　脉冲上升沿触点与左母线相连 ORF　　　X3　←　脉冲下降沿触点与触点X2并联 ANI　　　X4 OUT　　　Y0

图 4-6　脉冲检测指令

4.1.7　置位与复位指令

（1）指令格式及功能说明

置位与复位指令格式及功能说明，如表 4-7 所示。

表 4-7　置位与复位指令格式及功能说明

指令名称	梯形图 表达方式	指令表 表达方式	功能	操作元件
置位指令	⊢⊣ SET Y、S、M	SET<位地址>	对操作元件进行置1，并保持其动作	S、Y、M
复位指令	⊢⊣ RST Y、S、M、D、V、Z、T、C	RST<位地址>	对操作元件进行清0，并取消其动作保持	Y、M、S、T、C、D、V、Z

（2）应用举例

置位与复位指令应用举例，如图 4-7 所示。

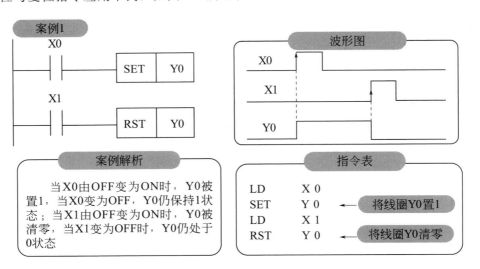

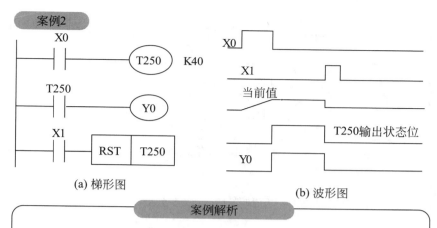

(a) 梯形图　　　　　　　　　　　　(b) 波形图

案例解析

　　当X0接通时，定时器T250线圈得电计时，当当前值大于或等于设定值40时，定时器T250输出状态位为1，线圈Y0有输出，此后即使X0断电，T250输出状态位依然为1，直到接通X1，线圈复位指令RST进行复位操作，定时器T250状态位被清零，其常开触点断开，线圈Y0断电

置位复位指令使用说明

① 复位指令可以对定时器、计数器的当前值和输出状态位清零，也可对数据寄存器、变址寄存器的内容清零
② 对同一元件多次使用置位复位指令，元件的状态取决于最后执行的那条指令

图 4-7　置位与复位指令

4.1.8　脉冲输出指令

（1）指令格式及功能说明

如表 4-8 所示。

表 4-8　脉冲输出指令格式及功能说明

指令名称	梯形图 表达方式	指令表 表达方式	功能	操作元件
上升沿脉冲 输出指令	⊢⊢ PLS Y、M	PLS<位地址>	当检测到输入信号上升沿时，操作元件会有一个扫描周期的脉冲输出	Y、M
下降沿脉冲 输出指令	⊢⊢ PLF Y、M	PLF<位地址>	当检测到输入信号下降沿时，操作元件会有一个扫描周期的脉冲输出	Y、M

（2）应用举例

脉冲输出指令应用举例，如图 4-8 所示。

案例解析及使用说明

* 案例解析：
当检测到X0上升沿时，M0产生一个扫描周期脉冲；当检测到X1下降沿时，M1产生一个扫描周期脉冲
* 使用说明：
脉冲输出指令与脉冲检测指令功能相同，只不过脉冲输出指令操作元件仅为Y、M(不含特殊辅助继电器)

图 4-8　脉冲输出指令

4.1.9　取反指令

（1）指令格式及功能说明

取反指令格式及功能说明，如表 4-9 所示。

表 4-9　取反指令格式及功能说明

指令名称	梯形图表达方式	指令表表达方式	功能	操作元件
取反指令		INV	将该指令以前的运算结果取反	无

（2）应用举例

取反指令应用举例，如图 4-9 所示。

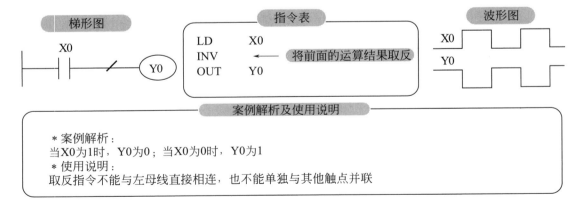

案例解析及使用说明

* 案例解析：
当X0为1时，Y0为0；当X0为0时，Y0为1
* 使用说明：
取反指令不能与左母线直接相连，也不能单独与其他触点并联

图 4-9　取反指令

4.1.10 空操作指令

（1）指令格式及功能说明

空操作指令格式及功能说明，如表 4-10 所示。

表 4-10　空操作指令格式及功能说明

指令名称	指令表表达方式	功能	操作元件
空操作指令	NOP	不执行任何操作	无

（2）应用举例

空操作指令使用说明及应用举例，如图 4-10 所示。

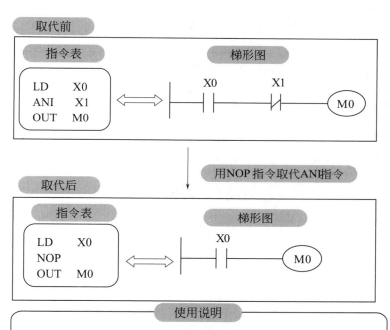

图 4-10　空操作指令

4.1.11 程序结束指令

（1）指令格式及功能说明

程序结束指令指令格式及功能说明，如表 4-11 所示。

表 4-11　　程序结束指令格式及功能说明

指令名称	梯形图 表达方式	指令表 表达方式	功能	操作元件
程序结束 指令	—[END]	END	用于程序的结束或调试	无

（2）使用说明

程序结束指令使用说明，如图 4-11 所示。

> 使用说明
>
> ① 当系统运行到程序结束指令时，程序结束指令后面的程序不会再被执行，系统会从程序结束指令处自动返回，开始下一扫描周期；
> ② 系统只执行第一条到END之间的程序，这样可以缩短扫描周期，因此在程序调试时，可以将END指令插入各程序段之间，对程序分段调试，需要指出，调试完毕后务必将各程序段之间的END指令删除。

图 4-11　程序结束指令

4.1.12　堆栈指令

堆栈是一组能够存储和取出数据的存储单元。在 FX 系列 PLC 中，堆栈有 12 层，顶层叫栈顶，底层叫栈底。堆栈采用"先进后出"的数据存取方式。堆栈结构如图 4-12 所示。

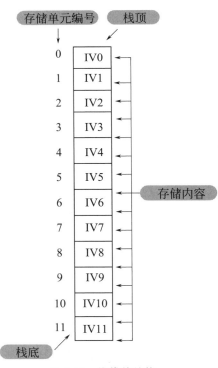

图 4-12　堆栈的结构

堆栈指令主要用于完成对触点的复杂连接，通常堆栈指令可分为入栈指令、读栈指令和出栈指令。

（1）指令格式及功能说明

堆栈指令格式及功能说明，如表 4-12 所示。

表 4-12　堆栈指令格式及功能说明

指令名称	梯形图表达方式	指令表表达方式		功能	操作元件
堆栈指令		入栈指令	MPS	将触点运算结果存取栈顶，同时让堆栈原有数据顺序下移一层	无
		读栈指令	MRD	仅读出栈顶数据，堆栈中其他层数据不变	
		出栈指令	MPP	将栈顶的数据取出，同时让堆栈每层数据顺序上移一层	

（2）应用举例

堆栈指令应用举例，如图 4-13 所示。

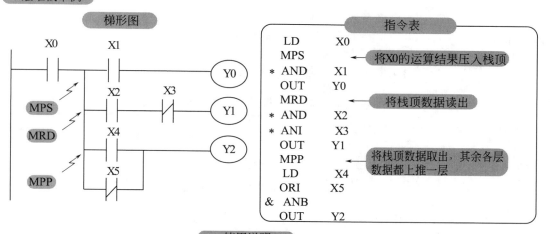

一层堆栈举例：

梯形图

指令表

LD	X0
MPS	将X0的运算结果压入栈顶
＊ AND	X1
OUT	Y0
MRD	将栈顶数据读出
＊ AND	X2
＊ ANI	X3
OUT	Y1
MPP	将栈顶数据取出，其余各层数据都上推一层
LD	X4
ORI	X5
＆ ANB	
OUT	Y2

使用说明

① MPS与MPP指令必须成对出现；
② MRD指令有时可能不出现，如下图所示；
③ MPS、MRD、MPP指令后有单个常开触点或常闭触点串联，需使用AND或ANI指令，如＊处；
④ MPS、MRD、MPP指令后有电路块串联，需用ANB或ORB指令，如＆处；
⑤ MPS、MPP指令连续使用最多不超11次，这因为堆栈仅有11层。

图 4-13

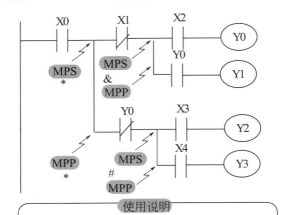

图 4-13 堆栈指令

4.1.13 主控指令和主控复位指令

在编程时，常常会遇到多个线圈受一个或多个触点控制，如果在每个线圈的控制电路中都串联相同触点，将会占用多个存储单元，主控指令可以解决此问题。

（1）指令格式及功能说明

主控指令和主控复位指令格式及功能说明，如表 4-13 所示。

表 4-13 主控指令和主控复位指令格式及功能说明

指令名称	梯形图表达方式	指令表表达方式	功能	操作元件
主控指令	MC N 操作元件	MC N <操作元件位地址>	主控区开始	Y、M（特殊 M 除外）
主控复位指令	MCR N 嵌套层数 N 范围：N0～N7	MCR N	主控区结束	

（2）应用举例

主控指令和主控复位指令应用举例，如图 4-14 所示。

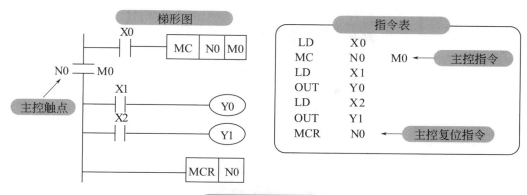

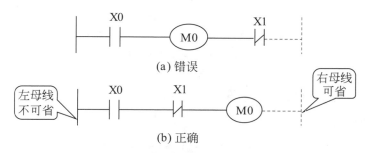

① 案例分析
当X0闭合，嵌套层数为N0的主控指令MC被执行，辅助继电器线圈M0得电，主控触点M0闭合，当X1，X2闭合时，Y1、Y2状态为ON，即执行了MC和MCR指令之间的程序；当X0断开，嵌套层数为N0的主控指令MC不被执行，主控触点M0断开，即使X1，X2闭合，Y0，Y1的状态仍为OFF；
② 使用说明
* 执行主控指令后，母线移至主控触点之后，执行主控复位指令又回到原位置；
* 主控指令的编程元件只能为辅助继电器M(特殊M除外)和输出继电器Y；
* 主控触点为了区别普通触点，往往垂直放置；
* 若主控指令所在电路断电，积算定时器、置位指令和复位指令的编程元件能保持当前状态；
* 主控指令/主控复位指令可嵌套使用，最多不超过8层：嵌套层数:N0~N7。

图 4-14 主控指令和主控复位指令

4.2　梯形图的编写规则及优化

4.2.1　梯形图程序的编写规则

① 梯形图按行从上到下编写，且每行中按从左到右的顺序编写，梯形图的编写顺序与程序的扫描顺序一致。

② 在一行中，梯形图都起于左母线，经触点，终止于线圈/功能框或右母线；如图 4-15 所示。

图 4-15 母线、触点和线圈的排布

③ 线圈不能与左母线直接相连；处理方案：可借助未用过元件的常闭触点或特殊辅助继电器 M8000 的常开触点，使左母线与线圈隔开；如图 4-16 所示。

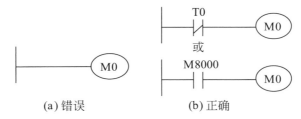

图 4-16　线圈与左母线相连的处理

④ 同一编号的线圈在同一程序中不能使用两次或两次以上，否则会出现双线圈问题；双线圈问题即同一编号的线圈在同一程序中使用两次或多次。双线圈输出很容易引起误动作，应尽量避免；如图 4-17 所示。

⑤ 不同编号的线圈可以并行输出；如图 4-18 所示。

⑥ 触点应水平放置，不能垂直放置，主控触点除外；如图 4-19 所示；注：解决方案的具体步骤将在梯形图程序的优化中进行讲解。

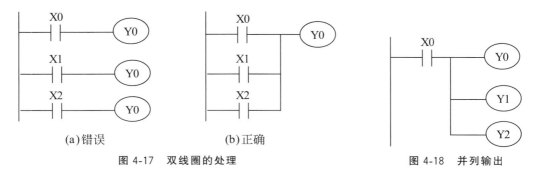

4.2.2　梯形图程序的编写技巧

梯形图的书写规律：

① 写输入时：要左重右轻，上重下轻，如图 4-20 所示。

② 写输出时：要上轻下重，如图 4-21 所示。

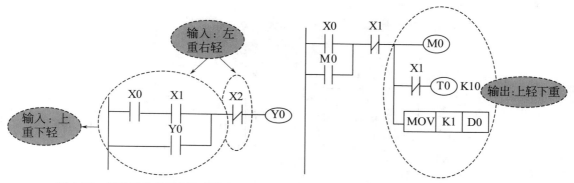

图 4-20 梯形图的书写规律（输入）

图 4-21 梯形图的书写规律（输出）

4.2.3 梯形图程序的优化

众所周知，PLC 中的梯形图语言是在继电器控制电路的基础上演绎出来的，但是二者的设计原则和规律并不完全相同。尤其是在继电器控制系统的改造问题上，若将一些复杂的继电器控制电路直接翻译成梯形图，可能会出现程序不执行或执行困难等诸多问题，本书将就一些典型的梯形图程序优化问题进行讨论。

（1）桥型电路问题的优化

① 桥型电路存在的问题

在继电器控制电路中，为了节省触点，常常需要对电路进行桥型连接。若将桥型电路直接翻译成梯形图，这就违背了"触点不能垂直放置"的原则，如图 4-22 所示。

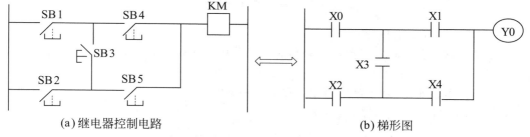

(a) 继电器控制电路　　　　　　　　(b) 梯形图

图 4-22　桥型电路的问题

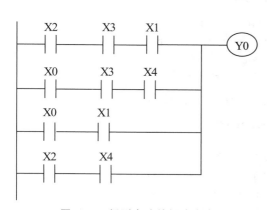

图 4-23　桥型电路的解决方案

② 解决方案，如图 4-23 所示。在图 4-22（b）中，找出使 Y0 能吸合的所有路径：

A. X0→X1→Y0；

B. X0→X3→X4→Y0；

C. X2→X3→X1→Y0；

D. X2→X4→Y0。

将各个路径的梯形图并联。

（2）堆栈问题的优化

① 堆栈存在的问题。在继电器控制电路中，经常采用并联输出的模式。若将继电器控制电路直接翻译成梯形图，存在着两方面的缺点：a. 占用的程序存储器容量较大；b. 当梯形图转化为指

令表时，可读性不高，如图 4-24 所示。

② 解决方案。如图 4-25 所示，将公共触点分配到各个支路。

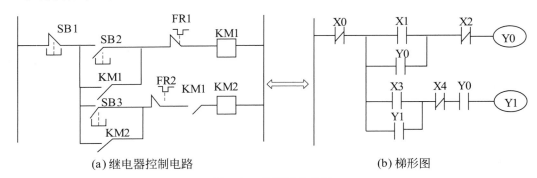

(a) 继电器控制电路   (b) 梯形图

图 4-24   逻辑堆栈问题

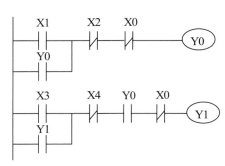

图 4-25   堆栈问题的优化方案

（3）复杂电路问题的优化

① 复杂电路存在的问题。在一些复杂的梯形图中，逻辑关系不是很明显，程序可读性不高，如图 4-26（a）所示。

② 解决方案，如图 4-26（b）所示。和解决桥型电路的问题一样：a. 找出使 Y0 吸合的所有路径；b. 将各个路径的梯形图并联。

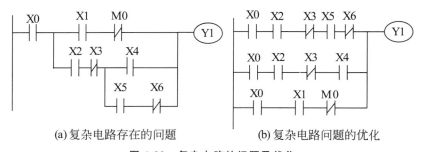

(a) 复杂电路存在的问题   (b) 复杂电路问题的优化

图 4-26   复杂电路的问题及优化

（4）中间单元和主控指令、主控复位指令的巧用

在梯形图中，若多个线圈受一个或多个触点控制，为了简化电路，可以设置中间单元，也可以采用主控和主控复位指令，如图 4-27 所示。设置中间单元或采用主控和主控复位指令，既可化简程序，又可在逻辑运算条件改变时，只需修改控制条件，即可实现对整个程序的修改，这为程序的修改和调试提供了很大的方便。

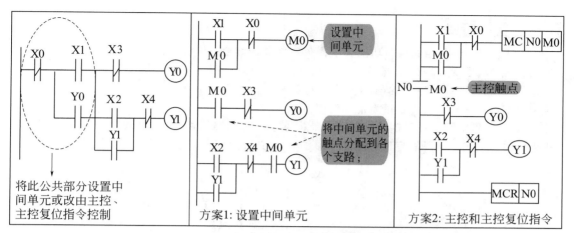

图 4-27　中间单元和主控指令、主控复位指令的巧用

4.3　基本编程环节

实际的 PLC 程序往往是某些典型电路的扩展与叠加，因此掌握一些典型电路对大型复杂程序的编写非常有利。鉴于此，本节将给出一些典型的电路，即基本编程环节，供读者参考。

4.3.1　启保停电路与置位复位电路

（1）启保停电路

启保停电路在梯形图中应用广泛，其最大的特点是利用自身的自锁（又称自保持）可以获得"记忆"功能。电路模式如图 4-28 所示。

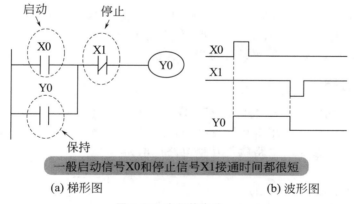

(a) 梯形图　　　　　　　　　　　　　(b) 波形图

图 4-28　启保停电路

当按下启动按钮，常开触点 X0 接通，在未按停止按钮的情况下（即常闭触点 X1 为 ON），线圈 Y0 得电，其常开触点闭合；松开启动按钮，常开触点 X0 断开，这时"能流"经常开触点 Y0 和常闭触点 X1 流至线圈 Y0，Y0 仍得电，这就是"自锁"和"自保持"功能。

当按下停止按钮，其常闭触点 X1 断开，线圈 Y0 失电，其常开触点断开；松开停止按钮，线圈 Y0 仍保持断电状态。

① 启保停电路"自保持"功能实现条件：将输出线圈的常开触点并于启动条件两端；

② 实际应用中，启动信号和停止信号可能由多个触点串联组成，形式如图，请读者活学活用；

③ 启保停电路是在三相异步电动机单相连续控制电路的基础上演绎过来的，如果参照单相连续控制电路来理解启保停电路，那是极其方便的。演绎过程如下：(翻译法)

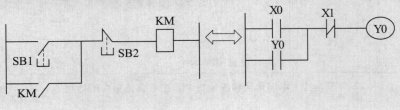

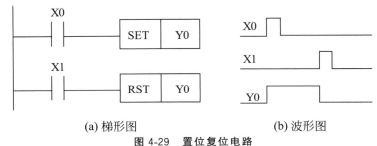

（2）置位复位电路

和启保停电路一样，置位复位电路也具有"记忆"功能。置位复位电路由置位、复位指令实现，电路模式如图 4-29 所示。

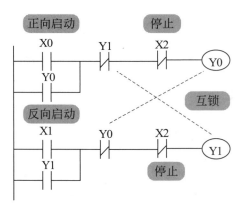

(a) 梯形图   (b) 波形图

图 4-29　置位复位电路

按下启动按钮，常开触点 X0 闭合，置位指令被执行，线圈 Y0 得电，当 X0 断开后，线圈 Y0 继续保持得电状态；按下停止按钮，常开触点 X1 闭合，复位指令被执行，线圈 Y0 失电，当 X1 断开后，线圈 Y0 继续保持失电状态。

4.3.2　互锁电路

有些情况下，两个或多个继电器不能同时输出，为了避免它们同时输出，往往相互将自身的常闭触点串在对方的电路中，这样的电路就是互锁电路。电路模式如图 4-30 所示。

按下正向启动按钮，常开触点 X0 闭合，线圈 Y0 得电并自锁，其常闭触点 Y0 断开，这时即使 X1 接通，线圈 Y1 也不会动作。

按下反向启动按钮，常开触点 X1 闭合，线圈 Y1 得电并自锁，其常闭触点 Y1 断开，这时即使 X0 接通，线圈 Y0 也不会动作。

按下停止按钮，常闭触点 X2 断开，线圈 Y0、Y1均失电。

图 4-30　互锁电路

① 互锁实现：相互将自身的常闭触点串联在对方的电路中。

② 互锁目的：防止两路线圈同时输出。

③ 和启保停电路的理解方法一样，可以通过正反转电路来理解互锁电路；具体如下。

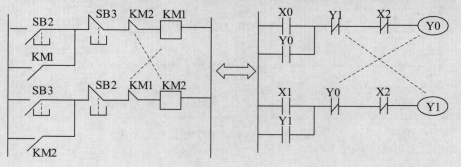

4.3.3　延时断开电路与延时接通/断开电路

（1）延时断开电路

① 控制要求：当输入信号有效时，立即有输出信号；而当输入信号无效时，输出信号要延时一段时间后再停止。

② 解决方案：

解法（一）：如图 4-31 所示。

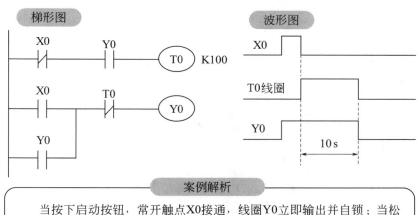

案例解析

当按下启动按钮，常开触点 X0 接通，线圈 Y0 立即输出并自锁；当松开启动按钮后，定时器 T0 开始定时，延时 10s 后，线圈 Y0 断开，且 T0 复位

图 4-31　延时断开电路解法（一）

解法（二）：如图 4-32 所示。

（2）延时接通/断开电路

① 控制要求：当输入信号有效，延时一段时间后输出信号才接通；当输入信号无效，延时一段时间后输出信号才断开。

② 解决方案：如图 4-33 所示。

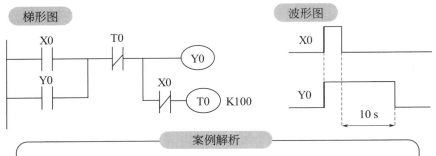

当按下启动按钮，常开触点X0接通，线圈Y0立即输出并自锁；当松开启动按钮后，定时器T0开始定时，延时10s后，线圈Y0断开，且T0复位

图 4-32　延时断开电路解法（二）

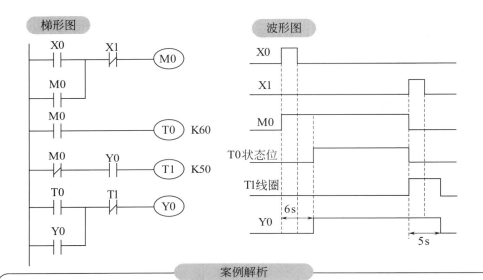

当按下启动按钮，X0接通，线圈M0得电并自锁，其常开触点闭合，定时器T0开始定时，6S后常开触点T0闭合，线圈Y0接通。

当按下停止按钮，X1断开，线圈M0失电，T0复位，与此同时T1开始定时，5s后定时器常闭触点T1断开，致使线圈Y0断电，T1也被复位。

图 4-33　延时接通/断开电路

4.3.4　长延时电路

在 FX 系列 PLC 中，定时器最长延时时间为 3276.7s，如果需要更长的延时时间，则应该考虑多个定时器、计数器的联合使用，以扩展其延时时间。

（1）应用定时器的长延时电路

该解决方案的基本思路是利用多个定时器的串联，来实现长延时控制。定时器串联使用时，其总的定时时间等于各定时器定时时间之和，即 $T = T0 + T1$，具体如图 4-34 所示。

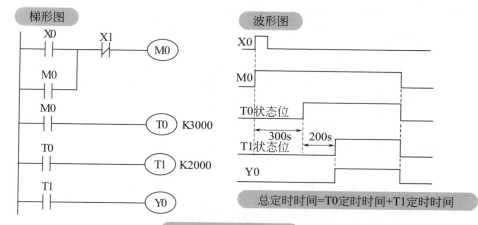

案例解析

  当按下启动按钮,X0接通,线圈M0得电并自锁,其常开触点闭合,定时器T0开始定时,300s后常开触点T0闭合,定时器T1开始定时,200s后常开触点T1闭合,线圈Y0接通。从X0接通到Y0接通总共延时时间=300s+200s=500s;
  按下停止按钮,X1断开,线圈M0失电,T0、T1复位,Y0无输出。

图4-34　应用定时器的长延时电路

（2）应用计数器的长延时电路

  只要提供一个时钟脉冲信号作为计数器的计数输入信号,计数器即可实现定时功能。其定时时间等于时钟脉冲信号周期乘以计数器的设定值即 T＝T1Kc,其中 T1 为时钟脉冲周期,Kc 为计数器设定值,时钟脉冲可以由 PLC 内部特殊辅助继电器产生,如 M8013（秒脉冲）、M8014（分脉冲）,也可以由脉冲发生电路产生。

  ① 含有一个计数器的长延时电路,如图 4-35 所示。

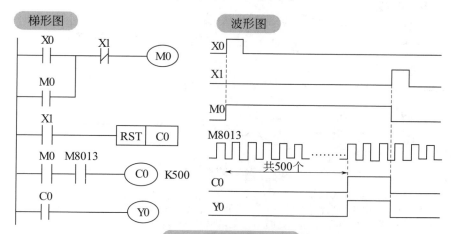

案例解析

  本程序将M8013产生周期为1s的脉冲信号作为计数输入脉冲,当按下启动按钮,X0接通,线圈M0得电并自锁,其常开触点闭合,计数器C0开始计数,当C0累计到500个脉冲后,C0常开触点闭合,线圈Y0接通。从X0接通到Y0接通总共延时时间=500×1s=500s。
  按下停止按钮,X1断开,线圈M0失电,C0复位,Y0无输出。

图4-35　含一个计数器的长延时电路

② 含有多个计数器的长延时电路，如图 4-36 所示。

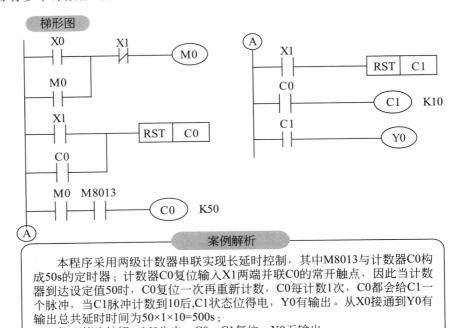

本程序采用两级计数器串联实现长延时控制，其中M8013与计数器C0构成50s的定时器；计数器C0复位输入X1两端并联C0的常开触点，因此当计数器到达设定值50时，C0复位一次再重新计数，C0每计数1次，C0都会给C1一个脉冲，当C1脉冲计数到10后，C1状态位得电，Y0有输出。从X0接通到Y0有输出总共延时时间为50×1×10=500s；

按下停止按钮，M0失电，C0、C1复位，Y0无输出。

图 4-36　含两个计数器的长延时电路

（3）应用定时器和计数器组合的长延时电路

该解决方案的基本思路是将定时器和计数器连接，来实现长延时，其本质是形成一个等效倍乘定时器，具体如图 4-37 所示。

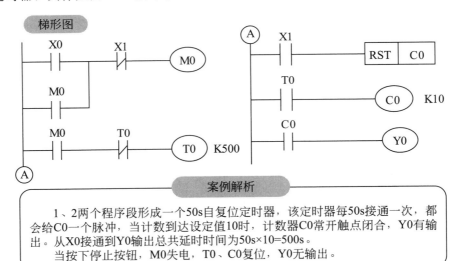

1、2两个程序段形成一个50s自复位定时器，该定时器每50s接通一次，都会给C0一个脉冲，当计数到达设定值10时，计数器C0常开触点闭合，Y0有输出。从X0接通到Y0输出总共延时时间为50s×10=500s。

当按下停止按钮，M0失电，T0、C0复位，Y0无输出。

图 4-37　应用定时器和计数器组合的长延时电路

4.3.5　脉冲发生电路

脉冲发生电路是应用广泛的一种控制电路，它的构成形式很多，具体如下：

（1）由 M8013 和 M8014 构成的脉冲发生电路

M8013 和 M8014 构成的脉冲发生电路最为简单，M8013 和 M8014 是最为常用的特殊辅助继电器，M8013 为秒脉冲，在一个周期内接通 0.5s 断开 0.5s，M8014 为分脉冲，在一个周期内接通 30s 断开 30s。具体如图 4-38 所示。

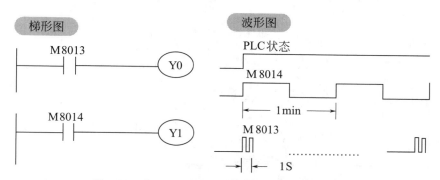

图 4-38　由 M8013 和 M8014 构成的脉冲发生电路

（2）单个定时器构成的脉冲发生电路

周期可调脉冲发生电路，如图 4-39 所示。

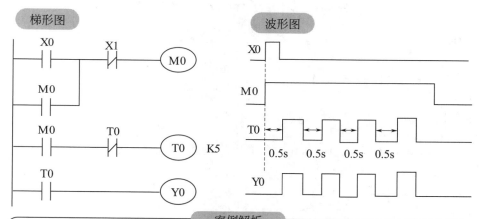

案例解析

　　单个定时器构成的脉冲发生电路的脉冲周期可调，通过改变 T0 的设定值，从而改变延时时间，进而改变脉冲的发生周期。

　　当按下起动按钮时，X0 闭合，线圈 M0 接通并自锁，M0 的常开触点闭合，T0 计时 0.5s 后，定时时间到，T0 线圈得电，其常开触点闭合，Y0 接通。T0 常开触点接通的同时，其常闭触点断开，T0 线圈断电，从而 Y0 断电，接着 T0 又从 0 开始计时，如此周而复始会产生间隔为 0.5s 的脉冲，直至按下停止按钮，才停止脉冲发生。

图 4-39　单个定时器构成的脉冲发生电路

（3）多个定时器构成的脉冲发生电路

多个定时器构成的脉冲发生电路，如图 4-40 所示。

（4）顺序脉冲发生电路

三个定时器顺序脉冲发生电路，如图 4-41 所示。

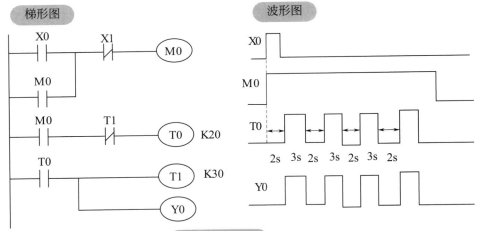

当按下起动按钮时，X0闭合，线圈M0接通并自锁，M0常开触点闭合，T0计时，2s后T0定时时间到，其常开触点闭合，Y0接通，与此同时T1定时，3s后定时时间到，其常闭触点断开，T0断电，其常开触点断开，Y0和T1断电，T1的常闭触点复位，T0又开始定时，如此反复，会发生一个个脉冲。

图 4-40 多个定时器构成的脉冲发生电路

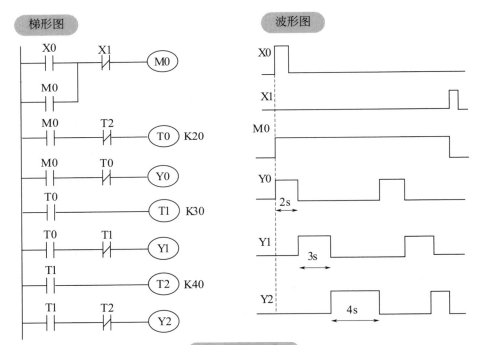

当按下起动按钮时，X0闭合，线圈M0接通并自锁，M0常开触点闭合，T0开始定时同时Y0接通；T0定时2s时间到，其常闭触点断开，Y0断电；T0常开触点闭合，T1开始定时同时Y1接通；T1定时3s时间到，其常闭触点断开，Y1断电；T1常开触点闭合，T2开始定时同时Y2接通；T2定时4s时间到，其常闭触点断开，Y2断电；若M0线圈一直接通，该电路会重新开始产生顺序脉冲，直到按下停止按钮，常闭X1断开，M0失电，定时器复位，线圈Y0、Y1和Y2全部断电。

图 4-41 三个定时器构成的顺序脉冲发生电路

4.4 基本指令应用实例

4.4.1 电动机星三角降压启动

（1）控制要求

按钮启动按钮 SB2，接触器 KM1、KM3 接通，电动机星接进行降压启动；过一段时间后，时间继电器动作，接触器 KM3 断开 KM2 接通，电动机进入角接状态；按下停止按钮 SB1，电动机停止运行，如图 4-42 所示。

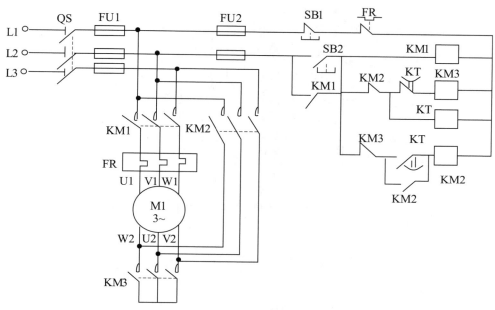

图 4-42　电动机星三角降压启动

（2）设计步骤

① 第一步：根据控制要求，对输入/输出进行 I/O 分配；如表 4-14 所示。

表 4-14　电动机星三角降压启动 I/O 分配

输入量		输出量	
启动按钮 SB2	X0	接触器 KM1	Y0
停止按钮 SB1	X1	角接 KM2	Y1
		星接 KM3	Y2

② 第二步：绘制外部接线图。外部接线图如图 4-43 所示。

③ 第三步：设计梯形图程序。梯形图电路是在继电器电路的基础上演绎过来的，因此根据继电器电路设计梯形图电路是一条捷径。将继电器控制电路的元件用梯形图编程元件逐一替换，草图如图 4-44（a）所示。由于草图程序可读性不高，因此将其简化和修改，整理结果如图 4-44（b）所示。

④ 第四步：案例解析，如图 4-45 所示。

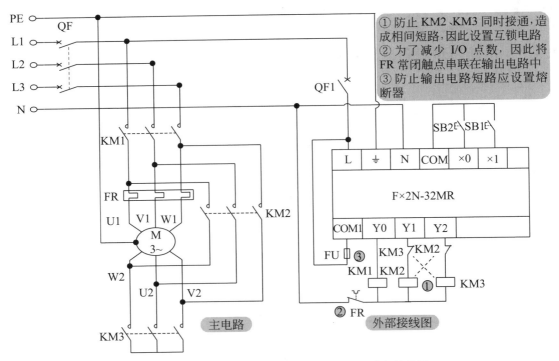

图 4-43　电动机星三角启动的主电路与 PLC 外部接线图

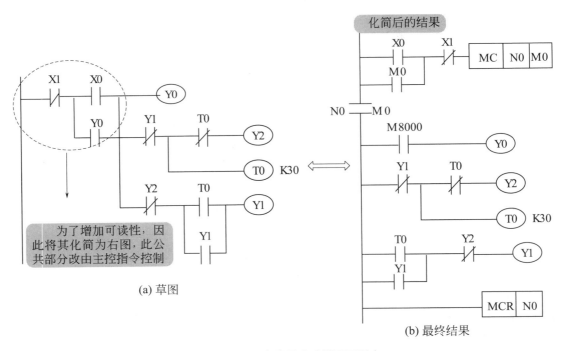

(a) 草图

(b) 最终结果

图 4-44　星三角降压启动梯形图程序

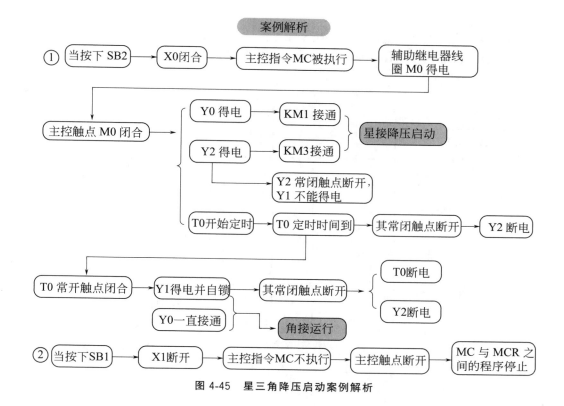

图 4-45　星三角降压启动案例解析

4.4.2　产品数量检测控制

（1）控制要求：

产品数量检测控制，如图 4-46 所示。传送带传输工件，用传感器检测通过的产品的数量，每凑够 12 个产品机械手动作一次，机械手动作后延时 3s，将机械手电磁铁切断。

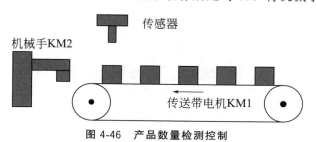

图 4-46　产品数量检测控制

（2）设计步骤

① 第一步：根据控制要求，对输入/输出进行 I/O 分配；如表 4-15 所示。

表 4-15　产品数量检测控制 I/O 分配

输入量		输出量	
启动按钮 SB1	X0	传送带电机	Y0
停止按钮 SB2	X1	机械手	Y1
传感器	X2		

② 第二步：绘制外部接线图。外部接线图如图 4-47 所示。

③ 第三步：设计梯形图程序及案例解析，如图 4-48 所示。

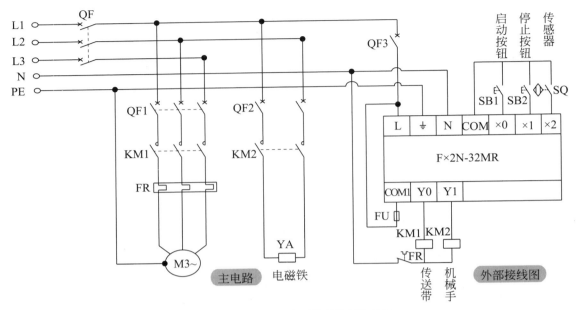

图 4-47　产品数量检测控制外部接线图

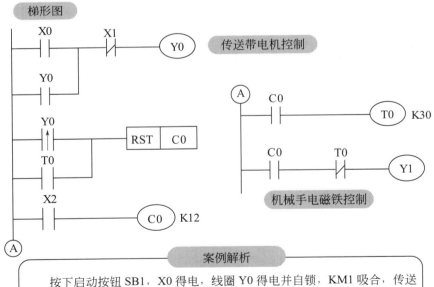

图 4-48　产品数量检测控制梯形图程序及条例解析

4.4.3 顺序控制电路

（1）控制要求

有红绿黄三盏小灯，当按下启动按钮，三盏小灯每隔 3s 轮流点亮，并循环；当按下停止按钮时，三盏小灯都熄灭。

（2）设计步骤

① 第一步：根据控制要求，对输入/输出进行 I/O 分配；如表 4-16 所示。

表 4-16　顺序控制 I/O 分配

输入量		输出量	
启动按钮 SB1	X0	红灯	Y0
停止按钮 SB2	X1	绿灯	Y1
		黄灯	Y2

② 第二步：绘制外部接线图。外部接线图如图 4-49 所示。

③ 第三步：梯形图程序及案例解析。

a. 小灯顺序控制解法一：如图 4-50 所示。

b. 小灯顺序控制解法二：如图 4-51 所示。

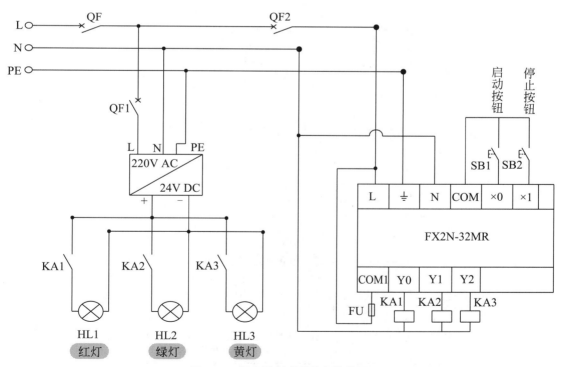

图 4-49　顺序控制电路外部接线图

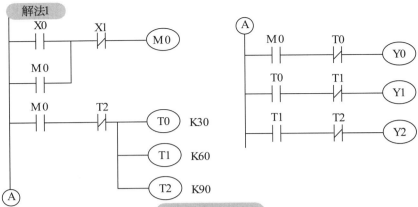

案例解析

解法（一）中，当按下启动按钮，X0 的常开触点闭合，辅助继电器 M0 线圈得电并自锁，其常开触点 M0 闭合，输出继电器线圈 Y0 得电，红灯亮；与此同时，定时器 T0、T1 和 T2 开始定时，当 T0 定时时间到，其常闭触点断开、常开触点闭合，Y0 断电、Y1 得电，对应的红灯灭、绿灯亮；当 T1 定时时间到，Y1 断电、Y2 得电，对应的绿灯灭、黄灯亮；当 T2 定时时间到，其常闭触点断开，Y2 失电且 T0、T1 和 T2 复位，接着定时器 T0、T1 和 T2 又开始新的一轮计时，红绿黄等依次点亮往复循环；当按下停止按钮时，X1 常闭触点断开，M0 失电，其常开触点断开，定时器 T0、T1 和 T2 断电，三盏灯全熄灭。

图 4-50　小灯顺序控制程序及解析一

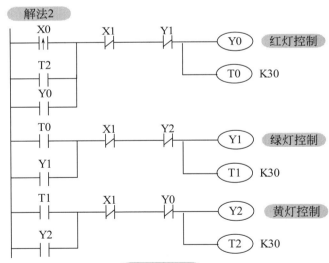

案例解析

解法（二）中，当按下启动按钮，X0 的常开触点闭合，线圈 Y0 得电并自锁且 T0 开始定时，3s 后定时时间到，T0 常开触点闭合，Y1 得电且 T1 定时，Y1 常闭触点断开，Y0 失电；3s 后 T1 定时时间到，Y2 得电并自锁且 T2 定时，Y2 常闭触点断开，Y1 失电；3s 后 T2 定时时间到，Y0 得电并自锁且 T0 定时，Y0 常闭触点断开，Y2 失电；T0 再次定时，重复上面的动作。当按下停止按钮时，Y0、Y1 和 Y2 断电。

图 4-51　小灯顺序控制程序及解析二

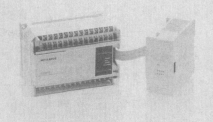

第5章

FX 系列 PLC 应用指令

基本指令是基于继电器、定时器和计数器类的软元件，主要用于逻辑处理。作为工业控制计算机，PLC 仅有基本指令是不够的，在工业控制的很多场合需要对数据进行处理，因而 PLC 制造商逐步引入了应用指令。

应用指令主要用于数据传送、运算、变换、程序控制及通信等。一般说来，FX 系列 PLC 应用指令有：程序控制类指令、数据传送和比较指令、四则运算与逻辑运算指令、移位与循环指令、方便指令等。

5.1　应用指令概述

5.1.1　应用指令的格式

应用指令由助记符、功能号和操作数组成。下面以块传送指令举例，说明应用指令的格式，如图 5-1 所示。

（1）助记符

用来指定该指令的操作功能，一般用英文单词或单词缩写表示。上例块传送指令的助记符为 BMOV。

（2）功能号

功能号是功能指令的代码，每条功能指令都有自己固定的功能号。上例块传送指令的功

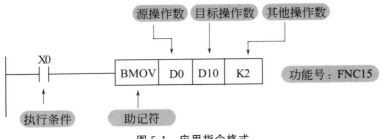

图 5-1　应用指令格式

能号为 FNC15。

（3）操作数

操作数可以分为源操作数、目标操作数和其他操作数。

源操作数：当指令执行后不改变其内容的操作数，用［S］表示；

目标操作数：当指令执行后改变其内容的操作数，用［D］表示；

其他操作数：用来表示常数或对源操作数和目标操作数作补充说明，用 m、n 表示。

需要指出，源操作数、目标操作数和其他操作数不唯一时，分别用［S1］、［S2］，［D1］、［D2］，m1、m2 或 n1、n2。

5.1.2　数据长度与执行形式

（1）数据长度

应用指令按处理数据长度分为 16 位指令和 32 位指令，其中 16 位指令前无"D"，32 位指令助记符前加"D"，如图 5-2 所示。

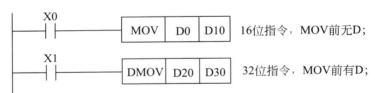

图 5-2　16 位/32 位指令举例

① 16 位数据结构。16 位数据结构如图 5-3（a）所示，16 位的数据内容为二进制数，其中最高位为符号位，其余为数据位。符号位的作用是指明数据的正、负，符号位为 0，表示正数；符号位为 1，表示负数。

② 32 位数据结构。32 位数据结构如图 5-3（b）所示，32 位的数据内容为二进制数，其中最高位为符号位，其余为数据位。符号位的作用是指明数据的正、负，符号位为 0，表示正数；符号位为 1，表示负数。

③ 案例解析。在图 5-2 中，当 X0 闭合，MOV 指令执行，将数据寄存器 D0 中的 16 位数据传送到数据寄存器 D10 中；当 X1 闭合，DMOV 指令执行，将数据寄存器 D21、D20 中的数据传送到数据寄存器 D31、D30 中；

（2）执行形式

应用指令执行形式有两种，分别为连续执行型和脉冲执行型，如图 5-4 所示。图 5-4（a）为连续执行型，当 X0 闭合后，MOV 指令每个扫描周期都被执行；图 5-4（b）为脉冲执行型，仅在 X1 由 OFF 变为 ON 的瞬间 MOVP 指令执行。

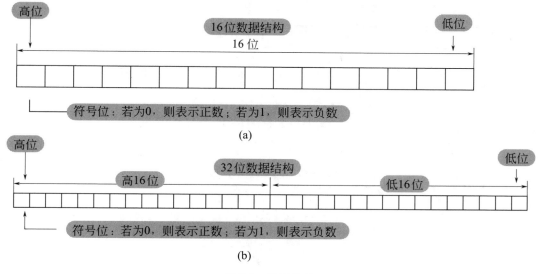

(a)

(b)

图 5-3 数据结构

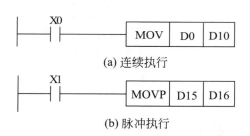

(a) 连续执行

(b) 脉冲执行

图 5-4 应用指令的执行形式

5.1.3 操作数

操作数按功能分为源操作数、目标操作数和其他操作数；按组成分为位元件、字元件。

位元件是指只有通断两种状态的元件，如输入继电器 X、输出继电器 Y、辅助继电器 M、状态继电器 S；字元件是指处理数据的元件，如定时器和计数器的设定值寄存器、定时器和计数器的当前值寄存器、数据寄存器 D；

位元件组合也可以组成字元件，组合是由 4 个连续的位元件组成，形式用 KnP 表示，其中 P 为位元件的首地址，n 为组数，$n=1 \sim 8$。例 K2M0 表示由 M0～M7 组成的两个位元件组，其中 M0 为位元件首地址，$n=2$。

5.1.4 数据传送的一般规律

不同长度数据之间传送时，遵循以下规律。

① 长数据向短数据传送时，长数据的低位传送给短数据，如图 5-5（a）所示。

② 短数据向长数据传送时，短数据传送给长数据的低位，长数据的高位自动为零，如图 5-5（b）所示。

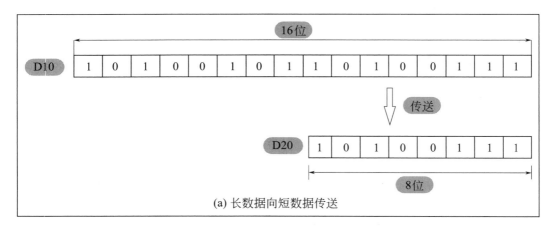

(a) 长数据向短数据传送

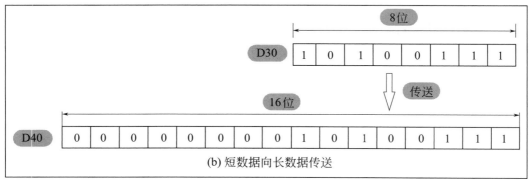

(b) 短数据向长数据传送

图 5-5　数据传送规律

5.2　程序控制类指令

程序控制类指令用于程序结构及流程的控制，它主要包括条件跳转指令、子程序调用指令、中断指令、主程序结束指令、监控定时器指令和循环指令等。

5.2.1　条件跳转指令

条件跳转指令用于跳过顺序程序中的某一部分，使其不在执行，这样可以减少扫描时间。条件跳转指令的执行方式有两种：脉冲执行方式和连续执行方式。

（1）指令格式

条件跳转指令的指令格式如表 5-1 所示。

表 5-1　条件跳转指令的指令格式

指令名称	助记符	功能号	操作数
条件跳转指令	CJ	FNC00	目标操作数〔D.〕
			P0～P63

（2）应用举例

条件跳转指令应用举例，如图 5-6 所示。

（3）注意事项

① 同一指针只能出现一次，若出现两次及以上，程序会出错。

② 多条跳转指令可以使用同一指针。

③ P63 是 END 步指针，在程序中不能使用。

④ 设 Y、M、S 被 OUT、SET、RST 指令驱动，跳转期间即使驱动 Y、M、S 的电路状态改变了，它们仍保持跳转前的状态。

⑤ 定时器、计数器如果被跳转指令跳过，跳转期间它们的当前值会被冻结；若在跳步开始定时器和计数器都在工作，在跳转期间定时器和计数器将停止定时、计数，当跳转条件不满足后继续工作。

⑥ T192～T199 和高速计数器 C235～C255 如在驱动后跳转，则继续工作，输出触点也会动作。

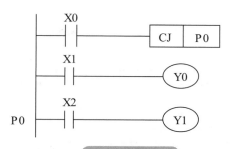

案例解析

当 X0 为 ON，条件跳转指令 CJ 被执行，程序会跳转到指针 P0 处，即跳过了 Y0 所在的程序行；当 X0 处于断电状态，跳转指令不执行，程序顺序执行，即 Y0、Y1 所在的程序行依次执行

图 5-6　条件跳转指令应用举例

5.2.2　子程序调用指令

子程序是为了一些特定控制要求而编制的相对独立的程序。为了区别主程序，在程序编排时，往往主程序在前，子程序在后，主程序与子程序之间用主程序结束指令（FEND）隔开。程序结构如图 5-7 所示。

子程序指令有两条，分别为子程序调用指令和子程序返回指令。

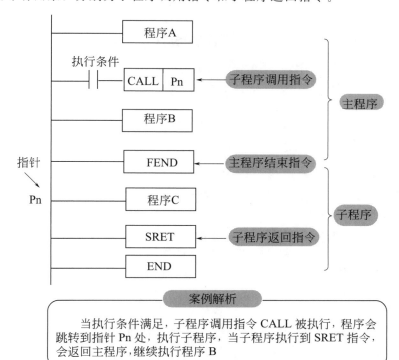

案例解析

当执行条件满足，子程序调用指令 CALL 被执行，程序会跳转到指针 Pn 处，执行子程序，当子程序执行到 SRET 指令，会返回主程序，继续执行程序 B

图 5-7　调用子程序结构

（1）指令格式

子程序指令的指令格式如表 5-2 所示。

表 5-2   子程序指令的指令格式

指令名称	助记符	功能号	操作数（D）
子程序调用指令	CALL	FNC01	指针范围：P0～P62
子程序返回指令	SRET	FNC02	无

（2）应用举例

子程序指令应用举例，如图 5-8 所示。

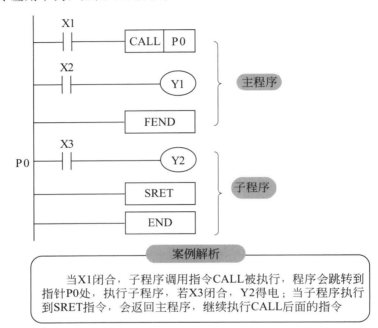

案例解析

　　当X1闭合，子程序调用指令CALL被执行，程序会跳转到指针P0处，执行子程序，若X3闭合，Y2得电；当子程序执行到SRET指令，会返回主程序，继续执行CALL后面的指令

图 5-8   子程序指令应用举例

（3）注意事项

① 子程序需放在主程序结束指令 FEND 之后。

② 子程序调用指令 CALL 与子程序返回指令 SRET 成对出现，子程序以 CALL 指令开始，以 SRET 指令结束。

③ 子程序可多次调用，也可嵌套，嵌套最多不超 5 层。

④ 子程序调用指令 CALL 和跳转指令 CJ 不能用同一指针。

⑤ 子程序中需要专用定时器，范围为 T192～T199 和 T246～T249。

5.2.3   中断指令

中断是指终止当前正在运行的程序，转而执行为立即响应的信号而编制的中断服务程序，执行完毕后返回原先被终止的程序并继续运行。

（1）中断指针

中断指针用来指明某一中断程序的入口；中断指针情况，如图 5-9 所示。

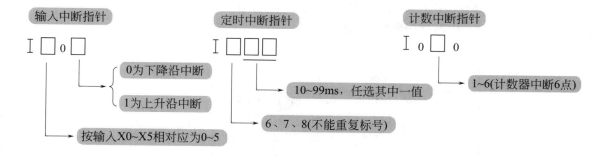

图 5-9　中断指针

（2）中断指令

中断指令有中断返回指令、允许中断指令和禁止中断指令 3 条。中断指令的指令格式如表 5-3 所示。

表 5-3　中断指令的指令格式

指令名称	助记符	功能号	操作数（D）
中断返回指令	IRET	FNC03	无
允许中断指令	EI	FNC04	无
禁止中断指令	DI	FNC05	无

① 中断返回指令 IRET：用于从中断子程序返回到主程序；

② 允许中断指令 EI：使用 EI 指令可以使可编程序由禁止中断状态变为允许中断状态；

③ 禁止中断指令 DI：使用 DI 指令可以使可编程序由允许中断状态变为禁止中断状态。

（3）程序结构

可编程序通常处于禁止中断状态，指令 EI 和 DI 之间或指令 EI 和 FEND 之间为中断允许区域，当程序执行到此区域时，若中断条件满足，CPU 将停止执行当前的程序，转而执行相应的中断程序，当执行到中断程序 IRET 指令时，PLC 将返回原中断点，继续执行原来的程序。具体程序结构如图 5-10 所示。

（4）应用举例

中断程序指令应用举例，如图 5-11 所示。

（5）注意事项

① 中断指令需放在主程序结束指令 FEND 之后；

② 中断程序需以 IRET 指令结束；

③ 指令 EI 和 DI 之间或指令 EI 和 FEND 之间为中断允许区域；

④ 当 M8050～M8058 状态为 ON 时，禁止执行相应 I0□□～I8□□ 的中断；M8059 状态为 ON 时，禁止所有计数器中断；

⑤ 如有多个依次发出中断信号，则优先级以信号发生的先后为序，发生早的优先级高；如有信号同时发生，中断指针标号小的优先。

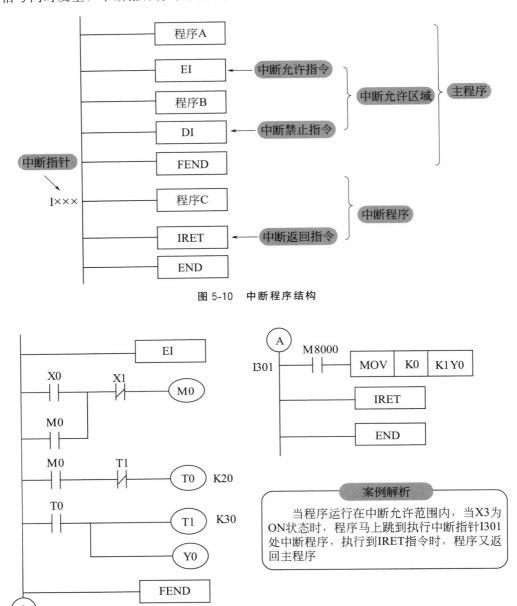

图 5-10 中断程序结构

图 5-11 中断程序指令

案例解析

当程序运行在中断允许范围内，当X3为ON状态时，程序马上跳到执行中断指针I301处中断程序，执行到IRET指令时，程序又返回主程序

5.2.4 主程序结束指令

主程序结束指令表示主程序的结束，子程序的开始，执行到 FEND 指令 PLC 进行输入、输出处理，监控定时器刷新，完成后返回第 0 步。子程序和中断程序应放在 FEND 指令之后。主程序的指令格式如表 5-4 所示。

表 5-4　主程序的指令格式

指令名称	助记符	功能号	操作数（D）
主程序结束指令	FEND	FNC06	无

5.2.5　监控定时器指令

监控定时器指令又称看门狗指令，助记符为 WDT，功能号 FNC07，无操作数。监控定时器指令用于程序中刷新监视定时器 D8000。在程序执行过程中，若扫描时间超过 200ms，PLC 将停止运行。这种情况下，使用监控定时器指令可以刷新监控定时器，使程序执行到 END 或 FEND。

监控定时器指令应用举例，如图 5-12 所示。

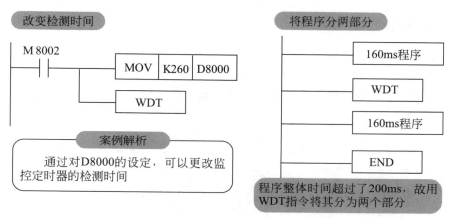

图 5-12　监控定时器指令应用

5.2.6　循环指令

循环指令有两条，分别为 FOR 和 NEXT 指令，FOR 指令表示循环的起点，NEXT 表示循环的结束。循环指令功能是将 FOR 和 NEXT 指令之间的程序按指定次数循环运行。

（1）指令格式

循环指令格式如表 5-5 所示。

表 5-5　循环指令格式

指令名称	助记符	功能号	操作数（S）
循环开始指令	FOR	FNC08	K、H、KnX、KnY、KnS、KnM、T、C、D、V、Z
循环结束指令	NEXT	FNC09	无

（2）程序结构

程序结构如图 5-13 所示。

（3）注意事项

① FOR 指令和 NEXT 指令需成对出现，FOR 指令在前，NEXT 指令在后；

② 循环最多可嵌套 5 层。

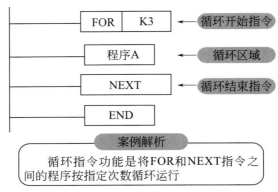

图 5-13　循环指令程序结构

5.2.7　综合举例

（1）电动机顺序启动控制

① 控制要求

某电动机顺序启动有两种工作模式：手动控制、自动控制，如图 5-14 所示，试用跳转指令编程。

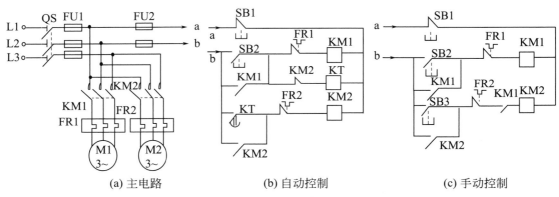

(a) 主电路　　　　　　(b) 自动控制　　　　　　(c) 手动控制

图 5-14　电动机顺序启动电路

② 程序设计

a. I/O 地址分配

电动机顺序启动 I/O 地址分配，如表 5-6 所示。

表 5-6　电动机顺序启动 I/O 地址分配

输入量		输出量	
选择按钮 1	X0	接触器 KM1	Y0
选择按钮 2	X1	接触器 KM2	Y1
M1 启动按钮	X2		
M2 启动按钮	X4		
停止按钮	X3		

输入量		输出量	
热继电器 FR1	X5		
热继电器 FR2	X6		

b. 编制梯形图

有多种工作模式切换的程序，考虑用跳转指令编程。具体如图 5-15 所示。

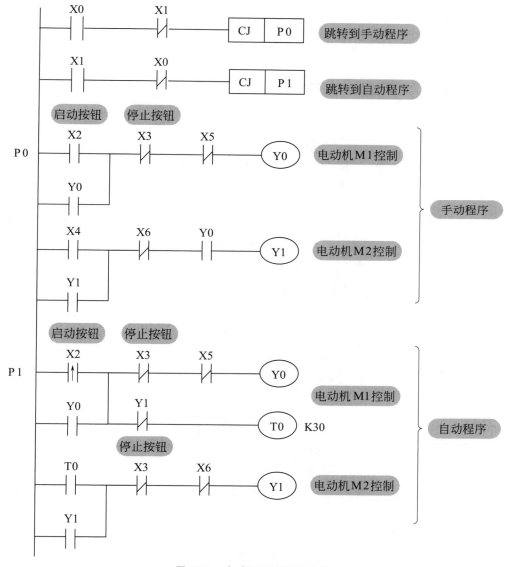

图 5-15　电动机顺序启动程序

（2）三台电动机顺序控制

① 控制要求

按下启动按钮 SB1，电动机 M1、M2、M3 间隔 3s 顺序启动；按下停止按钮 SB2，电动机 M1、M2、M3 间隔 3s 顺序停止；用子程序调用指令实现以上控制功能。

② 程序设计

a. I/O 分配：如表 5-7 所示。

表 5-7　I/O 分配

输入量		输出量	
选择开关 1	X0	接触器 KM1	Y0
选择开关 2	X1	接触器 KM2	Y1
启动按钮 SB1	X3	接触器 KM3	Y2
停止按钮 SB2	X4		
急停按钮	X2		

b. 编制梯形图：三台电动机顺序控制梯形图，如图 5-16 所示。

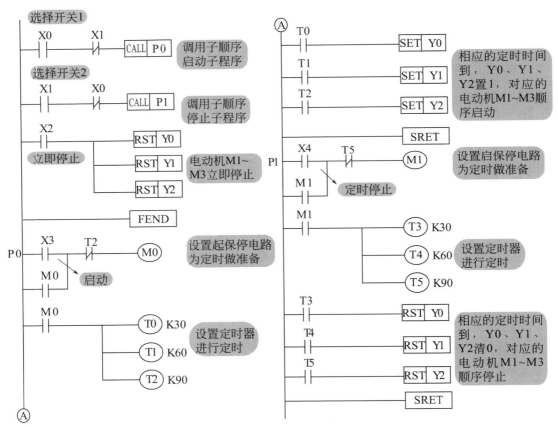

图 5-16　三台电动机顺序控制程序

（3）抢答器控制

① 控制要求

有 4 个抢答席和 1 个主持人席，每个抢答席各有 1 个按钮和 1 个指示灯。参赛者在允许抢答时，第一个按下抢答按钮的抢答席的指示灯先亮，此后另外 3 个抢答席上即使再按各自的抢答按钮，其指示灯也不亮。这样主持人可以知道谁先按的抢答器。答题结束后，主持人按复位按钮，指示灯熄灭，这时又可进行下一题的抢答了。试用中断指令编程。

② 程序设计

a. I/O 分配：如表 5-8 所示。

表 5-8 I/O 分配

输入量		输出量	
按钮 1	X0	指示灯 1	Y0
按钮 2	X1	指示灯 2	Y1
按钮 3	X2	指示灯 3	Y2
按钮 4	X3	指示灯 4	Y3
主持人按钮	X4		

b. 编制梯形图：抢答器控制梯形图，如图 5-17 所示。

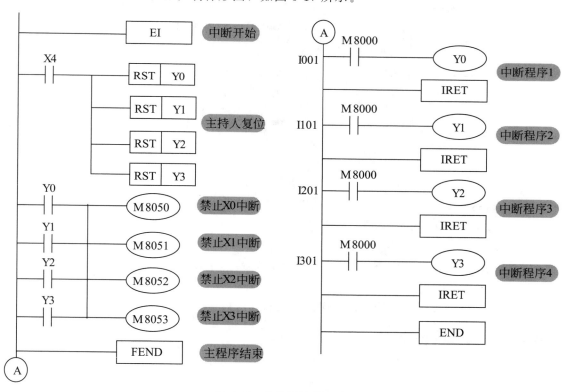

图 5-17 抢答器控制程序

5.3 比较类指令

比较类指令是一类应用广泛的指令，它包括比较指令 CMP、区域比较指令 ZCP 和触点式比较指令。

5.3.1 比较指令

（1）指令格式及应用举例

比较指令格式及应用举例，如图 5-18 所示。

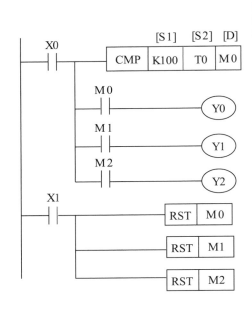

①助记符：CMP；
②功能号：FNC10；
③源操作数[S1]：K、H、KnX、KnY 、KnS、KnM、T、C、D、V、Z；
④目标操作数[D]：Y、M、S；
⑤指令功能：当执行条件满足时，两个源操作数[S1]和[S2]比较，将其比较结果送至目标操作数[D]中。

案例解析

比较指令将十进制100与定时器T0的当前值比较，比较结果送至M0~M2三个连续元件中；
①当X0为OFF时，不进行比较；
②当X0为ON时，进行比较：
若K100>T0当前值，M0常开闭合，Y0为ON；
若K100=T0当前值，M1常开闭合，Y1为ON；
若K100<T0当前值，M2常开闭合，Y2为ON；
③执行条件断开后，比较结果仍保持原状态，可用RST或ZRST指令将其清0。

图 5-18　比较指令格式及应用

（2）使用说明

① 指令执行有连续和脉冲两种。

② 数据长度可 16 位，可 32 位。

③ 目标操作数［D］为位元件 Y、M、S，三个元件号一定要连续，如上边的例子中 M0～M2 就是 3 个连续的元件。

④ 执行条件断开后，比较结果仍保持原状态，可用 RST 或 ZRST 指令将其清 0。

5.3.2 区域比较指令

（1）指令格式及应用举例

区域比较指令的指令格式及应用举例，如图 5-19 所示。

（2）使用说明

① 指令执行有连续和脉冲两种。

② 数据长度可 16 位，可 32 位。

③ 目标操作数［D］为位元件 Y、M、S，三个元件号一定要连续，如图 5-19 中 M0～M2 就是 3 个连续的元件。

④ 执行条件断开后，比较结果仍保持原状态，可用 RST 或 ZRST 指令将其清 0。

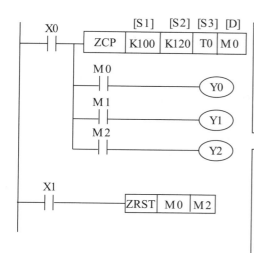

指令格式

①助记符：ZCP；
②功能号：FNC11；
③源操作数[S1]：K、H、KnX、KnY 、KnS、KnM、T、C、D、V、Z；
④目标操作数[D]：Y、M、S；
⑤指令功能：当执行条件满足，将源操作数[S1]、[S2]的值与[S3]比较，结果送至目标操作数[D]中。

案例解析

比较指令将十进制100、120与定时器T0的当前值比较，比较结果送至M0~M2三个连续元件中。
①当X0为OFF时，不进行比较；
②当X0为ON时，进行比较；
若T0当前值<K100，M0常开闭合，Y0为ON；
若K100≤T0当前值≤K120，M1常开闭合，Y1为ON；
若T0当前值>K120，M2常开闭合，Y2为ON。
③执行条件断开后，比较结果仍保持原状态，可用RST或ZRST指令将其清0。

图5-19 区域比较指令格式及应用

5.3.3 触点式比较指令

（1）指令介绍

触点式比较指令与上述介绍的比较指令不同，触点比较指令本身就相当一个普通的触点，而触点的通断与比较条件有关，若条件成立，则导通；反之，则断开。

触点比较指令，可以装载、串联和并联，具体如表5-9所示。

表5-9 触点比较指令用法

类型	功能号	助记符	导通条件
装载类比较触点	224	LD=	[S1] = [S2] 时触点接通
	225	LD>	[S1] > [S2] 时触点接通
	226	LD<	[S1] < [S2] 时触点接通
	228	LD<>	[S1] <> [S2] 时触点接通
	229	LD≦	[S1] ≦ [S2] 时触点接通
	230	LD≧	[S1] ≧ [S2] 时触点接通
串联类比较触点	232	AND=	[S1] = [S2] 时串联类触点接通
	233	AND>	[S1] > [S2] 时串联类触点接通
	234	AND<	[S1] < [S2] 时串联类触点接通
	236	AND<>	[S1] <> [S2] 时串联类触点接通
	237	AND≦	[S1] ≦ [S2] 时串联类触点接通
	238	AND≧	[S1] ≧ [S2] 时串联类触点接通

类型	功能号	助记符	导通条件
并联类比较触点	240	OR＝	[S1] ＝ [S2] 时并联类触点接通
	241	OR＞	[S1] ＞ [S2] 时并联类触点接通
	242	OR＜	[S1] ＜ [S2] 时并联类触点接通
	244	OR＜＞	[S1] ＜＞ [S2] 时并联类触点接通
	245	OR≦	[S1] ≦ [S2] 时并联类触点接通
	246	OR≧	[S1] ≧ [S2] 时并联类触点接通

（2）应用举例

触点式比较指令的应用举例，如图 5-20 所示。

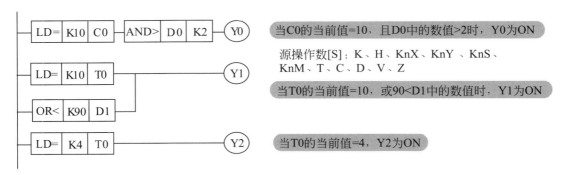

图 5-20　触点式比较指令应用举例

重点提示

触点式比较指令的书写状态与 GX Developer 编程软件显示状态有所不同，GX Developer 编程软件中无需输入助记符，读者需注意。

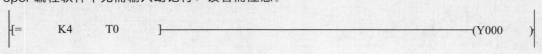

5.3.4　综合举例

案例：用比较指令编写小灯循环程序。

① 控制要求：

按下启动按钮，3 只小灯每隔 1s 循环点亮；按下停止按钮，3 只小灯全部熄灭；

② 程序设计：

a. I/O 分配：如表 5-10 所示。

表 5-10　小灯循环程序的 I/O 分配

输入量		输出量	
启动按钮	X0	红灯	Y0
停止按钮	X1	绿灯	Y1
		黄灯	Y2

b. 编制梯形图程序

第一，用触点式比较指令实现小灯循环程序，如图 5-21 所示。

第二，用区域比较指令实现小灯循环程序，如图 5-22 所示。

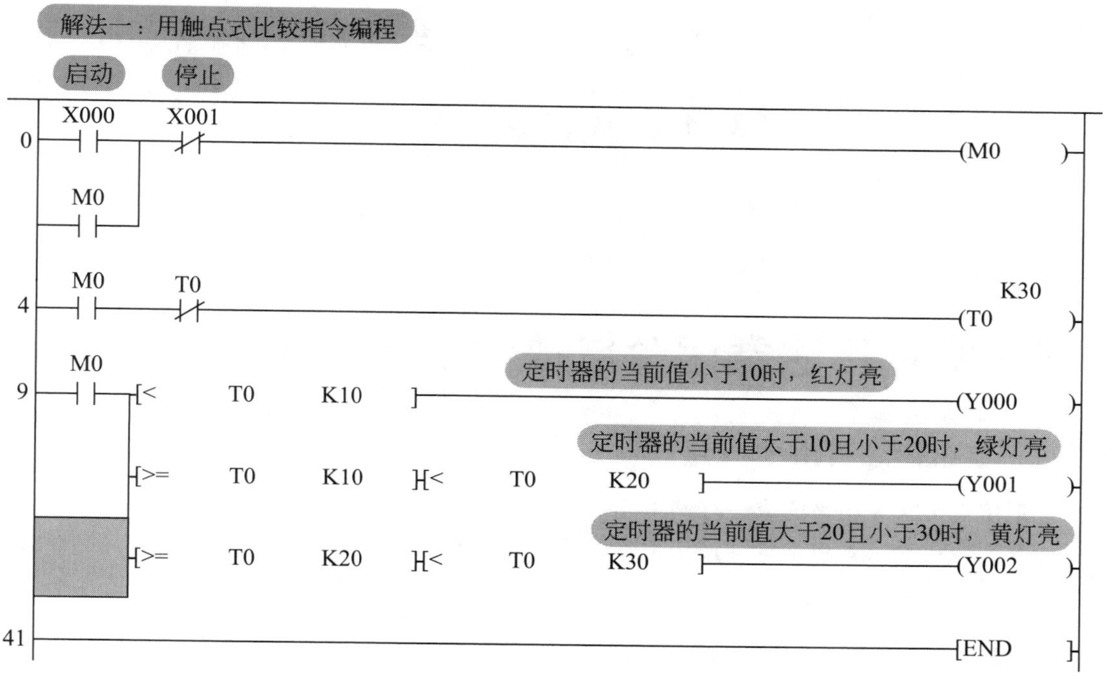

解法一：用触点式比较指令编程

启动　　停止

图 5-21　用触点式比较指令编程

解法二：用区域式比较指令编程

启动　　停止

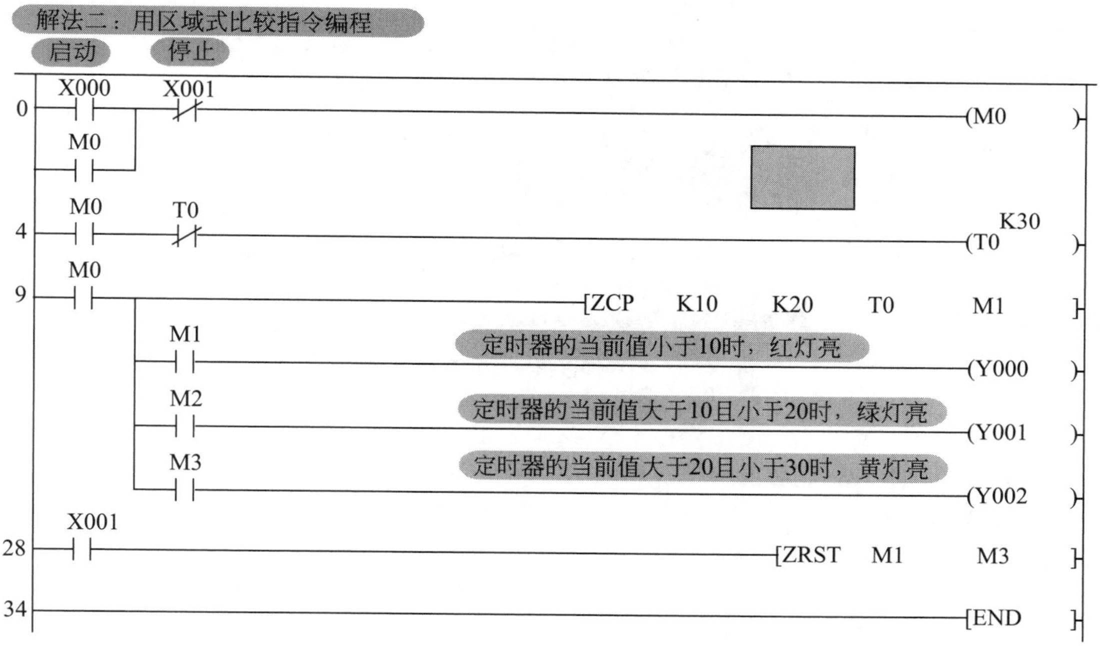

图 5-22　用区域式比较指令编程

① 本例采用两种解法，从 GX Developer 编程软件的角度，让读者进一步熟悉比较指令；

② 用比较指令编程就相当于不等式的应用，其关键在于找到端点，列出不等式；具体如下：

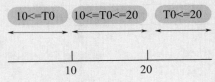

5.4 数据传送类指令与数据变换指令

5.4.1 数据传送类指令

数据传送类指令用来完成各存储单元之间一个或多个数据的传送，传送过程中数值保持不变。数据传送类指令包括数据传送指令、移位传送指令、取反传送指令、成批传送指令、多点传送指令和数据交换指令。

（1）数据传送指令

① 指令格式及举例

数据传送指令格式及应用举例，如图 5-23 所示。

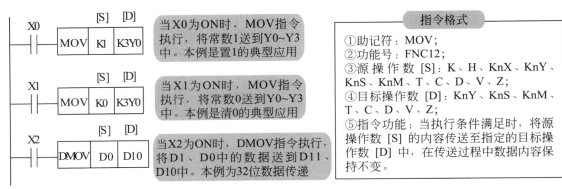

图 5-23　数据传送指令格式及应用举例

② 使用说明

a. 指令执行有连续和脉冲两种形式；

b. 指令支持 16 位和 32 位数据传送，32 位数据传送时，在指令助记符前加 D。

（2）移位传送指令

① 指令格式及举例

移位传送指令格式及应用举例，如图 5-24 所示。

② 使用说明

指令执行有连续和脉冲两种形式。

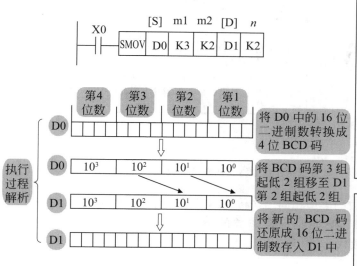

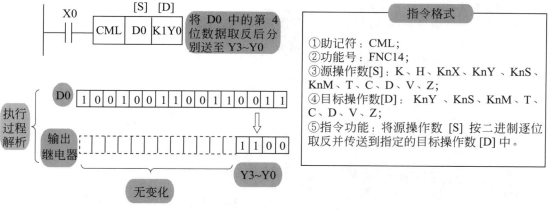

図 5-24 移位传送指令格式及应用举例

（3）取反传送指令

① 指令格式及举例

取反传送指令格式及应用举例，如图 5-25 所示。

图 5-25 取反传送指令格式及应用举例

② 使用说明

指令执行有连续和脉冲两种形式。

（4）成批传送指令

① 指令格式及举例

成批传送指令指令格式及应用举例，如图 5-26 所示。

② 使用说明

a. 指令执行有连续和脉冲两种形式。

b. 指令只支持 16 位数据。

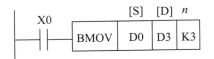

将源操作数D0开头的3个连号元件的数据成批的传送到目标操作数D3开头的3个连号的元件中

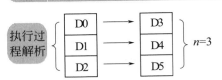

①助记符：BMOV；
②功能号：FNC15；
③源操作数[S]：KnX、KnY、KnS、KnM、T、C、D；
④目标操作数[D]：KnY、KnS、KnM、T、C、D；
⑤其他操作数n：K、H；
⑥指令功能：将源操作数[S]开头的n个连号元件的数据成批地传送到目标操作数[D]开头的n个连号的元件中。

图 5-26　成批传送指令指令格式及应用举例

　　c. 如果源操作数与目标操作数的类型相同，当传送编号范围有重叠时也同样能传送。

　　d. 带有位指定的元件，源操作数与目标操作数的指定位数必须相同；例：K2M0→K2Y0，n 需取 2，即 X0～X7 的数据传给 Y0～Y7。

　　e. M8024＝ON，传送反向。

重点提示

　　使用 BMOV 指令可成批传送数据，若想使用 MOV 指令达到同样的目的需用多条，经对比不难发现 BMOV 指令在批量传送时，使用起来很便捷。

　　(5) 多点传送指令
　　① 指令格式及举例
　　多点传送指令指令格式及应用举例，如图 5-27 所示。
　　② 使用说明
　　a. 指令执行有连续和脉冲两种形式。
　　b. 指令有清零功能。

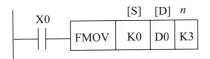

将源操作数K0传送到目标操作数D0开头的3个连号的元件中

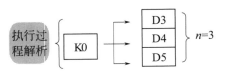

①助记符：FMOV；
②功能号：FNC16；
③源操作数[S]：KnX、KnY、KnS、KnM、T、C、D、V、Z；
④目标操作数[D]：KnY、KnS、KnM、T、C、D；
⑤其他操作数n：K、H；
⑥指令功能：将源操作数[S]数据传送到目标操作数[D]开头的n个连号的元件中。

图 5-27　多点传送指令指令格式及应用举例

重点提示

　　FMOV 指令有清零功能，相当成批复位 ZRST 指令，可以代替多条 RST 指令。

（6）数据交换指令

数据交换指令指令格式及应用举例，如图 5-28 所示。

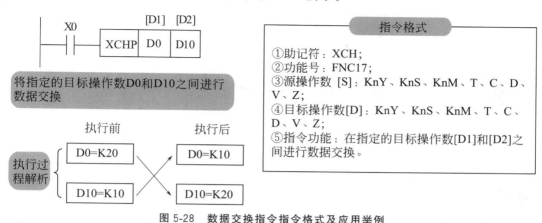

图 5-28　数据交换指令指令格式及应用举例

重点提示

XCH 指令通常采用脉冲执行形式，否则每个周期都要执行 1 次。

5.4.2　数据变换指令

数据变换指令包括 BCD 码变换指令和 BIN 码变换指令。

（1）BCD 码变换指令

BCD 码变换指令指令格式及应用举例，如图 5-29 所示。

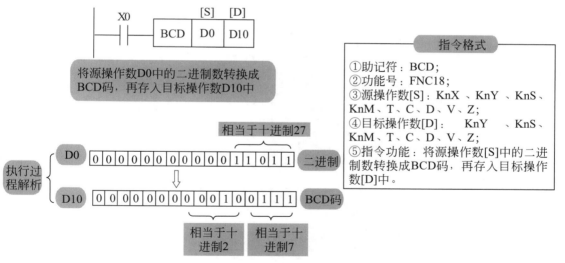

图 5-29　BCD 码变换指令指令格式及应用举例

（2）BIN 码变换指令

BIN 码变换指令指令格式及应用举例，如图 5-30 所示。

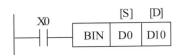

当X0=1时，将源操作数D0中的BCD码转换成二进制数，再存入目标操作数D10中

指令格式

①助记符：BIN；
②功能号：FNC19；
③源操作数[S]：KnX 、KnY 、KnS、KnM、T、C、D、V、Z；
④目标操作数[D]： KnY 、KnS、KnM、T、C、D、V、Z；
⑤指令功能：将源操作数[S]中的BCD码转换成二进制数，再存入目标操作数[D]中。

图 5-30　BIN 码变换指令指令格式及应用举例

① PLC 内部为二进制算术运算，这时可用 BCD 码指令将二进制数转换成 BCD 码输出到 7 段显示器。

② 用 BIN 指令可将拨码开关提供的 BCD 设定值转化为二进制数输送到 PLC。

5.4.3　综合举例

（1）两级传送带启停控制

① 控制要求：两级传送带启停控制，如图 5-31 所示。当按下启动按钮后，电动机 M1 接通；当货物到达 X1，X1 接通并启动电动机 M2；当货物到达 X2 后，M1 停止；货物到达 X3 后，M2 停止；试设计梯形图。

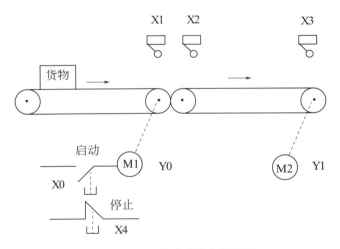

图 5-31　两级传送带启停控制

② 程序设计：如图 5-32 所示。

（2）小车运行方向控制

① 控制要求：小车运行示意图，如图 5-33 所示。

a. 当小车所停止位置限位开关 SQ 的编号大于呼叫位置按钮 SB 的编号时，小车向左运行到呼叫位置时停止。

　　b. 当小车所停止位置限位开关 SQ 的编号小于呼叫位置按钮 SB 的编号时，小车向右运行到呼叫位置时停止。

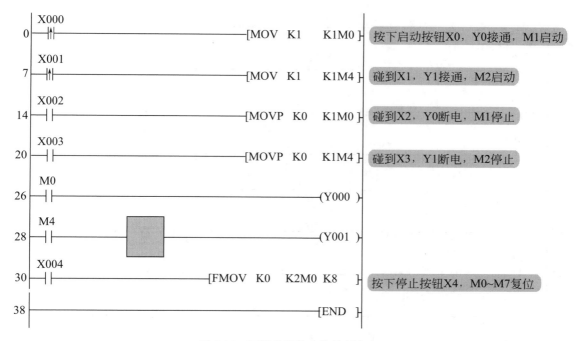

图 5-32　两级传送带启停控制程序

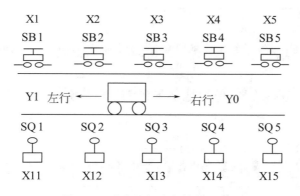

图 5-33　小车运行方向控制示意图

　　c. 当小车所停止位置限位开关 SQ 的编号等于呼叫位置按钮 SB 的编号时，小车不动作。

　　② 程序设计：如图 5-34 所示。

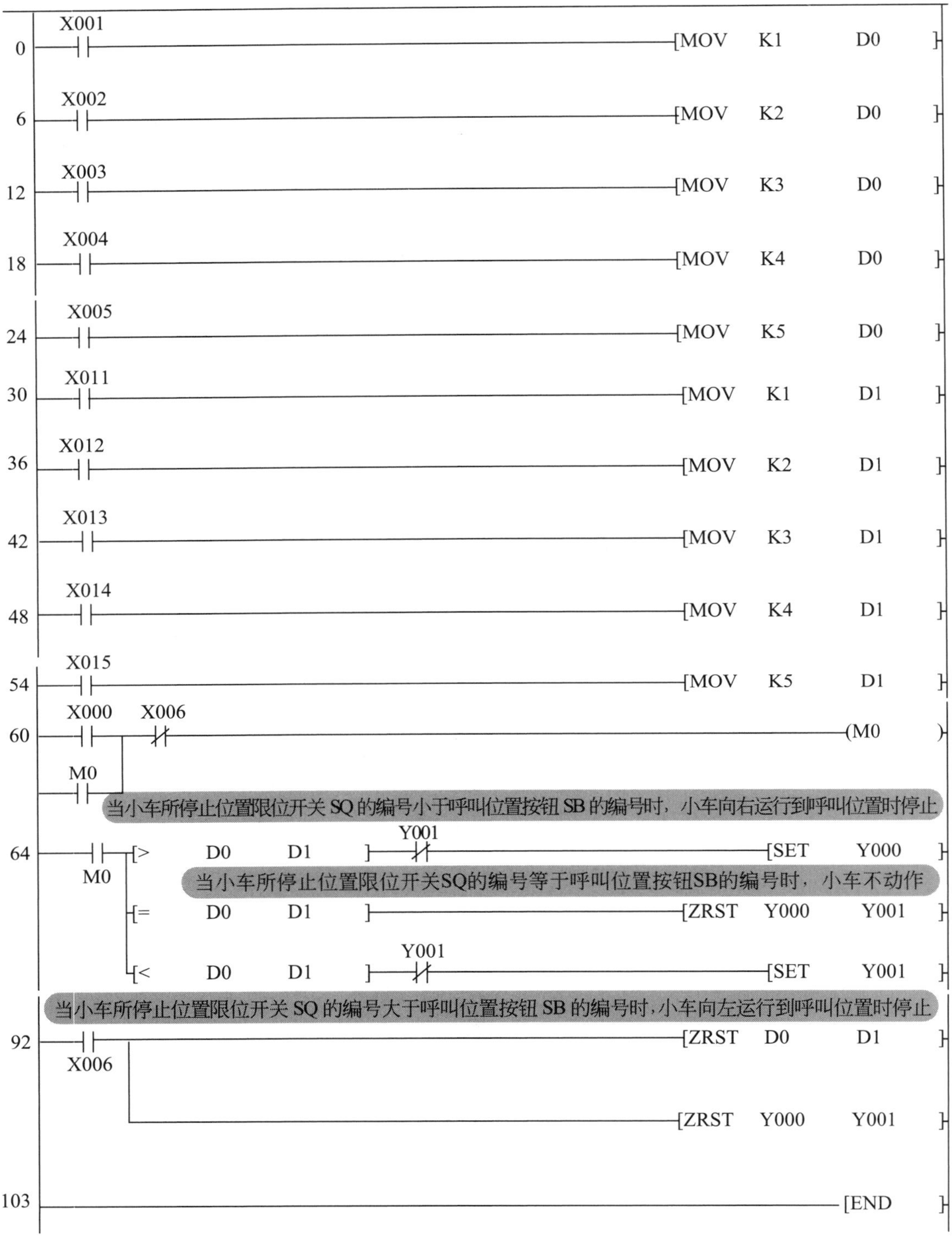

```
        X001
   0    ┤├──────────────────────────────────────────────[MOV   K1    D0  ]

        X002
   6    ┤├──────────────────────────────────────────────[MOV   K2    D0  ]

        X003
  12    ┤├──────────────────────────────────────────────[MOV   K3    D0  ]

        X004
  18    ┤├──────────────────────────────────────────────[MOV   K4    D0  ]

        X005
  24    ┤├──────────────────────────────────────────────[MOV   K5    D0  ]

        X011
  30    ┤├──────────────────────────────────────────────[MOV   K1    D1  ]

        X012
  36    ┤├──────────────────────────────────────────────[MOV   K2    D1  ]

        X013
  42    ┤├──────────────────────────────────────────────[MOV   K3    D1  ]

        X014
  48    ┤├──────────────────────────────────────────────[MOV   K4    D1  ]

        X015
  54    ┤├──────────────────────────────────────────────[MOV   K5    D1  ]

        X000    X006
  60    ┤├──────┤/├───────────────────────────────────────────────(M0  )
        M0
        ┤├

             当小车所停止位置限位开关 SQ 的编号小于呼叫位置按钮 SB 的编号时，小车向右运行到呼叫位置时停止
                                             Y001
  64    ┤├──┤>   D0    D1 ├──────────────┤/├──────────────[SET       Y000 ]
        M0
             当小车所停止位置限位开关SQ的编号等于呼叫位置按钮SB的编号时，小车不动作
          ─┤=   D0    D1 ├────────────────────────────────[ZRST  Y000  Y001 ]

                                             Y001
          ─┤<   D0    D1 ├──────────────┤/├──────────────[SET       Y001 ]

        当小车所停止位置限位开关 SQ 的编号大于呼叫位置按钮 SB 的编号时，小车向左运行到呼叫位置时停止
  92    ─────────────────────────────────────────────────[ZRST  D0    D1  ]
        X006
        ┤├────────────────────────────────────────────────[ZRST  Y000  Y001 ]

 103    ──────────────────────────────────────────────────────────[END ]
```

图 5-34 小车运行方向控制程序

5.5 算术运算指令

PLC 普遍具有较强的运算功能，其中算术运算指令是实现运算的主体，它包括四则运算指令和加 1/减 1 指令。

5.5.1 四则运算指令

四则运算的通用规则如下。

① 四则运算指令有连续和脉冲两种执行形式。

② 四则运算指令支持 16 位和 32 位数据，执行 32 位数据时，指令前需加 D。

③ 四则运算标志位与数据间的关系，如图 5-35 所示。

四则运算标志位与数据间的关系
0 标志位 M8020：运算结果为 0，则标志位 M8020 置 1 借位标志位 M8022：运算结果小于 −32768(16 位运算) 或 −2147483648(32 位)，则借位标志位 M8022 置 1 进位标志位 M8021：运算结果超过 32767(16 位运算) 或 2147483647(32 位)，则借位标志位 M8021 置 1

图 5-35 四则运算标志位与数据间的关系

（1）加法运算指令

加法运算指令指令格式及应用举例，如图 5-36 所示。

（2）减法运算指令

减法运算指令指令格式及应用举例，如图 5-37 所示。

指令格式
①助记符：ADD； ②功能号：FNC20； ③源操作数 [S]：K、H、KnX、KnY、KnS、KnM、T、C、D、V、Z； ④目标操作数 [D]：KnY、KnS、KnM、T、C、D、V、Z； ⑤指令功能：将源操作数 [S] 中的二进制数相加，结果送至指定的目标操作数。

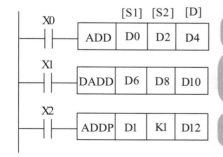

	[S1]	[S2]	[D]
X0			
ADD	D0	D2	D4

当 X0=1 时，ADD 被执行，将两个源操作 D0 和 D2 相加，结果存入目标操作数 D4 中

| X1 | | | |
| DADD | D6 | D8 | D10 |

32 位运算通常指定低 16 位元件，当 X1=1 时，DADD 被执行，将源操作 D7、D6 和 D9、D8 组成 32 位数据相加，结果存入目标操作数 D11、D10 中

| X2 | | | |
| ADDP | D1 | K1 | D12 |

当 X2=1 时，ADDP 被执行，将 D1 数据加 1，结果仍存放在 D12 中

图 5-36 加法运算指令指令格式及应用举例

指令格式

①助记符：SUB；
②功能号：FNN21；
③源操作数 [S]：K、H、KnX、KnY、KnS、KnM、T、C、D、V、Z；
④目标操作数 [D]：KnY、KnS、KnM、T、C、D、V、Z；
⑤指令功能：将源操作数 [S] 中的二进制数相减，结果送至指定的目标操作数。

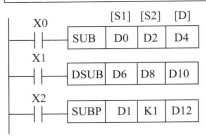

| X0 | [S1] | [S2] | [D] |
| SUB | D0 | D2 | D4 |

当 X0=1 时，SUB 被执行，将两个源操作 D0 和 D2 相减，结果存入目标操作数 D4 中

| X1 | | | |
| DSUB | D6 | D8 | D10 |

32 位运算通常指定低 16 位元件，当 X1=1 时，DSUB 被执行，将源操作 D7、D6 和 D9、D8 组成 32 位数据相减，结果存入目标操作数 D11、D10 中

| X2 | | | |
| SUBP | D1 | K1 | D12 |

当 X2=1 时，SUBP 被执行，将 D1 数据减 1，结果仍存放在 D12 中

图 5-37　减法运算指令指令格式及应用举例

（3）乘法运算指令

乘法运算指令指令格式及应用举例如图 5-38 示。

指令格式

①助记符：MUL；
②功能号：FNC22；
③源操作数 [S]：K、H、KnX、KnY、KnS、KnM、T、C、D、V、Z；
④目标操作数 [D]：KnY、KnS、KnM、T、C、D、V、Z(V、Z 不能用于 32 位）；
⑤指令功能：将源操作数 [S] 中的二进制数相乘，结果送至指定的目标操作数。

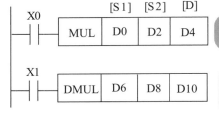

| X0 | [S1] | [S2] | [D] |
| MUL | D0 | D2 | D4 |

两个 16 位相乘，结果为 32 位；当 X0=1 时，MUL 被执行，将两个源操作 D0 和 D2 相乘，结果存入目标操作数 D5、D4 中

| X1 | | | |
| DMUL | D6 | D8 | D10 |

两个 32 位相乘，结果为 64 位；当 X1=1 时，DMUL 被执行，将源操作数 D7、D6 和 D9、D8 相乘，结果存入目标操作数 D13、D12、D11、D10 中

图 5-38　乘法运算指令指令格式及应用举例

（4）除法运算指令

除法运算指令指令格式及应用举例，如图 5-39 所示。

5.5.2　加 1/减 1 指令

（1）加 1 指令

加 1 指令指令格式及应用举例，如图 5-40 所示。

（2）减 1 指令

减 1 指令指令格式及应用举例，如图 5-41 所示。

①助记符：DIV；
②功能号：FNC23；
③源操作数[S]：K、H、KnX、KnY、KnS、KnM、T、C、D、V、Z；
④目标操作数[D]：KnY、KnS、KnM、T、C、D、V、Z(V、Z不能用于32位)；
⑤指令功能：将源操作数[S]中的二进制数相除，商送至指定的目标操作数[D]，余数送至[D]的下一个元件。

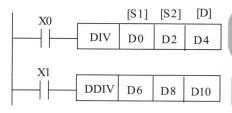

[S1]　[S2]　[D]

X0 —| |— DIV D0 D2 D4

两个16位相除，商为16位，余数为16位；当X0=1时，DIV被执行，将两个源操作D0和D2相除，商存入目标操作数D4中，余数送至D5中

X1 —| |— DDIV D6 D8 D10

两个32位相除，商为32位，余数为32位；当X1=1时，DDIV被执行，将源操作数D7、D6和D9、D8相除，商存入目标操作数D11、D10中，余数送至D13、D12

图 5-39　除法运算指令指令格式及应用举例

指令格式

①助记符：INC；
②功能号：FNC24；
③目标操作数[D]：KnY、KnS、KnM、T、C、D、V、Z；
④指令功能：将目标操作数[D]中的内容加1，结果仍送至目标操作数[D]中。

[D]

X0 —| |— INCP D0

当X0=1时，INCP指令执行，数据寄存器D0中的数据自动加1，结果仍存在D0中

图 5-40　加 1 指令指令格式及应用举例

指令格式

①助记符：DEC；
②功能号：FNC25；
③目标操作数[D]：KnY、KnS、KnM、T、C、D、V、Z；
④指令功能：将目标操作数[D]中的内容减1，结果仍送至目标操作数[D]中。

[D]

X0 —| |— DECP D0

当X0=1时，DECP指令执行，数据寄存器D0中的数据自动减1，结果仍存在D0中

图 5-41　减 1 指令指令格式及应用举例

重点提示

　INCP/DECP 指令习惯用脉冲执行形式，如果采取连续执行形式，则每个扫描周期都要加1/减1。

5.5.3 综合举例

（1）三相异步电动机启、停、反、停控制

① 控制要求

控制 1 台 3 相异步电动机，要求电动机按正转 3s→停止 3s→反转 3s→停止 3s 的顺序并自动循环运行，直到按下停止按钮，电动机方停止。

② 程序设计

a. I/O 分配：如表 5-11 所示。

表 5-11　三相异步电动机启、停、反、停 I/O 分配

输入量		输出量	
启动按钮	X0	正转	Y0
		反转	Y1

b. 程序设计：如图 5-42 所示。

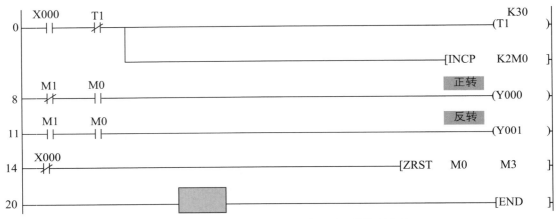

图 5-42　三相异步电动机启、停、反、停控制程序

（2）四则运算控制；

① 控制要求：求 $x=10$ 时，式子（$2x+8$）/7 的值。

② 程序设计：如图 5-43 所示。

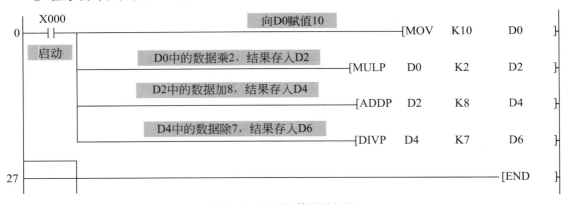

图 5-43　四则运算控制程序

5.6 逻辑运算指令

逻辑运算指令可以实现逻辑数对应位间的逻辑操作、逻辑运算指令包括逻辑与指令、逻辑或指令、逻辑异或指令和求补指令。

① 逻辑运算指令有连续和脉冲两种执行形式。
② 四则运算指令支持 16 位和 32 位数据。
③ 逻辑运算指令在运算时按位执行逻辑运算，逻辑运算关系，如表 5-12 所示。

表 5-12　逻辑运算关系

逻辑运算形式	运算关系				运算口诀
逻辑与运算	$1 \wedge 1 = 1$	$1 \wedge 0 = 0$	$0 \wedge 1 = 0$	$0 \wedge 0 = 0$	有 0 为 0，全 1 出 1
逻辑或运算	$1 \vee 1 = 1$	$1 \vee 0 = 1$	$0 \vee 1 = 1$	$0 \vee 0 = 0$	有 1 为 1，全 0 出 0
逻辑异或运算	$1 \oplus 1 = 0$	$1 \oplus 0 = 1$	$0 \oplus 1 = 1$	$0 \oplus 0 = 0$	相同为 0，相异出 1

5.6.1　逻辑与指令

逻辑与指令指令格式及应用举例，如图 5-44 所示。

指令格式

①助记符：WAND
②功能号：FNC26
③源操作数[D]：K 、H、KnX、KnY、KnS、KnM、T、C、D、V、Z
④目标操作数[D]：KnY 、KnS、KnM、T、C、D、V、Z
⑤指令功能：将两个源操作数的数据按二进制对应位相与，将其结果存入目标操作数中

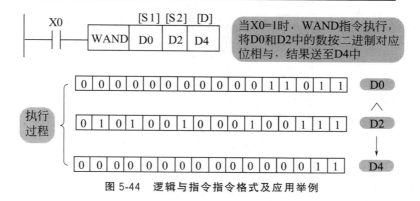

图 5-44　逻辑与指令指令格式及应用举例

5.6.2　逻辑或指令

逻辑或指令指令格式及应用举例，如图 5-45 所示。

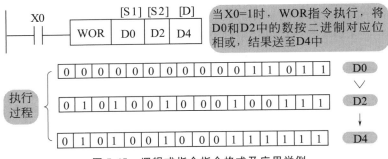

①助记符：WOR；
②功能号：FNC27；
③源操作数[D]：K 、H、KnX、KnY、KnS、KnM、T、C、D、V、Z；
④目标操作数[D]：KnY 、KnS、KnM、T、C、D、V、Z；
⑤指令功能：将两个源操作数的数据按二进制对应位相或，将其结果存入目标操作数中。

当X0=1时，WOR指令执行，将D0和D2中的数按二进制对应位相或，结果送至D4中

图 5-45 逻辑或指令指令格式及应用举例

5.6.3 逻辑异或指令

逻辑异或指令指令格式及应用举例，如图 5-46 所示。

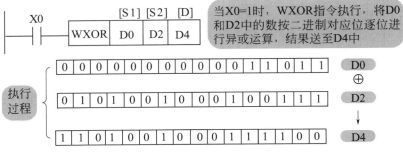

①助记符：WXOR；
②功能号：FNC28；
③源源操作数[D]：K 、H、KnX、KnY、KnS、KnM、T、C、D、V、Z；
④目标操作数[D]：KnY 、KnS、KnM、T、C、D、V、Z；
⑤指令功能：将两个源操作数的数据按二进制对应位逐位进行异或运算，将其结果存入目标操作数中。

当X0=1时，WXOR指令执行，将D0和D2中的数按二进制对应位逐位进行异或运算，结果送至D4中

图 5-46 逻辑异或指令指令格式及应用举例

重点提示

按照运算口诀以下口诀，掌握相应的指令是不难的。

逻辑与：有 0 为 0，全 1 出 1；

逻辑或：有 1 为 1，全 0 出 0；

逻辑异或：相同为 0，相异出 1。

5.6.4 求补指令

求补指令指令格式及应用举例，如图 5-47 所示。

指令格式

①助记符：NEG；
②功能号：FNC29；
③目标操作数[D]：KnY、KnS、KnM、T、C、D、V、Z；
④指令功能：将目标操作数中的数据逐位取反再加1。

```
   X0            [D]
 ──┤├──   ┌─────┬────┐
          │NEGP │ D4 │
          └─────┴────┘
```

当X0=1时，NEGP指令执行，将
D4 中的数据逐位取反再加1

图 5-47　求补指令指令格式及应用举例

重点提示

为了避免每个扫描周期都进行求补运算，求补指令往往采用脉冲执行方式。

5.6.5　综合举例

（1）控制要求

某节目有两位评委和若干选手，评委需对每位选手评价，看是过关还是淘汰。

两位评委均按1键，选手方可过关，否则将被淘汰；过关绿灯亮，淘汰红灯亮；试设计程序。

（2）程序设计

① I/O 分配：如表 5-13 所示。

表 5-13　I/O 分配

输入量		输出量	
A 评委 1 键	X0	过关绿灯	Y0
A 评委 0 键	X1	淘汰红灯	Y1
B 评委 1 键	X2		
B 评委 0 键	X3		
主持人键	X4		
停止按钮	X5		

② 程序设计：如图 5-48 所示。

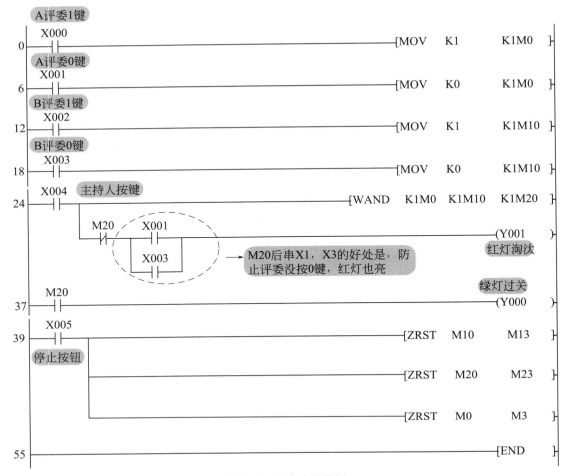

图 5-48　综合应用举例

5.7　循环与移位指令

循环与移位指令在程序中可方便地实现某些运算，也可以用于取出数据中的有效位数字，还可用在顺序控制中。循环与移位指令主要有三大类，分别为循环指令、移位指令和移位写入/读出指令。

> **重点提示**
>
> 循环与移位指令通常都采用脉冲执行方式。

5.7.1　循环指令

（1）循环左移指令

循环左移指令指令格式及应用举例，如图 5-49 所示。

（2）循环右移指令

循环右移指令指令格式及应用举例，如图 5-50 所示。

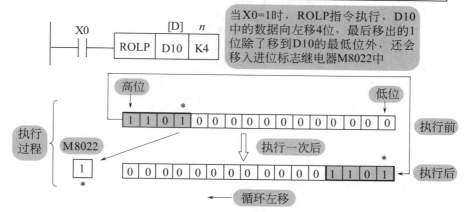

图 5-49　循环左移指令指令格式及应用举例

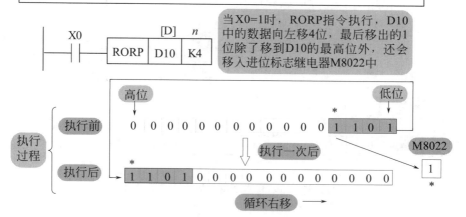

图 5-50　循环右移指令指令格式及应用举例

5.7.2　位左移与位右移指令

（1）位左移指令

位左移指令指令格式及应用举例，如图 5-51 所示。

（2）位右移指令

位右移指令指令格式及应用举例，如图 5-52 所示。

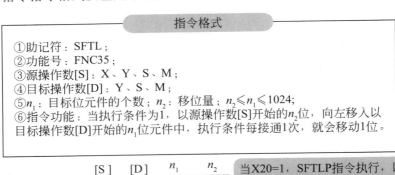

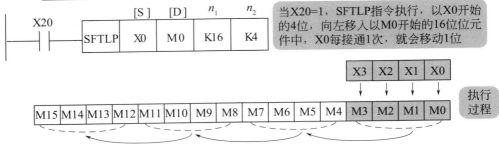

图 5-51　位左移指令指令格式及应用举例

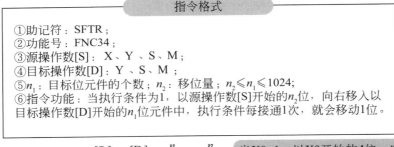

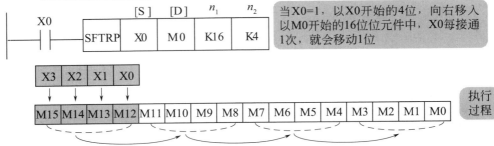

图 5-52　位右移指令指令格式及应用举例

5.7.3　字左移与字右移指令

（1）字左移指令

字左移指令指令格式及应用举例，如图 5-53 所示。

（2）字右移指令

字右移指令指令格式及应用举例，如图 5-54 所示。

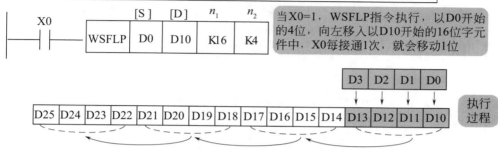

指令格式

①助记符：WSFL；
②功能号：FNC37；
③源操作数[S]：KnX、KnY、KnS、KnM、T、C、D；
④目标操作数[D]：KnY、KnS、KnM、T、C、D；
⑤n_1：目标位元件的个数；n_2：移位量；$n_2 \leqslant n_1 \leqslant 1024$；
⑥指令功能：当执行条件为1，以源操作数[S]开始的n_2位，向左移入以目标操作数[D]开始的n_1位元件中，执行条件每接通1次，就会移动1位

当X0=1，WSFLP指令执行，以D0开始的4位，向左移入以D10开始的16位字元件中，X0每接通1次，就会移动1位

图 5-53　字左移指令指令格式及应用举例

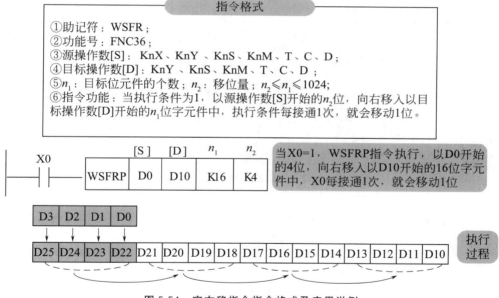

指令格式

①助记符：WSFR；
②功能号：FNC36；
③源操作数[S]：KnX、KnY、KnS、KnM、T、C、D；
④目标操作数[D]：KnY、KnS、KnM、T、C、D；
⑤n_1：目标位元件的个数；n_2：移位量；$n_2 \leqslant n_1 \leqslant 1024$；
⑥指令功能：当执行条件为1，以源操作数[S]开始的n_2位，向右移入以目标操作数[D]开始的n_1位字元件中，执行条件每接通1次，就会移动1位。

当X0=1，WSFRP指令执行，以D0开始的4位，向右移入以D10开始的16位字元件中，X0每接通1次，就会移动1位

图 5-54　字右移指令指令格式及应用举例

5.7.4　先进先出写指令与先进先出读指令

（1）先进先出（FIFO）写（SFWR）指令

先进先出（FIFO）写（SFWR）指令指令格式及应用举例，如图 5-55 所示。

（2）先进先出（FIFO）读（SFRD）指令

先进先出（FIFO）读（SFRD）指令指令格式及应用举例，如图 5-56 所示。

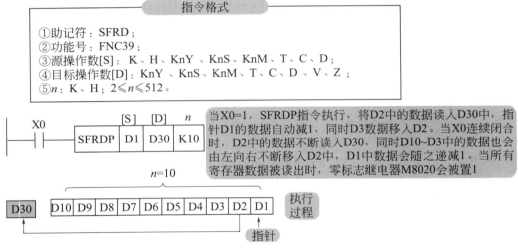

指令格式

①助记符：SFWR；
②功能号：FNC38；
③源操作数[S]：K、H、KnX、KnY、KnS、KnM、T、C、D、V、Z；
④目标操作数[D]：KnY、KnS、KnM、T、C、D；
⑤n：K、H；2≤n≤512。

X0
SFWRP [S] D0 [D] D1 *n* K10

当X0=1，SFWRP指令执行，将D0中的数据写入D2中，同时指针D1的数据自动为1，当X0二次闭合时，D0中的数据写入D3，D1中的数据自动变为2，以后以此类推，当所有寄存器装满时，进位标志继电器M8022会被置1

n=10

D0 | D10 D9 D8 D7 D6 D5 D4 D3 D2 D1 | 执行过程

指针

图5-55　先进先出写指令指令格式及应用举例

指令格式

①助记符：SFRD；
②功能号：FNC39；
③源操作数[S]：K、H、KnY、KnS、KnM、T、C、D；
④目标操作数[D]：KnY、KnS、KnM、T、C、D、V、Z；
⑤n：K、H；2≤n≤512。

X0
SFRDP [S] D1 [D] D30 *n* K10

当X0=1，SFRDP指令执行，将D2中的数据读入D30中，指针D1的数据自动减1，同时D3数据移入D2。当X0连续闭合时，D2中的数据不断读入D30，同时D10~D3中的数据也会由左向右不断移入D2中，D1中数据会随之递减1。当所有寄存器数据被读出时，零标志继电器M8020会被置1

n=10

D30 | D10 D9 D8 D7 D6 D5 D4 D3 D2 D1 | 执行过程

指针

图5-56　先进先出读指令指令格式及应用举例

5.7.5　移位与位移指令应用举例

（1）彩灯移位循环控制

① 控制要求：按下启动按钮 X0 且选择开关处于 1 位置（X2 常闭处于闭合状态），小灯左移循环；扳动选择开关处于 2 位置（X2 常开处于闭合状态），小灯右移循环，试设计程序。

② 程序设计：如图 5-57 所示。

（2）喷泉控制

① 控制要求：某喷泉由 L1～L10 十根水柱构成，喷泉水柱示意图，如图 5-58 所示。按下启动按钮，喷泉按图 5-58 所示花样喷水；按下停止按钮，喷水全部停止。

② 程序设计：

a.I/O 分配：

输入量为启动按钮：X0　　　停止按钮：X1

输出量为 L1～L4：Y0～Y3　　L5、L8：Y4　　　L6、L9：Y5　　　L7、L10：Y6；
b. 梯形图：如图 5-59 所示。

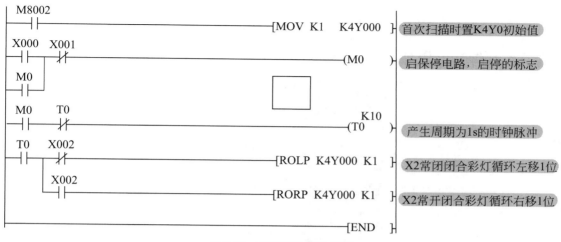

图 5-57　彩灯移位循环控制

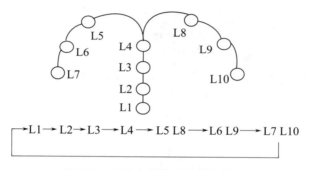

图 5-58　喷泉水柱布局及喷水花样

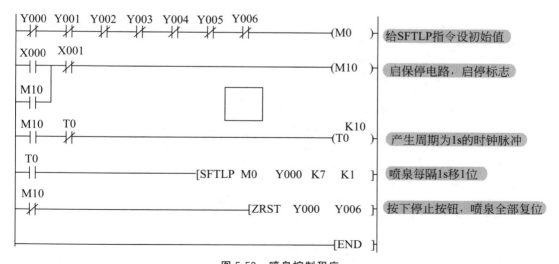

图 5-59　喷泉控制程序

5.8 数据处理指令

数据处理指令包含成批复位指令、译码指令、编码指令等。

5.8.1 成批复位指令

成批复位指令指令格式及应用举例，如图5-60所示。

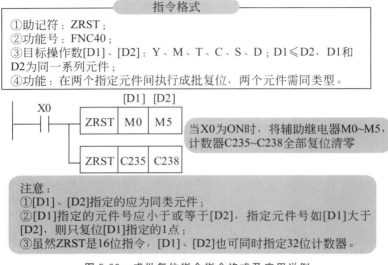

指令格式

①助记符：ZRST；
②功能号：FNC40；
③目标操作数[D1]、[D2]：Y、M、T、C、S、D；D1≤D2，D1和D2为同一系列元件；
④功能：在两个指定元件间执行成批复位，两个元件需同类型。

当X0为ON时，将辅助继电器M0~M5，计数器C235~C238全部复位清零

注意：
①[D1]、[D2]指定的应为同类元件；
②[D1]指定的元件号应小于或等于[D2]，指定元件号如[D1]大于[D2]，则只复位[D1]指定的1点；
③虽然ZRST是16位指令，[D1]、[D2]也可同时指定32位计数器。

图5-60 成批复位指令指令格式及应用举例

5.8.2 译码指令

译码指令指令格式及应用举例，如图5-61所示。

指令格式

①助记符：DECO；
②功能号：FNC41；
③源操作数[S]：K、H、X、Y、M、T、C、S、D、V、Z；
④目标操作数[D]：Y、M、T、C、S、D；
⑤其他操作数n：K、H，n=1~8；
⑥功能：该指令将数字数据中的数值转换为1点ON指令，根据ON位的位置可将位编码读成数值，此功能相当于二进制转换为十进制数。

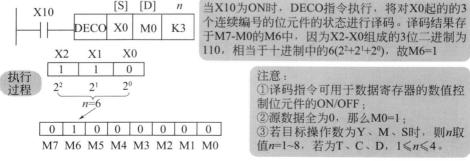

当X10为ON时，DECO指令执行，将对X0起的的3个连续编号的位元件的状态进行译码。译码结果存于M7-M0的M6中，因为X2-X0组成的3位二进制为110，相当于十进制中的6($2^2+2^1+2^0$)，故M6=1

注意：
①译码指令可用于数据寄存器的数值控制位元件的ON/OFF；
②源数据全为0，那么M0=1；
③若目标操作数为Y、M、S时，则n取值n=1~8，若为T、C、D，1≤n≤4。

图5-61 译码指令指令格式及应用举例

5.8.3　编码指令

编码指令指令格式及应用举例，如图 5-62 所示。

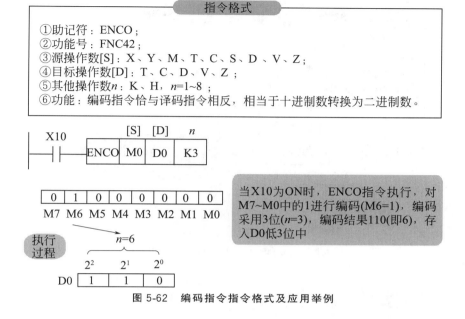

指令格式

①助记符：ENCO；
②功能号：FNC42；
③源操作数[S]：X、Y、M、T、C、S、D、V、Z；
④目标操作数[D]：T、C、D、V、Z；
⑤其他操作数n：K、H，n=1~8；
⑥功能：编码指令恰与译码指令相反，相当于十进制数转换为二进制数。

当X10为ON时，ENCO指令执行，对M7~M0中的1进行编码(M6=1)，编码采用3位(n=3)，编码结果110(即6)，存入D0低3位中

图 5-62　编码指令指令格式及应用举例

5.8.4　求置 ON 位总数指令

求置 ON 位总数指令指令格式及应用举例，如图 5-63 所示。

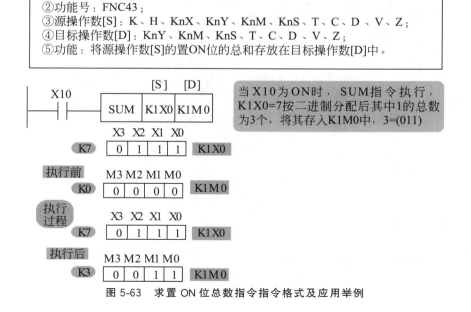

指令格式

①助记符：SUM；
②功能号：FNC43；
③源操作数[S]：K、H、KnX、KnY、KnM、KnS、T、C、D、V、Z；
④目标操作数[D]：KnY、KnM、KnS、T、C、D、V、Z；
⑤功能：将源操作数[S]的置ON位的总和存放在目标操作数[D]中。

当 X10 为 ON 时，SUM 指令执行，K1X0=7按二进制分配后其中1的总数为3个，将其存入K1M0中，3=(011)

图 5-63　求置 ON 位总数指令指令格式及应用举例

5.8.5 ON 判别指令

ON 判别指令指令格式及应用举例，如图 5-64 所示。

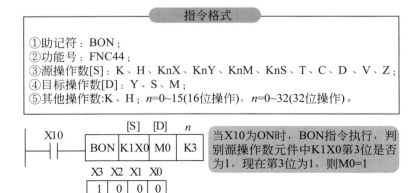

①助记符：BON；
②功能号：FNC44；
③源操作数[S]：K、H、KnX、KnY、KnM、KnS、T、C、D、V、Z；
④目标操作数[D]：Y、S、M；
⑤其他操作数:K、H；*n*=0~15(16位操作)，*n*=0~32(32位操作)。

当X10为ON时，BON指令执行，判别源操作数元件中K1X0第3位是否为1，现在第3位为1，则M0=1

图 5-64　ON 判别指令指令格式及应用举例

5.8.6 平均值指令

平均值指令指令格式及应用举例，如图 5-65 所示。

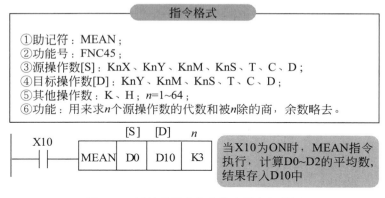

①助记符：MEAN；
②功能号：FNC45；
③源操作数[S]：KnX、KnY、KnM、KnS、T、C、D；
④目标操作数[D]：KnY、KnM、KnS、T、C、D；
⑤其他操作数：K、H；*n*=1~64；
⑥功能：用来求*n*个源操作数的代数和被*n*除的商，余数略去。

当X10为ON时，MEAN指令执行，计算D0~D2的平均数，结果存入D10中

图 5-65　平均值指令指令格式及应用举例

5.8.7 求平方根指令

求平方根指令指令格式及应用举例，如图 5-66 所示。

5.8.8 报警置位指令

报警置位指令指令格式及应用举例，如图 5-67 所示。

指令格式

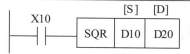

①助记符：SQR；
②功能号：FNC48；
③源操作数[S]：K、H、D;
④目标操作数[D]：D；
⑤功能：用来求源操作数[S]的平方根，结果存入目标操作数[D]。

[S]
[D]
X10
SQR
D10
D20
当X10为ON时，SQR指令执行，将D10中的数开平方，结果放在D20中

图 5-66　求平方根指令指令格式及应用举例

指令格式

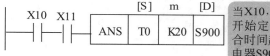

①助记符：ANS；
②功能号：FNC46；
③源操作数[S]：T（T0~T199);
④目标操作数[D]：S(S900~S999)；
⑤其他操作数m：K，*n*=1~32767;单位为100ms；
⑥功能：用来对信号报警器的状态进行置位。

[S]
m
[D]
X10
X11
ANS
T0
K20
S900
当X10，X11均为ON时，ANS驱动T0开始定时2s(m=20)，若X10，X11闭合时间超过2s，ANS驱动报警状态继电器S900置位

图 5-67　报警置位指令指令格式及应用举例

5.8.9　报警复位指令

报警复位指令指令格式及应用举例，如图 5-68 所示。

指令格式

①助记符：ANR；
②功能号：FNC47；
③操作数：无;
④功能：用来对信号报警器的状态进行复位。

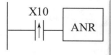

X10
ANR
当X10为ON时，ANR指令执行，信号报警继电器S900~S999中正在动作的报警继电器复位；若有多个报警器置位，X10为ON一次复位的是最小编号的报警器，再ON一次，复位的是下一个编号的报警器

图 5-68　报警复位指令指令格式及应用举例

5.9 方便指令

方便指令可以用较少的程序实现较复杂的控制。

5.9.1 初始状态指令

初始状态指令指令格式及应用举例，如图5-69所示。

指令格式

①助记符：IST；
②功能号：FNC60；
③源操作数[S]：X、Y、M、S，8个连续元件；
④目标操作数[D]：S(S20~S899)；
⑤功能：与STL指令配合应用，用于自动设置多种工作方式的系统的顺序控制编程。

	[S]	[D1]	[D2]
X30			
IST	X0	S20	S27

当X30为ON时，IST指令执行，将X0为起始编号的8个连续元件进行功能定义，S20为自动操作的最小编号状态继电器，S27为自动操作的最大编号状态继电器；
功能定义如下。
①X0手动；②X1回原点；③X2单步；④X3单周；⑤X4连续运行；⑥X5回原点启动；⑦X6自动启动；⑧X7停止
注意：
IST指令只能使用一次，它放在程序开始地方，STL指令放在其后

图5-69　初始状态指令指令格式及应用举例

5.9.2 数据查找指令

数据查找指令指令格式及应用举例，如图5-70所示。

指令格式

①助记符：SER；
②功能号：FNC61；
③源操作数[S1]：KnX、KnY、KnM、KnS、T、C、D；
④源操作数[S2]：K、H、KnX、KnY、KnM、KnS、T、C、D、V、Z；
⑤目标操作数[D]：KnY、KnM、KnS、T、C、D；
⑥功能：当执行条件满足，SER指令执行，从源操作数[S1]为首编号的n个元件中查找与[S2]相等的数据，查找结果存在目标操作数[D]为首的n个连续元件中。

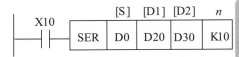

	[S]	[D1]	[D2]	n
X10				
SER	D0	D20	D30	K10

当X10为ON时，SER指令执行，在D0为首的10个连续元件查找与D20相等的数据，查找结果放在以D30为首的5个连续元件中。
D30起的连续5个元件含义为：
D30储存数据相同元件的个数；D31、D32储存第一个和最后一个数据相同元件的位置；D33存放最小数据元件的位置；D34存储最大数据元件的位置

图5-70　数据查找指令指令格式及应用举例

5.9.3 示教定时器指令

示教定时器指令指令格式及应用举例，如图 5-71 所示。

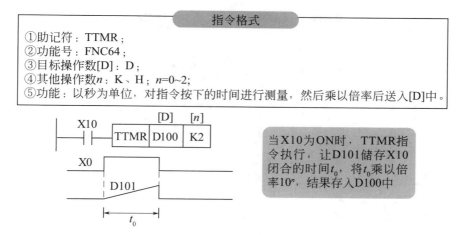

①助记符：TTMR；
②功能号：FNC64；
③目标操作数[D]：D；
④其他操作数n：K、H；$n=0\sim2$；
⑤功能：以秒为单位，对指令按下的时间进行测量，然后乘以倍率后送入[D]中。

当X10为ON时，TTMR指令执行，让D101储存X10闭合的时间t_0，将t_0乘以倍率10^n，结果存入D100中

图 5-71 示教定时器指令指令格式及应用举例

5.9.4 特殊定时器指令

特殊定时器指令指令格式及应用举例，如图 5-72 所示。

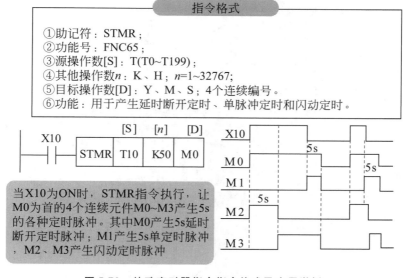

①助记符：STMR；
②功能号：FNC65；
③源操作数[S]：T(T0~T199)；
④其他操作数n：K、H；$n=1\sim32767$；
⑤目标操作数[D]：Y、M、S；4个连续编号。
⑥功能：用于产生延时断开定时、单脉冲定时和闪动定时。

当X10为ON时，STMR指令执行，让M0为首的4个连续元件M0~M3产生5s的各种定时脉冲。其中M0产生5s延时断开定时脉冲；M1产生5s单定时脉冲，M2、M3产生闪动定时脉冲

图 5-72 特殊定时器指令指令格式及应用举例

5.9.5 交替输出指令

交替输出指令指令格式及应用举例，如图 5-73 所示。

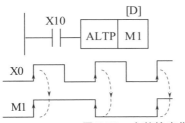

```
        指令格式
①助记符：ALT；
②功能号：FNC66；
③目标操作数[D]：Y、M、S；
④功能：产生交替输出脉冲。
```

当X10由OFF—ON，ALTP指令执行，M1由OFF—ON；当X10由ON—OFF，M1状态不变；当X10再次由OFF—ON，M1由ON—OFF

图 5-73　交替输出指令指令格式及应用举例

5.10　其他指令

5.10.1　10 键输入指令

10 键输入指令指令格式及应用举例，如图 5-74 所示。

```
        指令格式
①助记符：TKY；
②功能号：FNC70；
③源操作数[S]：X、Y、M、S；10个连续元件；
④目标操作数[D1]：KnY、KnM、KnS、T、C、D、V、Z；
⑤目标操作数[D2]：X、Y、M、S；11个连续元件；
⑥功能：将[S]为起始编号的10个端子输入数据输入[D1]中，
同时将[D2]起始地址的10个相应位元件置位。
```

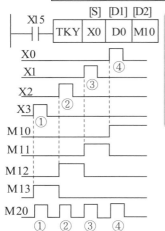

当 X15=ON 时，X3、X2、X1、X0 依次为 ON，就往 D0 中输入数据 3210，同时位元件 M13、M12、M11、M10 依次为 ON，M20 为键标志，当按键时，M20 为 ON，保持时间与按键时间相同。
注意：
①当执行条件为 OFF，[D1] 中的数据不变，[D2] 中的位元件全为 OFF；
②若多个按键按下，先按下的键有效。

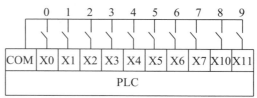

图 5-74　10 键输入指令指令格式及应用举例

5.10.2　七段译码指令

七段译码指令指令格式及应用举例，如图 5-75 所示。

①助记符：SEGD；
②功能号：FNC73；
③源操作数 [S]：K、H、KnY、KnM、KnS、T、C、D、V、Z；
④目标操作数 [D]：KnY、KnM、KnS、T、C、D、V、Z；
⑤功能：将源操作数 [S] 中的低 4 位转换成 7 段显示格式数据，再保存到目标操作数 [D] 中，源操作数中的高位数不变。

	X10	[S]	[D]
	SEGD	D0	K2Y0

当 X10=ON 时，将源操作数 D0 中的低 4 位转换成 7 段显示格式数据，再保存到目标操作数 Y0~Y7 中，源操作数中的高位数不变

[S]	段显示	[D] B0	B1	B2	B3	B4	B5	B6
0		1	1	1	1	1	1	0
1		0	1	1	0	0	0	0
2		1	1	0	1	1	0	1
3		1	1	1	1	0	0	1
4		0	1	1	0	0	1	1
5		1	0	1	1	0	1	1
6		1	0	1	1	1	1	1
7		1	1	1	0	0	0	0

```
      B0
B5 |  B6  | B1
B4 |      | B2
      B3
```

[S]	段显示	[D] B0	B1	B2	B3	B4	B5	B6
8		1	1	1	1	1	1	1
9		1	1	1	0	0	1	1
A		1	1	1	0	1	1	1
B		0	0	1	1	1	1	1
C		1	0	0	1	1	1	0
D		0	1	1	1	1	0	1
E		1	0	0	1	1	1	1
F		1	0	0	0	1	1	1

图 5-75　七段译码指令指令格式及应用举例

5.10.3　时钟数据写入指令

时钟数据写入指令指令格式及应用举例，如图 5-76 所示。

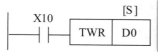

①助记符：TWR；
②功能号：FNC167；
③源操作数 [S]：T、C、D；7 个连续元件。

	X10	[S]
	TWR	D0

当 X10=ON 时，TWR指令执行，将"D0~D6"中的时间值写入D8018~D8013、D8019中。将D0中的数据作为年值写入D8018中，将D6中的数据作为星期值写入D8019中

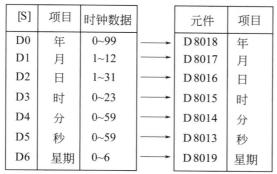

[S]	项目	时钟数据		元件	项目
D0	年	0~99	→	D 8018	年
D1	月	1~12	→	D 8017	月
D2	日	1~31	→	D 8016	日
D3	时	0~23	→	D 8015	时
D4	分	0~59	→	D 8014	分
D5	秒	0~59	→	D 8013	秒
D6	星期	0~6	→	D 8019	星期

图 5-76　时钟数据写入指令指令格式及应用举例

5.10.4　时钟数据读出指令

时钟数据读出指令指令格式及应用举例，如图 5-77 所示。

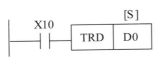

| 指令格式 |

①助记符：TRD；
②功能号：FNC166；
③源操作数 [S]：T、C、D；7 个连续元件。

当X10=ON时，TRD指令执行，将"D8018~D8013、D8019"中的时间值读入D0~D6中。将D8018中的数据作为年值写入D0中，将D8019中的数据作为星期值写入D6中

[S]	项目	时钟数据		元件	项目
D8018	年	0~99	→	D0	年
D8017	月	1~12	→	D1	月
D8016	日	1~31	→	D2	日
D8015	时	0~23	→	D3	时
D8014	分	0~59	→	D4	分
D8013	秒	0~59	→	D5	秒
D8019	星期	0~6	→	D6	星期

图 5-77　时钟数据读出指令指令格式及应用举例

第6章

FX 系列 PLC 数字量程序的设计

一个完整的 PLC 应用系统，由硬件和软件两部分构成，其中软件程序质量的好坏，直接影响着整个控制系统性能。因此，本书第 6 章、第 7 章分别数字量控制程序设计、模拟量控制程序设计给予重点讲解。第 6 章数字量控制程序设计包括 3 种方法，分别是经验设计法、翻译设计法和顺序控制设计法。

6.1 经验设计法

6.1.1 经验设计法简述

经验设计法顾名思义是一种根据设计者的经验进行设计的方法。该方法需要在一些经典控制程序的基础上，根据被控对象的具体要求，不断地修改和完善梯形图。有时需多次反复调试和修改梯形图，增加一些辅助触点和中间编程元件，最后才能得到一个较为满意的结果。

该方法没有普遍的规律可循，具有很大的试探性和随意性，最后的结果不唯一，设计所用的时间、设计的质量与设计者的经验有很大关系。该方法适用于简单控制方案（如手动程序）的设计。

6.1.2 设计步骤

① 准确了解系统的控制要求，合理确定输入输出端子。

② 根据输入输出关系，表达出程序的关键点；关键点的表达往往通过一些典型的环节，

如启保停电路、互锁电路、延时电路等，鉴于这些电路以前已经介绍过，这里不再重复。但需要强调的是，这些典型电路是掌握经验设计法的基础，请读者务必牢记。

③ 在完成关键点的基础上，针对系统的最终输出进行梯形图程序的编制，即初步绘出草图。

④ 检查完善梯形图程序：在草图的基础上，按梯形图的编制原则检查梯形图，补充遗漏功能，更改错误、合理优化，从而达到最佳的控制要求。

6.1.3 应用举例

举例一 送料小车的自动控制

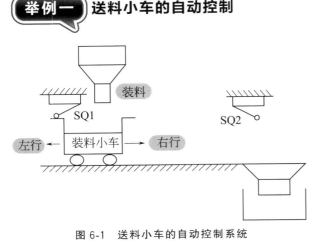

图 6-1 送料小车的自动控制系统

（1）控制要求

送料小车的自动控制系统，如图 6-1 所示。送料小车首先在轨道的最左端，左限位开关 SQ1 压合，小车装料，25s 后小车装料结束并右行；当小车碰到右限位开关 SQ2 后，小车停止右行并停下来卸料，20s 后卸料完毕并左行；当再次碰到左限位开关 SQ1 小车停止左行，并停下来装料。小车总是按"装料→右行→卸料→左行"模式循环工作，直到按下停止开关，才停止整个工作过程。

（2）设计过程

① 明确控制要求后，确定 I/O 端子，如表 6-1 所示。

表 6-1 送料小车的自动控制 I/O 分配

输入量		输出量	
左行启动按钮	X0	左行	Y0
右行启动按钮	X1	右行	Y1
停止按钮	X2	装料	Y2
左限位	X3	卸料	Y3
右限位	X4		

② 关键点确定：由小车运动过程可知，小车左行、右行由电动机的正反转实现，在此基础上增加了装料、卸料环节，所以该控制属于简单控制，因此用启保停电路就可解决。

③ 编制并完善梯形图，如图 6-2 所示。

a. 梯形图设计思路

ⓐ 绘出具有双重互锁的正反转控制梯形图；

ⓑ 为实现小车自动启动，将控制装料定时器的常开分别与右行、左行启动按钮常开触点并联；

ⓒ 为实现小车自动停止，分别在左行、右行电路中串入左、右限位的常闭触点；

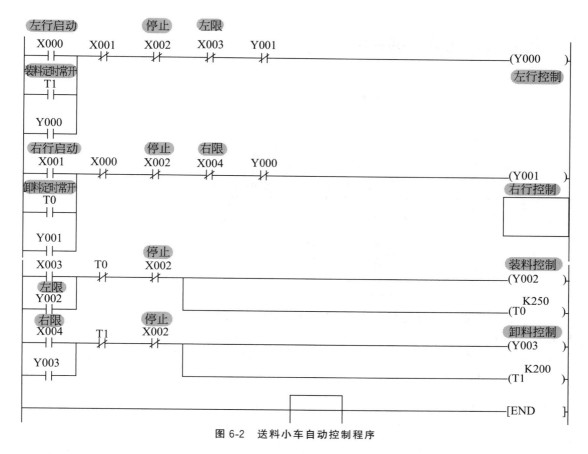

图 6-2　送料小车自动控制程序

　　ⓓ 为实现自动装、卸料，在小车左行、右行结束时，用左、右限常开作为装、卸料的启动信号。

　　b. 小车自动控制梯形图解析，如图 6-3 所示。

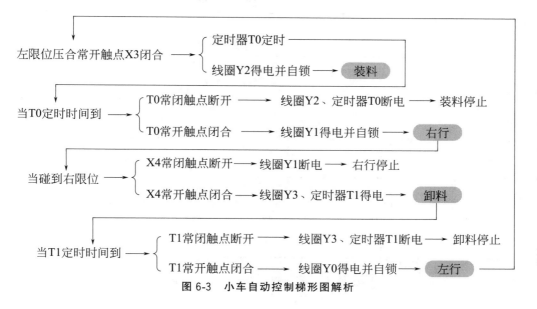

图 6-3　小车自动控制梯形图解析

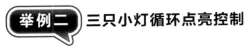 **三只小灯循环点亮控制**

（1）控制要求

按下启动按钮 SB1，三只小灯以"红→绿→黄"的模式每隔 2s 循环点亮；按下停止按钮，三只小灯全部熄灭。

（2）设计过程

① 明确控制要求，确定 I/O 端子，如表 6-2 所示。

表 6-2　小灯循环点亮控制 I/O 分配

输入量		输出量	
启动按钮	X0	红灯	Y0
停止按钮	X1	绿灯	Y1
		黄灯	Y2

② 确定关键点，针对最终输出设计梯形图程序并完善；由小灯的工作过程可知，该控制属于简单控制，因此首先构造启保停电路；又由于小灯每隔 2s 循环点亮，因此想到用 3 个定时器控制 3 盏小灯。3 盏小灯循环点亮控制梯形图，如图 6-4 所示。小灯循环点亮控制程序解析，如图 6-5 所示。

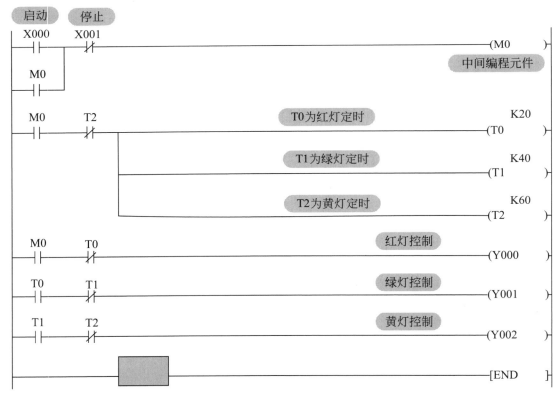

图 6-4　3 盏小灯循环点亮控制梯形图

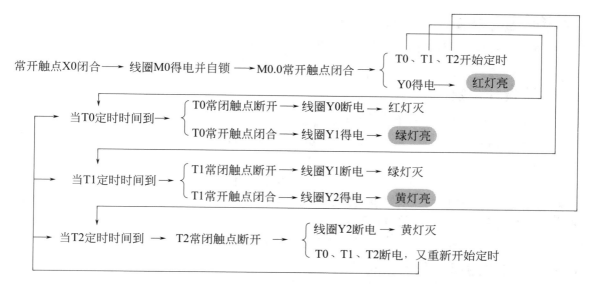

图 6-5　小灯循环点亮控制程序解析

6.2　翻译设计法

6.2.1　翻译设计法简述

　　PLC 使用与继电器电路极为相似的语言，如果将继电器控制改为 PLC 控制，根据继电器电路图设计梯形图是一条捷径。因为原有的继电器控制系统经长期的使用和考验，已有一套自己的完整方案。鉴于继电器电路图与梯形图有很多相似之处，因此可以将经过验证的继电器电路直接转换为梯形图，这种方法被称为翻译设计法。

　　该方法的使用一般不需要改变控制面板，保持了系统的原有外部特征，操作人员不需改变原有的操作习惯，给操作人员带来了极大的方便。

　　继电器电路符号与梯形图电路符号对应情况，如表 6-3 所示。

表 6-3　继电器电路符号与梯形图电路符号对应

梯形图电路			继电器电路	
元件	符号	常用地址	元件	符号
常开触点	┤├	X、Y、M、T、C	按钮、接触器、时间继电器、中间继电器的常开触点	
常闭触点	┤/├	X、Y、M、T、C	按钮、接触器、时间继电器、中间继电器的常闭触点	
线圈	─○─ 或 ─[ ]─	Y、M	接触器、中间继电器线圈	
定时器	─(Tn)K─	T	时间继电器	

> 表6-3是翻译设计法的关键，请读者熟记此对应关系。

6.2.2 设计步骤

① 了解原系统的工艺要求，熟悉继电器电路图。

② 确定PLC的输入信号和输出负载，以及与它们对应的梯形图中的输入位和输出位的地址，画出PLC外部接线图。

③ 将继电器电路图中的时间继电器、中间继电器用PLC的辅助继电器、定时器代替，并赋予它们相应的地址；以上两步建立了继电器电路元件与梯形图编程元件的对应关系，继电器电路符号与梯形图电路符号的对应符号，如表6-3所示。

④ 根据上述关系画出全部梯形图，并予以简化和修改。

6.2.3 使用翻译法的几点注意

（1）应遵守梯形图的语法规则

在继电器电路中触点可以在线圈的左边，也可以在线圈的右边，但在梯形图中，线圈必须在最右边；如图6-6所示。

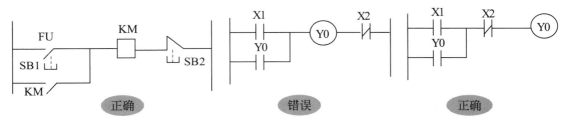

图6-6 继电器电路与梯形图书写语法对照

（2）设置中间单元

在梯形图中，若多个线圈受某一触点串、并联电路控制，为了简化电路，可设置辅助继电器作为中间编程元件，如图6-7所示。

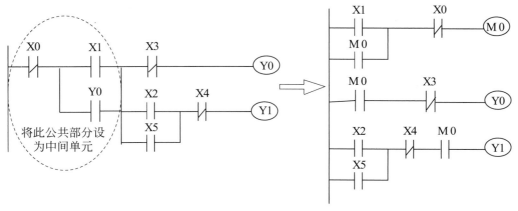

图6-7 设置中间单元

（3）尽量减少 I/O 点数

PLC 的价格与 I/O 点数有关，减少 I/O 点数可以降低成本，减少 I/O 点数具体措施如下。

① 几个常闭串联或常开并联的触点可合并后与 PLC 相连，只占一个输入点；如图 6-8 所示。

② 利用单按钮启停电路，使启停控制只通过一个按钮来实现，既可节省 PLC 的 I/O 点数，又可减少按钮和接线。

③ 系统某些输入信号功能简单、涉及面窄，没有必要作为 PLC 的输入，可将其设置在 PLC 外部硬件电路中，如热继电器的常闭触点 FR 等，如图 6-9 所示。

④ 通断状态完全相同的两个负载，可将其并联后共用一个输出点，如图 6-9 中的 KA3 和 HR。

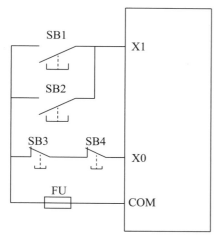

图 6-8　输入元件的合并

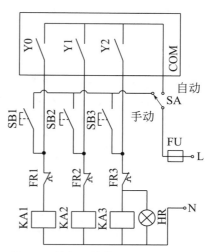

图 6-9　输入元件的处理及并行输出

重点提示

　　图 6-9 给出了自动手动的一种处理方案，值得读者学习，在工程中经常可见到这种方案。值得说明的是，此方案只适用继电器输出型的 PLC，晶体管输出型的 PLC 采取这种手动自动方案可能会造成短路。

（4）设立联锁电路

为了防止接触器相间短路，可以在软件和硬件上设置互锁电路，如正反转控制，如图 6-10 所示。

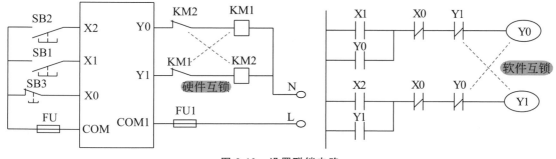

图 6-10　设置联锁电路

（5）外部负载额定电压

PLC 的两种输出模块（继电器输出模块、双向晶闸管模块）只能驱动额定电压最高为 AC220V 的负载，若原系统中的接触器线圈为 AC380V，应将其改成线圈为 AC220V 的接触器或者设置外部中间继电器。

6.2.4 应用举例

 延边三角形降压启动

设计过程如下。

① 了解原系统的工艺要求，熟悉继电器电路图；延边三角形启动是一种特殊的降压启动的方法，其电动机为 9 个头的感应电动机，控制原理如图 6-11 所示。在图中，合上空开 QF，当按下启动按钮 SB3 或 SB4 时，接触器 KM1、KM3 线圈吸合，其指示灯点亮，电动机为延边三角形降压启动；在 KM1、KM3 吸合的同时，KT 线圈也吸合延时，延时时间到，KT 常闭触点断开 KM3 线圈断电，其指示灯熄灭，KT 常开触点闭合，KM2 线圈得电，其指示灯点亮，电动机角接运行。

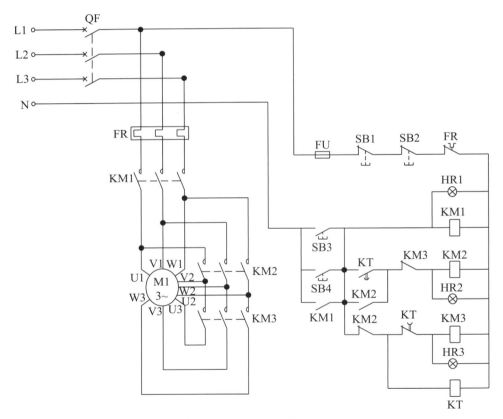

图 6-11　延边三角形控制

② 确定 I/O 点数，并画出外部接线图，I/O 分配，如表 6-4 所示，外部接线图如图 6-12 所示。

③ 将继电器电路翻译成梯形图并化简，如图 6-13 所示。

表 6-4　延边三角形启动的 I/O 分配

输入量		输出量	
启动按钮 SB3、SB4	X1	接触器 KM1	Y0
停止按钮 SB1、SB2	X2	接触器 KM2	Y1
热继电器 FR	X0	接触器 KM3	Y2

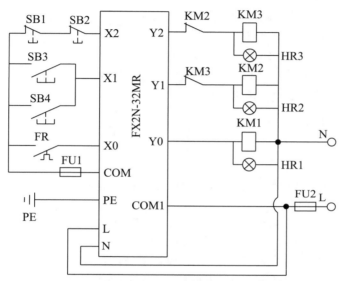

图 6-12　延边三角形启动外部接线图

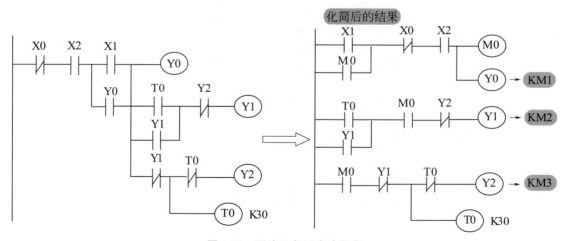

图 6-13　延边三角形启动程序

④ 案例考察点。

a. PLC 输入点的节省；遇到两地控制及其类似问题，可将停止按钮 SB1 与 SB2 串联，将启动 SB3 与 SB4 并联后，与 PLC 相连，各自只占用 1 个输入点。

b. PLC 输出点的节省；指示灯 HR1~HR3 实际上可以单独占 1 个输出点，为了节省输出点分别将指示灯与各自的接触器线圈并联，只占 1 个输出点。

c. 输入信号常闭点的处理；前面介绍的梯形图的设计方法，假设的前提是输入信号由常开触点提供，但在实际中，有些信号只能由常闭触点提供，如热继电器常闭点 FR。在继电器电路中，常闭 FR 与接触器线圈串联，FR 受热断开，接触器线圈失电。若将图 6-12 中接在 PLC 输入端 X0 处 FR 的常开触点改为常闭触点，FR 未受热时，它为是闭合状态，梯形图中 X0 常开点应闭合。显然在图 6-13 应该是常开触点与线圈 Y0 串联，而不是常闭触点与线圈 Y0 串联。这样一来，继电器电路图中的 FR 触点与梯形图中的 FR 触点类型恰好相反，给电路分析带来不便。

为了使梯形图与继电器电路中的触点类型一致，在编程时建议尽量使用常开触点作为输入信号。如果某信号为常闭触点输入时，可按全部为常开触点来设计梯形图，这样可将继电器电路图直接翻译为梯形图，然后将梯形图中外接常闭触点的输入位常开变常闭，常闭变常开。如本例所示，外部接线图中 FR 改为常开，那么梯形图中与之对应的 X0 为常闭，这样继电器电路图恰好能直接翻译为梯形图。

举例二 **锯床控制**

设计过程：

① 了解原系统的工艺要求，熟悉继电器电路图；锯床基本运动过程：下降→切割→上升，如此往复。锯床原理图如图 6-14 所示。在图中，合上空开 QF、QF1 和 QF2，按下启动按钮 SB4 时，中间继电器 KA1 得电并自锁，其常开触点闭合，接触器 KM2 闭合，液压电动机启动，电磁阀 YV2 和 YV3 得电，锯床切割机构下降；接着按下切割启动按钮 SB2，KM1 线圈吸合，锯轮电动机 M1，冷却泵电动机 M2 启动，机床进行切割工件；当工件切割完毕，SQ1 被压合，其常闭触点断开，KM1、KA1、YV2、YV3 均失电，SQ1 常开触点闭

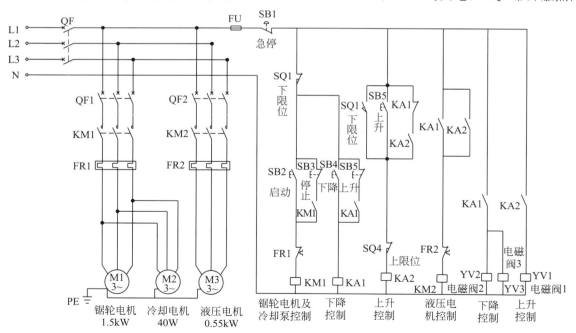

图 6-14　锯床控制

合，KA2 得电并自锁，电磁阀 YV1 得电，切割机构上升，当碰到上限位 SQ4 时，KA2、YV1 和 KM2 均失电，上升停止。当按下相应停止按钮，其相应动作停止。

② 确定 I/O 点数，并画出外部接线图；I/O 分配如表 6-5 所示，外部接线图，如图 6-15 所示。

表 6-5　锯床控制 I/O 分配

输入量		输出量	
下降启动按钮 SB4	X0	接触器 KM1	Y0
上升启动按钮 SB5	X1	接触器 KM2	Y1
切割启动按钮 SB2	X2	电磁阀 YV1	Y2
急停	X3	电磁阀 YV2	Y3
切割停止按钮 SB3	X4	电磁阀 YV3	Y4
下限位 SQ1	X5		
上限位 SQ4	X6		

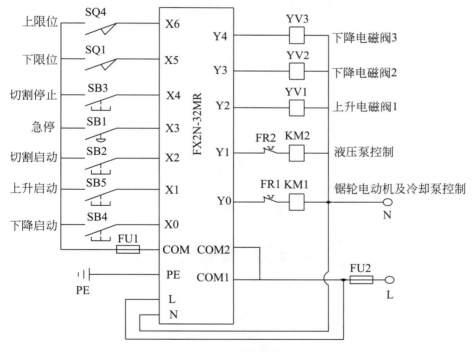

图 6-15　锯床控制外部接线图

③ 将继电器电路翻译成梯形图并化简，如图 6-16 所示。

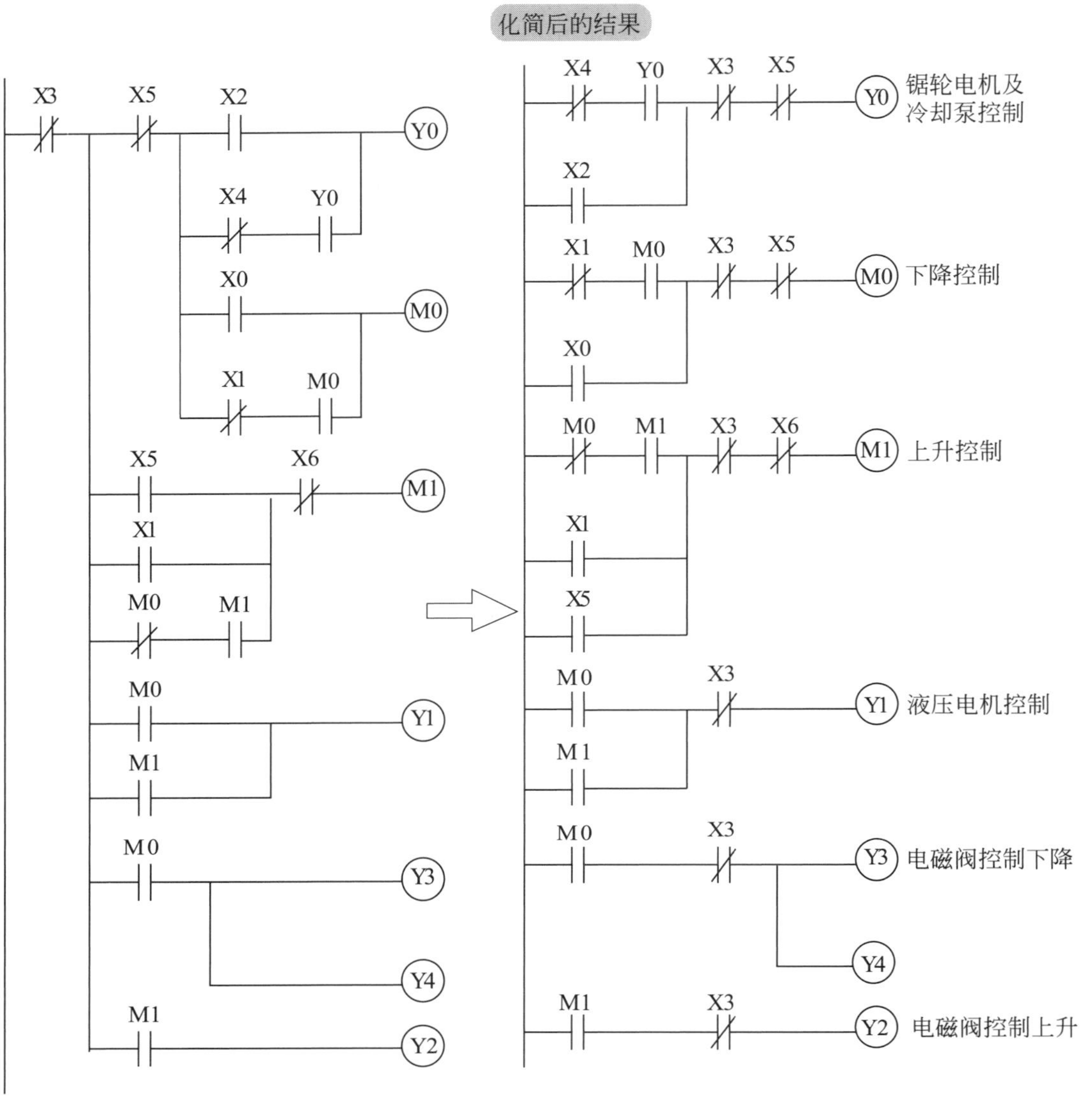

化简后的结果

图 6-16　锯床控制程序

6.3　顺序控制设计法与顺序功能图

6.3.1　顺序控制设计法

（1）顺序控制设计法简介

采用经验设计法设计梯形图程序时，由于经验设计法本身没有一套固定的方法可循，且在设计过程中又存在着较大的试探性和随意性，给一些复杂程序的设计带来了很大的困难。即使勉强设计出来了，对于程序的可读性、时间的花费和设计结果来说，也不尽人意。鉴于此，本章将介绍一种有规律且比较通用的方法——顺序控制设计法。

顺序控制设计法是指按照生产工艺预先规定顺序，在各输入信号的作用下，根据内部状态和时间顺序，使生产过程各个执行机构自动有秩序地进行操作的一种方法。该方法是一种比较简单且先进的方法，很容易被初学者接受，对于有经验的工程师来说，也会提高设计效率，对于程序的调试和修改来说也非常方便，可读性很高。

（2）顺序控制设计法基本步骤

使用顺序控制设计法时，基本步骤：首先进行 I/O 分配；接着根据控制系统的工艺要求，绘制顺序功能图；最后，根据顺序功能图设计梯形图。其中在顺序功能图的绘制中，往往是根据控制系统的工艺要求，将生产过程的一个周期划分为若干个顺序相连的阶段，每个阶段都对应顺序功能图一步。

（3）顺序控制设计法分类

顺序控制设计法大致可分为：启保停电路编程法、置位复位指令编程法、步进指令编程法和位移指令编程法。本章将根据顺序功能图的基本结构的不同，对以上四种方法进行详细讲解。

使用顺序控制设计法时，绘制顺序功能图是关键，因此下面要对顺序功能图详细介绍。

6.3.2　顺序功能图简介

（1）顺序功能图的组成要素

顺序功能图是一种图形语言，用来编制顺序控制程序。在 IEC 的 PLC 编程语言标准（IEC61131-3）中，顺序功能图被确定为 PLC 位居首位的编程语言。在编写程序的时候，往往根据控制系统的工艺过程，先画出顺序功能图，然后再根据顺序功能图写出梯形图。顺序功能图主要由步、有向连线、转换、转换条件和动作（或命令）这 5 大要素组成，如图 6-17 所示。

① 步：步就是将系统的一个周期划分为若干个顺序相连的阶段，这些阶段就叫步。步是根据输出量的状态变化来划分的，通常用编程元件代表，编程元件是指辅助继电器 M 和状态继电器 S。步通常涉及以下几个概念。

a. 初始步：一般在顺序功能图的最顶端，与系统的初始化有关，通常用双方框表示，注意每一个顺序功能图中至少有一个初始步，初始步一般由初始化脉冲 M8002 激活。

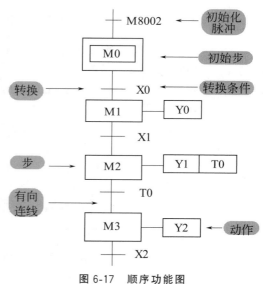

图 6-17　顺序功能图

b. 活动步：系统所处的当前步为活动状态，就称该步为活动步。当步处于活动状态时，相应的动作被执行，步处于不活动状态，相应的非记忆性动作被停止。

c. 前级步和后续步：前级步和后续步是相对的，如图 6-18 所示。对于 M2 步来说，M1 是它的前级步，M3 步是它的后续步；对于 M1 步来说，M2 是它的后续步，M0 步是它的前级步；需要指出，一个顺序功能图中可能存在多个前级步和多个后续步，如 M0 就有两个后续步，分别为 M1 和 M4；M7 也有两个前级步，分别为 M3 和 M6。

② 有向连线：即连接步与步之间的连线，有向连线规定了活动步的进展路径与方向。通常规定有向连线的方向从左到右或从上到下箭头可省，从右到左或从下到上箭头一定不可省，如图 6-18 所示。

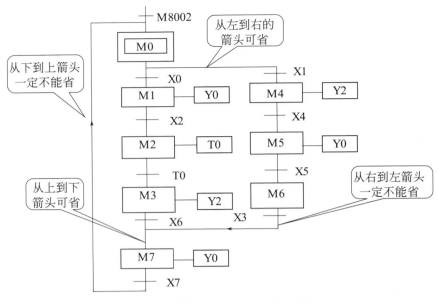

图 6-18　前级步、后续步与有向连线

③ 转换：转换用一条与有向连线垂直的短划线表示，转换将相邻的两步分隔开。步的活动状态的进展是由转换的实现来完成，并与控制过程的发展相对应。

④ 转换条件：转换条件就是系统从上一步跳到下一步的信号。转换条件可以由外部信号提供，也可由内部信号提供。外部信号如按钮、传感器、接近开关、光电开关等的通断信号；内部信号如定时器和计数器常开触点的通断信号等。转换条件可以用文字语言、布尔代数表达式或图形符号标注在表示转换的短划线旁，使用较多的是布尔代数表达式，如图 6-19 所示。

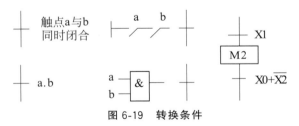

图 6-19　转换条件

⑤ 动作：被控系统每一个需要执行的任务或者是施控系统每一要发出的命令都叫动作。注意动作是指最终的执行线圈或定时器计数器等，一步中可能有一个动作或几个动作。通常动作用矩形框表示，矩形框内标有文字或符号，矩形框用相应的步符号相连。需要指出，涉及多个动作时，处理方案如图 6-20 所示。

图 6-20　多个动作的处理方案

（2）顺序功能图的基本结构

① 单序列：所谓的单序列就是指没有分支和合并，步与步之间只有一个转换，每个转换两端仅有一个步，如图 6-21（a）所示。

② 选择序列：选择序列既有分支、又有合并，选择序列的开始叫分支，选择序列的结束叫合并，如图 6-21（b）所示。在选择序列的开始，转换符号只能标在水平连线之下，如 X0、X3 对应的转换就标在水平连线之下；选择序列的结束，转换符号只能标在水平连线之上，如 T3、X5 对应的转换就标在水平连线之上；当 M0 为活动步，并且转换条件 X0＝1，则发生由步 M0→步 M1 的跳转；当 M0 为活动步，并且转换条件 X3＝1，则发生由步 M0→步 M4 的跳转；当 M2 为活动步，并且转换条件 T3＝1，则发生由步 M2→步 M3 的跳转；当 M5 为活动步，并且转换条件 X5＝1，则发生由步 M5→步 M3 的跳转；

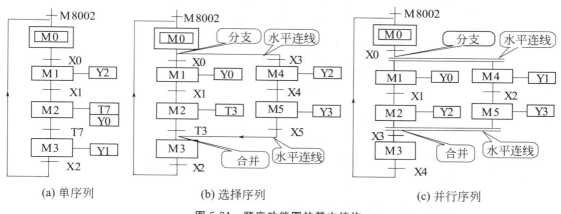

(a) 单序列　　　　　(b) 选择序列　　　　　(c) 并行序列

图 6-21　顺序功能图的基本结构

需要指出，在选择程序中，某一步可能存在多个前级步或后续步，如 M0 就有两个后续步 M1、M4，M3 就有两个前级步 M2、M5；

③ 并行序列：并行序列用来表示系统的几个同时工作的独立部分的工作情况，如图 6-21（c）所示。并行序列的开始叫分支，当转换满足的情况下，导致几个序列同时被激活，为了强调转换的同步实现，水平连线用双线表示，且水平双线之上只有一个转换条件，如步 M0 为活动步，并且转换条件 X0＝1 时，步 M1、M4 同时变为活动步，步 M0 变为不活动步，水平双线之上只有转换条件 X0；并行序列的结束叫合并，当直接连在双线上的所有前级步 M2、M5 为活动步，并且转换条件 X3＝1，才会发生步 M2、M5→M3 的跳转，即 M2、M5 为不活动步，M3 为活动步，在同步双水平线之下只有一个转换条件 X3。

（3）梯形图中转换实现的基本原则

① 转换实现的基本条件

在顺序功能图中，步的活动状态的进展是由转换的实现来完成的。转换的实现必须同时满足两个条件。

a. 该转换的所有前级步都为活动步；

b. 相应的转换条件得到满足。

以上两个条件缺一不可，若转换的前级步或后续步不止一个时，转换的实现称为同时实现，为了强调同时实现，有向连线的水平部分用双线表示。

② 转换实现完成的操作

a. 使所有由有向连线与相应转换符号连接的后续步都变为活动步；

b. 使所有由有向连线与相应转换符号连接的前级步都变为不活动步。

重点提示

① 转换实现的基本原则口诀。以上转换实现的基本条件和转换完成的基本操作，可简要地概括为：当前级步为活动步，满足转换条件，程序立即跳转到下一步；当后续步为活动步时，前级步停止。

② 转换实现的基本原则是根据顺序功能图设计梯形图的基础，它适用于顺序功能图中的各种结构和各种顺序控制梯形图的编程方法。

（4）绘制顺序功能图时的注意事项

① 两步绝对不能直接相连，必须用一个转换将其隔开。

② 两个转换也不能直接相连，必须用一个步将其隔开。

以上两条是判断顺序功能图绘制正确与否的依据。

③ 顺序功能图中初始步必不可少，它一般对应于系统等待启动的初始状态，这一步可能没有什么动作执行，因此很容易被遗忘。若无此步，则无法进入初始状态，系统也无法返回停止状态。

④ 自动控制系统应能多次重复执行同一工艺过程，因此在顺序功能图中一般应有由步和有向连线组成的闭环，即在完成一次工艺过程的全部操作后，应从最后一步返回到初始步，系统停留在初始步（单周期操作）；在执行连续循环工作方式时，应从最后一步返回下一周期开始运行的第一步。

6.4 启保停电路编程法

启保停电路编程法，其中间编程元件为辅助继电器 M，在梯形图中，为了实现当前级步为活动步且满足转换条件成立时，才进行步的转换，总是将代表前级步的辅助继电器的常开触点与对应的转换条件触点串联，作为激活后续步辅助继电器的启动条件；当后续步被激活，对应的前级步停止，所以用代表后续步的辅助继电器的常闭触点与前级步的电路串联作为停止条件。

6.4.1 单序列编程

（1）单序列顺序功能图与梯形图的对应关系

单序列顺序功能图与梯形图的对应关系，如图 6-22 所示。在图 6-22 中，Mi−1，Mi，Mi+1 是顺序功能图中连续 3 步。Xi，Xi+1 为转换条件。对于 Mi 步来说，它的前级步为 Mi−1，转换条件为 Xi，因此 Mi 的启动条件为辅助继电器的常开触点 Mi−1 与转换条件常开触点 Xi 的串联组合；对于 Mi 步来说，它的后续步为 Mi+1，因此 Mi 的停止条件为 Mi+1 的常闭触点。

（2）应用举例

冲床运动控制

① 控制要求：如图 6-23 所示为某冲床的运动示意图。初始状态机械手在最左边，左限位 SQ1 压合，机械手处于放松状态（机械手的放松与夹紧受电磁阀控制，松开电磁阀失电，夹紧电磁阀得电），冲头在最上面，上限位 SQ2 压合，当按下启动按钮时，机械手夹紧工件并保持，3s 后机械手右行，当碰到右限位 SQ3 后，机械手停止运动，同时冲头下行；当碰

到下限位 SQ4 后，冲头上行；冲头碰到上限位 SQ2 后，停止运动，同时机械手左行；当机械手碰到左限位 SQ1 后，机械手放松，延时 4s 后，系统返回到初始状态。

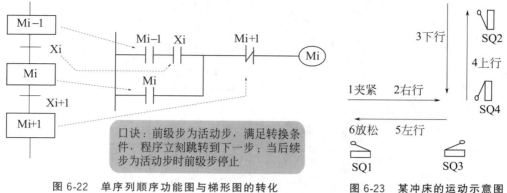

口诀：前级步为活动步，满足转换条件，程序立刻跳转到下一步；当后续步为活动步时前级步停止

图 6-22　单序列顺序功能图与梯形图的转化

图 6-23　某冲床的运动示意图

② 程序设计

a. 根据控制要求，进行 I/O 分配，如表 6-6 所示。

表 6-6　冲床的运动控制的 I/O 分配

输入量		输出量	
启动按钮 SB	X0	机械手电磁阀	Y0
左限位 SQ1	X1	机械手左行	Y1
右限位 SQ3	X2	机械手右行	Y2
上限位 SQ2	X3	冲头上行	Y3
下限位 SQ4	X4	冲头下行	Y4

b. 根据控制要求，绘制顺序功能图，如图 6-24 所示。

c. 将顺序功能图转化为梯形图，如图 6-25 所示。

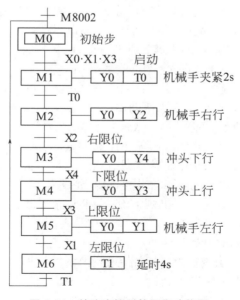

图 6-24　某冲床控制的顺序功能图

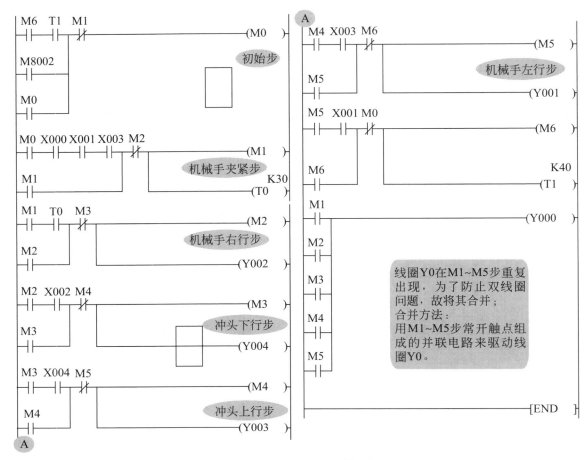

图 6-25　冲床控制启保停电路编程法梯形图程序

d. 冲床控制顺序功能图转化梯形图过程分析：以 M0 步为例，介绍顺序功能图转化为梯形图的过程。从图 6-24 顺序功能图中不难看出，M0 的一个启动条件为 M6 的常开触点和转换条件 T1 的常开触点组成的串联电路；此外 PLC 刚运行时，应将初始步 M0 激活，否则系统无法工作，所以初始化脉冲 M8002 为 M0 的另一个启动条件，这两个启动条件应并联。为了保证活动状态能持续到下一步活动为止，还需并上 M0 的自锁触点。当 M0、X0、X11、X3 的常开触点同时为 1 时，步 M1 变为活动步，M0 变为不活动步，因此将 M1 的常闭触点串入 M1 的回路中作为停止条件。此后 M1～M6 步梯形图的转换与 M0 步梯形图的转换一致。

下面介绍顺序功能图转化为梯形图时输出电路的处理方法，分以下两种情况讨论。

第一，某一输出量仅在某一步中为接通状态，这时可以将输出量线圈与辅助继电器线圈直接并联，也可以用辅助继电器的常开触点与输出量线圈串联。图 6-24 中，Y1、Y2、Y3、Y4 分别仅在 M5、M2、M4、M3 步出现一次，因此将 Y1、Y2、Y3、Y4 的线圈分别与 M5、M2、M4、M3 的线圈直接并联；

第二，某一输出量在多步中都为接通状态，为了避免双线圈问题，将代表各步的辅助继电器的常开触点并联后，驱动该输出量线圈。图 6-24 中，线圈 Y0 在 M1～M5 这 3 步均接通了，为了避免双线圈输出，所以用辅助继电器 M1～M5 的常开触点组成的并联电路来驱动线圈 Y0。

e. 冲床控制梯形图程序解析，如图 6-26 所示。

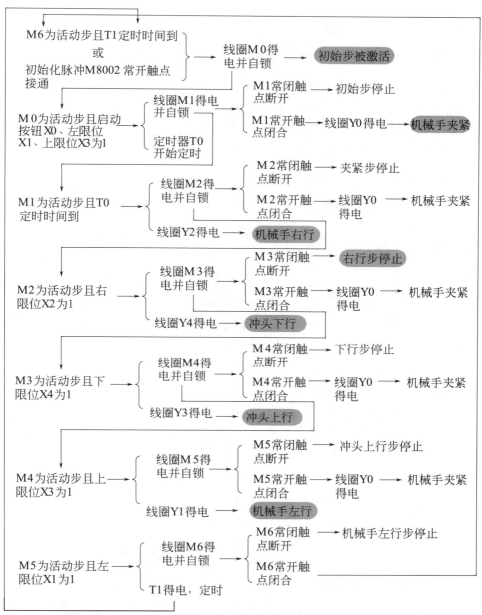

图 6-26　冲床控制启保停电路编程法梯形图程序解析

重点提示

① 在使用启保停电路编程时，要注意最后一步的常开触点与转换条件的常开触点组成的串联电路、初始化脉冲、触点自锁这三者的并联问题；

② 在使用启保停电路编程时，要注意某一输出量仅出现一次时，可以将它的线圈与辅助继电器的线圈并联，也可以用辅助继电器的常开触点来驱动该输出量线圈，采用与辅助继电器线圈并联的方式比较节省网络；

③ 在使用启保停电路编程时，如果出现双线圈问题，务必合并双线圈，否则程序无法正常运行；采取合并的措施为用 M 常开触点组成的并联电路来驱动输出量线圈。

6.4.2　选择序列编程

选择序列顺序功能图转化为梯形图的关键点在于分支处和合并处程序的处理，其余部分与单序列的处理方法一致。

（1）分支处编程

若某步后有一个由 N 条分支组成的选择程序，该步可能转换到不同的 N 步去，则应将这 N 个后续步对应的辅助继电器的常闭触点与该步线圈串联，作为该步的停止条件。分支序列顺序功能图与梯形图的转化，如图 6-27 所示。

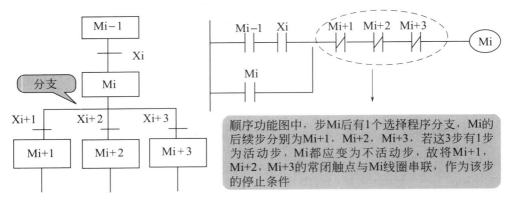

顺序功能图中，步Mi后有1个选择程序分支，Mi的后续步分别为Mi+1，Mi+2，Mi+3，若这3步有1步为活动步，Mi都应变为不活动步，故将Mi+1，Mi+2，Mi+3的常闭触点与Mi线圈串联，作为该步的停止条件

图 6-27　分支处顺序功能图与梯形图的转化

（2）合并处编程

对于选择程序的合并，若某步之前有 N 个转换，即有 N 条分支进入该步，则控制代表该步的辅助继电器的启动电路由 N 条支路并联而成，每条支路都由前级步辅助继电器的常开触点与转换条件的触点构成的串联电路组成。合并处顺序功能图与梯形图的转化，如图6-28所示。

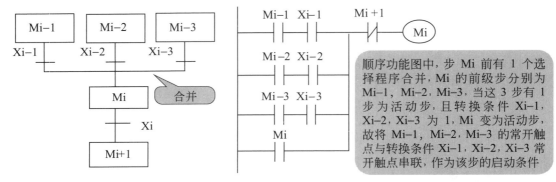

顺序功能图中，步 Mi 前有 1 个选择程序合并，Mi 的前级步分别为 Mi-1，Mi-2，Mi-3，当这 3 步有 1 步为活动步，且转换条件 Xi-1，Xi-2，Xi-3 为 1，Mi 变为活动步，故将 Mi-1，Mi-2，Mi-3 的常开触点与转换条件 Xi-1，Xi-2，Xi-3 常开触点串联，作为该步的启动条件

图 6-28　合并处顺序功能图与梯形图的转化

当某顺序功能图中含有仅由两步构成的小闭环时，处理方法如下。

① 问题分析：图 6-29 中，当 M5 为活动步且转换条件 X10 接通时，线圈 M4 本来应该接通，但此时与线圈 M4 串联的 M5 常闭触点为断开状态，故线圈 M4 无法接通。出现这样问题的原因在于 M5 既是 M4 的前级步，又是 M4 后续步。

② 处理方法：在小闭环中增设步 M10，如图 6-30 所示。步 M10 在这里只起到过渡作用，延时时间很短（一般说来应取延时时间在 0.1s 以下），对系统的运行无任何影响。

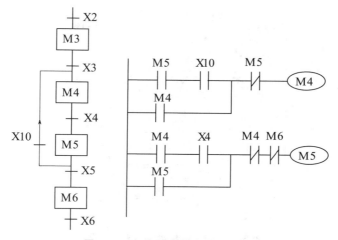

图 6-29　仅由两步组成的小闭环

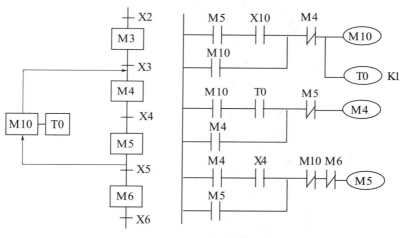

图 6-30　处 理 方 法

（3）应用举例：信号灯控制

① 控制要求

按下启动按钮 SB，红、绿、黄三只小灯每个 10s 循环点亮，若选择开关在 1 位置，小灯只执行一个循环；若选择开关在 0 位置，小灯不停地执行"红→绿→黄"循环。

② 程序设计

a.根据控制要求，进行 I/O 分配，如表 6-7 所示。

表 6-7　信号灯控制的 I/O 分配

输入量		输出量	
启动按钮 SB	X0	红灯	Y0
选择开关	X1	绿灯	Y1
		黄灯	Y2

b.根据控制要求，绘制顺序功能图，如图 6-31 所示。

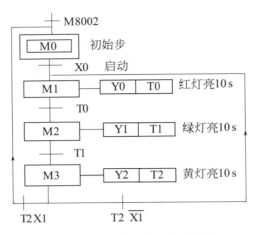

图 6-31　信号灯控制的顺序功能图

c. 将顺序功能图转化为梯形图，如图 6-32 所示。

d. 信号灯控制顺序功能图转化梯形图过程分析如下。

ⓐ 选择序列分支处的处理方法：图 6-31 中步 M3 之后有一个选择序列的分支，设 M3 为活动步，当它的后续步 M0 或 M1 为活动步时，它应变为不活动步，故图 6-32 梯形图中将 M0 和 M1 的常闭触点与 M3 的线圈串联；

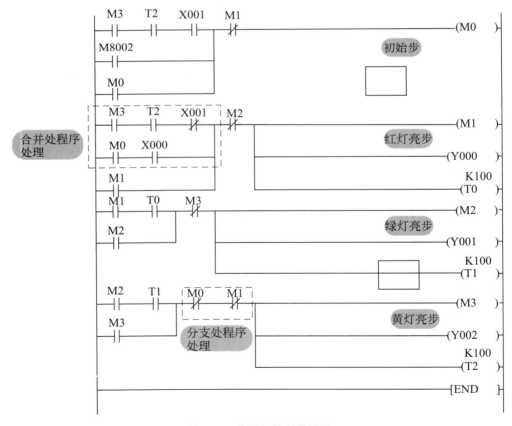

图 6-32　信号灯控制梯形图

ⓑ 选择序列合并处的处理方法：图 6-31 中步 M1 之前有一个选择序列的合并，当步 M0 为活动步且转换条件 X0 满足或 M3 为活动步且转换条件 $T2 \cdot \overline{X1}$ 满足，步 M1 应变为活动步，即 M2 的启动条件为 $M0 \cdot X0 + M3 \cdot T2 \cdot \overline{X1}$，对应的启动电路由两条并联分支组成，并联支路分别由 M0、X0 和 M3、$T2 \cdot \overline{X1}$ 的触点串联组成。

6.4.3 并列序列编程

（1）分支处编程

若并列程序某步后有 N 条并列分支，如果转换条件满足，则并列分支的第一步同时被激活。这些并列分支的第一步的启动条件均相同，都是前级步的常开触点与转换条件的常开触点组成的串联电路，不同的是各个并列分支的停止条件。串入各自后续步的常闭触点作为停止条件。并行序列顺序功能图与梯形图的转化，如图 6-33 所示。

（2）合并处编程

对于并行程序的合并，若某步之前有 N 分支，即有 N 条分支进入该步，则并列分支的最后一步同时为 1，且转换条件满足，方能完成合并。因此合并处的启动电路为所有并列分支最后一步的常开触点串联和转换条件的常开触点的组合；停止条件仍未后续步的常闭触点。并行序列顺序功能图与梯形图的转化，如图 6-33 所示。

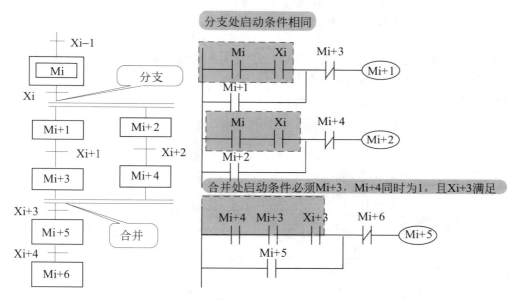

图 6-33　并行序列顺序功能图转化为梯形图

（3）应用举例：交通信号灯控制

① 控制要求

按下启动按钮，东西绿灯亮 25s 后，闪烁 3s 后熄灭，然后黄灯亮 2s 后熄灭，紧接着红灯亮 30s 后再熄灭，再接着绿灯亮……，如此循环；在东西绿灯亮的同时，南北红灯亮 30s，接着绿灯亮 25s 后闪烁 3s 熄灭，然后黄灯亮 2s 后熄灭，红灯亮……，如此循环。

② 程序设计

a. 根据控制要求，进行 I/O 分配，如表 6-8 所示。

表 6-8　交通信号灯 I/O 分配

输入量		输出量	
启动按钮	X0	东西绿灯	Y0
停止按钮	X1	东西黄灯	Y1
		东西红灯	Y2
		南北绿灯	Y3
		南北黄灯	Y4
		南北红灯	Y5

b. 根据控制要求，绘制顺序功能图，如图 6-34 所示。

c. 将顺序功能图转化为梯形图，如图 6-35 所示。

d. 交通信号灯控制顺序功能图转化梯形图过程分析如下。

ⓐ 并行序列分支处的处理方法：图 6-34 中步 M0 之后有一个并列序列的分支，设 M0 为活动步且 X0 为 1 时，则 M1，M2 步同时激活，故 M1，M2 的启动条件相同都为 M0·X0；其停止条件不同 M1 的停止条件 M1 步需串 M3 的常闭触点，M2 的停止条件 M2 步需串 M4 的常闭触点。M9 后也有 1 个并列分支，道理与 M0 步相同，这里不再赘述。

ⓑ 并行序列合并处的处理方法：图 6-34 中步 M9 之前有 1 个并行序列的合并，当 M7，M8 同时为活动步且转换条件 T6·T7 满足，M9 应变为活动步，即 M9 的启动条件为 M7·M8·T6·T7，停止条件为 M9 步中应串入 M1 和 M2 的常闭触点。这里的 M9 比较特殊，它既是并行分支又是并行合并，故启动和停止条件有些特别。附带指出 M9 步本应没有，出于编程方便考虑，设置此步，T8 的时间非常短，仅为 0.1s，因此不影响程序的整体效果。

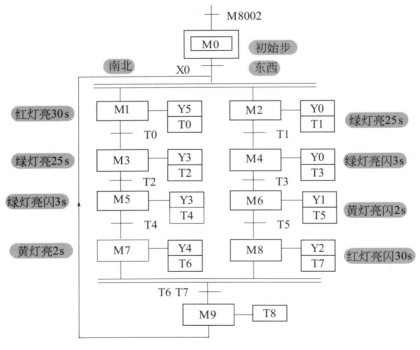

图 6-34　交通灯控制顺序功能图

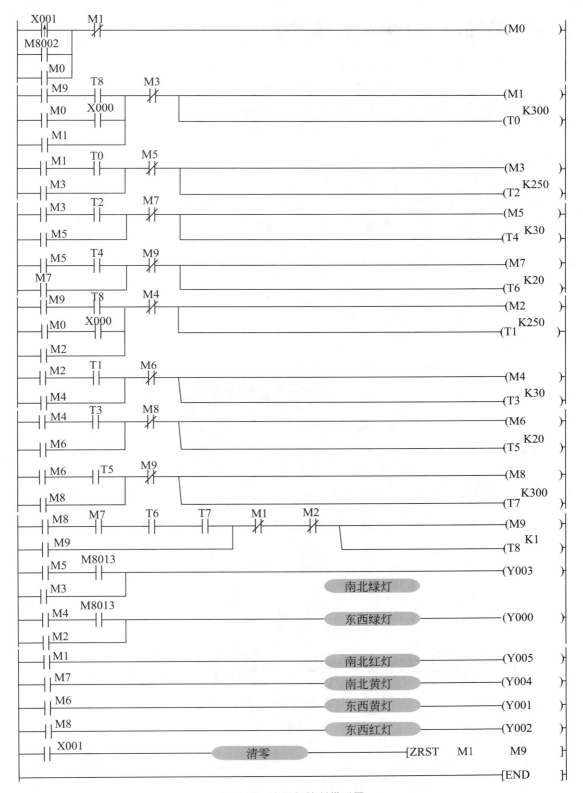

图 6-35　交通灯控制梯形图

6.5 置位复位指令编程法

置位复位指令编程法，其中间编程元件仍为辅助继电器 M，当前级步为活动步且满足转换条件的情况下，后续步被置位，同时前级步被复位。

需要说明，置位复位指令也称以转换为中心的编程法，其中有一个转换就对应一个置位复位电路块，有多少个转换就有多少个这样的电路块。

6.5.1 单序列编程

（1）单序列顺序功能图与梯形图的对应关系

单序列顺序功能图与梯形图的对应关系，如图 6-36 所示。在图 6-36 中，当 Mi-1 为活动步，且转换条件 Xi 满足，Mi 被置位，同时 Mi-1 被复位，因此将 Mi-1 和 Xi 的常开触点组成的串联电路作为 Mi 步的启动条件，同时它有作为 Mi-1 步的停止条件。这里只有一个转换条件 Xi，故仅有一个置位复位电路块。

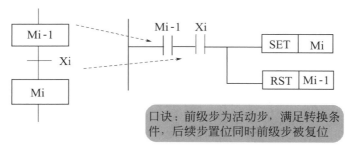

图 6-36 置位复位指令顺序功能图与梯形图的转化

需要说明，输出继电器 Y 线圈不能与 SET、RST 并联，原因在于 Mi 与 Xi 常开触点组成的串联电路接通时间很短，当转换条件满足后，前级步立即复位，而输出继电器至少应在某步为活动步的全部时间内接通。处理方法：用所需步的常开触点驱动输出线圈 Y，如图 6-37 所示。

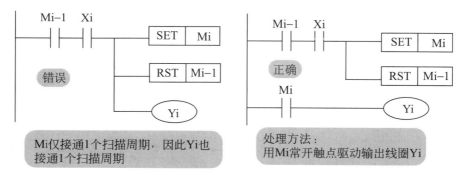

图 6-37 置位复位指令编程方法注意事项

（2）应用举例：小车自动控制

① 控制要求

如图 6-38 所示，是某小车运动的示意图。设小车初始状态停在轨道的中间位置，中限位开关 SQ1 为 1 状态。按下启动按钮 SB1 后，小车左行，当碰到左限位开关 SQ2 后，开始右行；当碰到右限位开关 SQ3 时，停止在该位置，2s 后开始左行；当碰到左限位开关 SQ2

后，小车右行返回初始位置，当碰到中限位开关 SQ1，小车停止运动。

② 程序设计

a. I/O 分配：根据任务控制要求，对输入/输出量进行 I/O 分配，如表 6-9 所示。

表 6-9　小车自动控制 I/O 分配

输入量		输出量	
中限位 SQ1	X0	左行	Y0
左限位 SQ2	X1	右行	Y1
右限位 SQ3	X2		
启动按钮 SB1	X3		

b. 根据具体的控制要求绘制顺序功能图，如图 6-39 所示。

c. 将顺序功能图转化为梯形图，如图 6-40 所示。

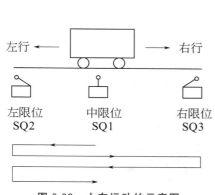

图 6-38　小车运动的示意图

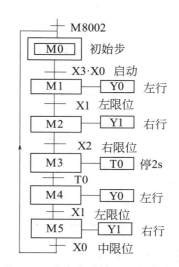

图 6-39　小车自动控制顺序功能图

6.5.2　选择序列编程

选择序列顺序功能图转化为梯形图的关键点在于分支处和合并处程序的处理，置位复位指令编程法核心是转换，因此选择序列在处理分支和合并处编程上与单序列的处理方法一致，无需考虑多个前级步和后续步的问题，只考虑转换即可。

以两种液体混合控制为例进行介绍。两种液体混合控制系统如图 6-41 所示。

① 系统控制要求

a. 初始状态

容器为空，阀 A～阀 C 均为 OFF，液面传感器 L1、L2、L3 均为 OFF，搅拌电动机 M 为 OFF；

b. 启动运行

按下启动按钮后，打开阀 A，注入液体 A；当液面到达 L2（L2＝ON）时，关闭阀 A，打开阀 B，注入 B 液体；当液面到达 L1（L1＝ON）时，关闭阀 B，同时搅拌电动机 M 开始运行搅拌液体，30s 后电动机停止搅拌，阀 C 打开放出混合液体；当液面降至 L3 以下（L1＝L2＝L3＝OFF）时，再过 6s 后，容器放空，阀 C 关闭，打开阀 A，又开始了下一轮

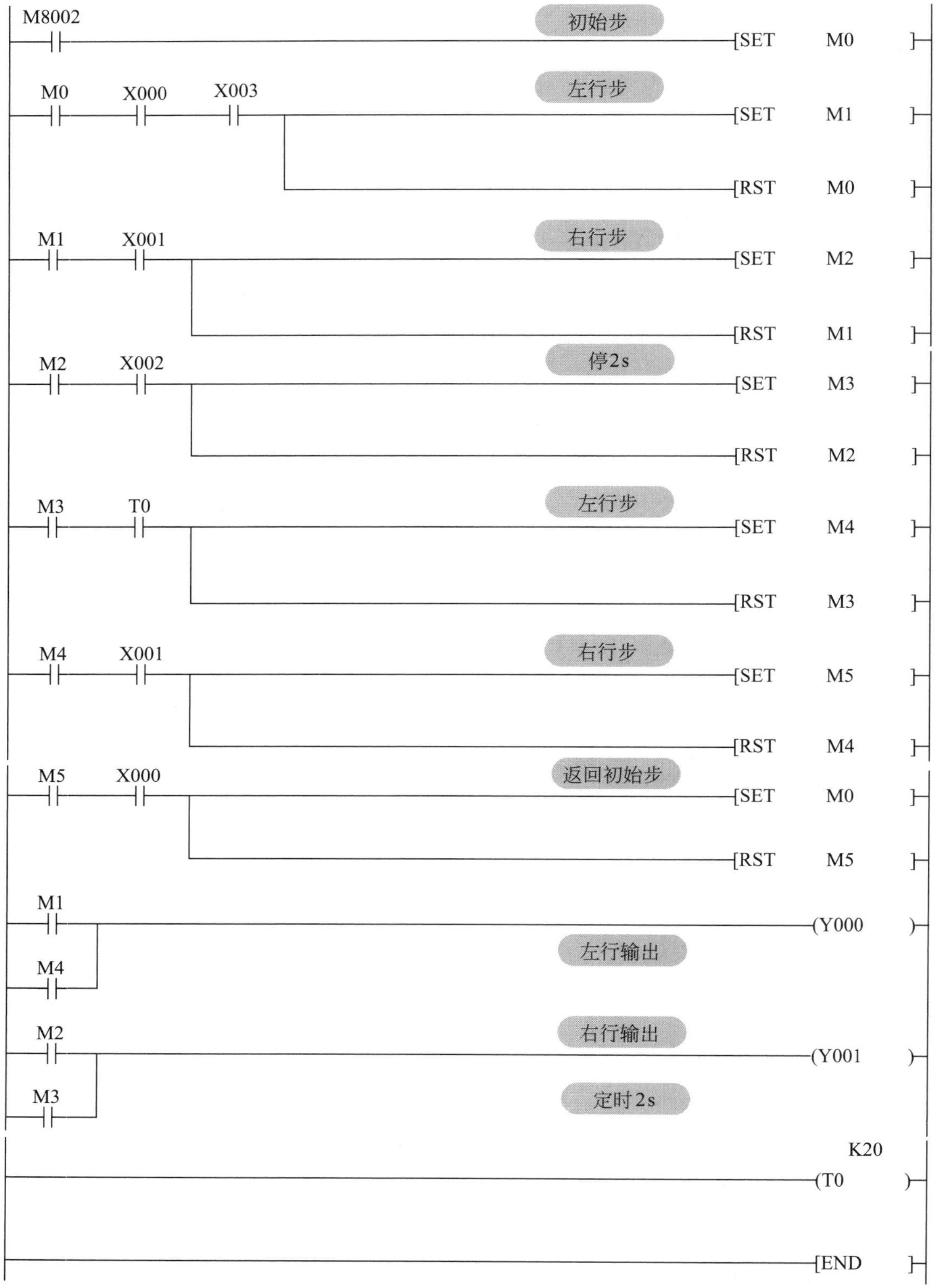

图 6-40　小车运动控制梯形图

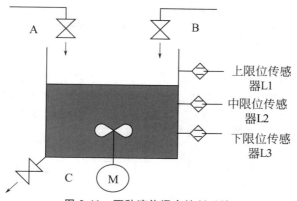

图 6-41 两种液体混合控制系统

的操作；

c. 按下停止按钮，系统完成当前工作周期后停在初始状态。

② 程序设计

a. I/O 分配

根据任务控制要求，对输入/输出量进行 I/O 分配；如表 6-10 所示。

表 6-10 两种液体混合控制 I/O 分配

输入量		输出量	
启动	X0	阀 A	Y0
上限	X1	阀 B	Y1
中限	X2	阀 C	Y2
下限	X3	电动机 M	Y3
停止	X4		

b. 根据具体的控制要求绘制顺序功能图，如图 6-42 所示。

c. 将顺序功能图转换为梯形图，如图 6-43 所示。

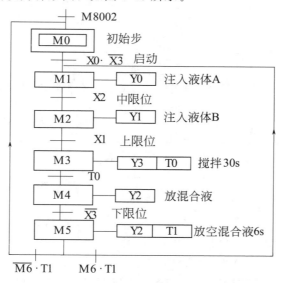

图 6-42 两种液体混合控制系统的顺序功能图

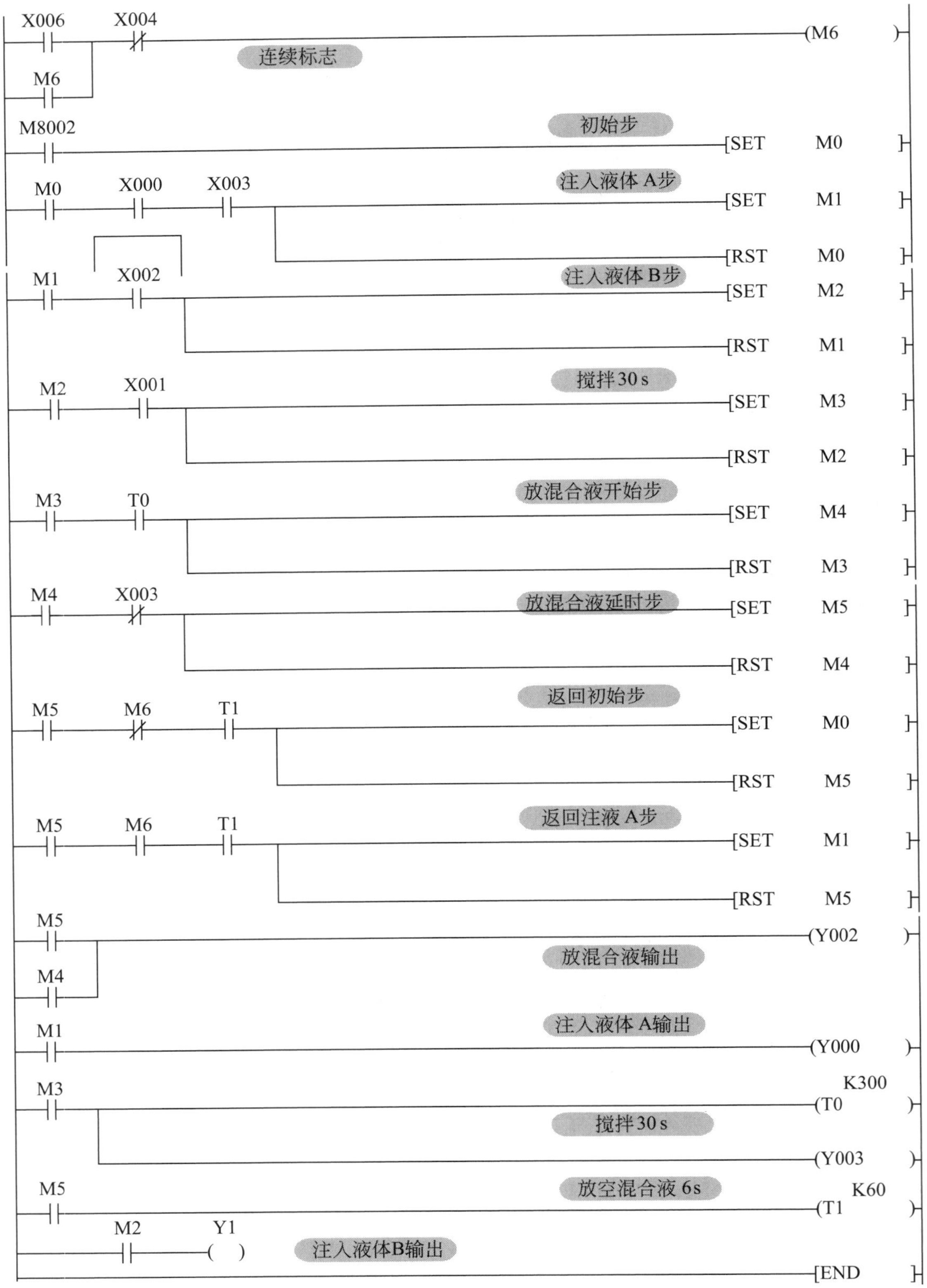

图 6-43 两种液体混合控制梯形图

6.5.3 并列序列编程

（1）分支处编程

如果某一步 Mi 的后面由 N 条分支组成，当 Mi 为活动步且满足转换条件后，其后的 N 个后续步同时激活，故 Mi 与转换条件的常开触点串联来置位后 N 步，同时复位 Mi 步。并行序列顺序功能图与梯形图的转化，如图 6-44 所示。

（2）合并处编程

对于并行程序的合并，若某步之前有 N 分支，即有 N 条分支进入该步，则并列 N 个分支的最后一步同时为 1，且转换条件满足，方能完成合并。因此合并处的 N 个分支最后一步常开触点与转换条件的常开触点串联，置位 Mi 步同时复位 Mi 所有前级步。并行序列顺序功能图与梯形图的转化，如图 6-44 所示。

（3）应用举例：将图 6-45 中的顺序功能图转化为梯形图。

图 6-45 将顺序功能图转换为梯形图的结果如图 6-46 所示。

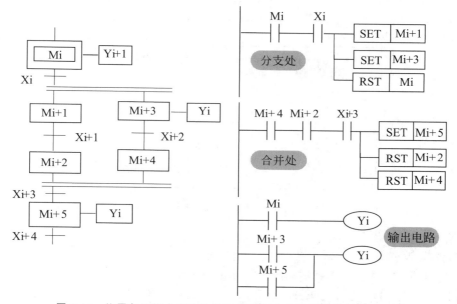

图 6-44　位置复位指令编程法并行序列顺序功能图转化为梯形图

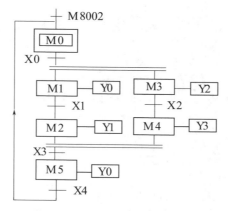

图 6-45　顺序功能图

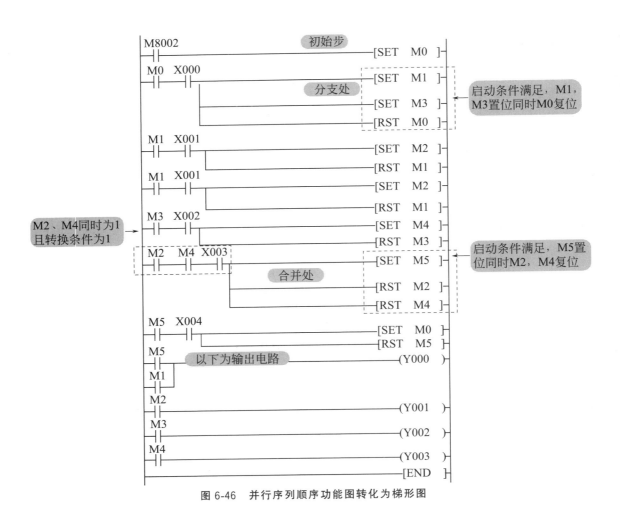

图 6-46　并行序列顺序功能图转化为梯形图

重点提示

① 使用置位复位指令编程法，当前级步为活动步且满足转换条件的情况下，后续步被置位，同时前级步被复位；对于并联序列来说，分支处有多个后续步，那么这些后续步都同时置位，仅有 1 个前级步复位；合并处有多个前级步，那么这些前级步都同时复位，仅有 1 个后续步置位。

② 置位复位指令也称以转换为中心的编程法，其中有一个转换就对应有一个置位复位电路块，有多少个转换就有多少个这样电路块。

③ 输出继电器 Y 线圈不能与 SET、RST 并联，原因在于前级步与转换条件常开触点组成的串联电路接通时间很短，当转换条件满足后，前级步立即复位，而输出继电器至少应在某步为活动步的全部时间内接通。处理方法：用所需步的常开触点驱动输出线圈 Y。

6.6　步进指令编程法

与其他的 PLC 一样，三菱 FX 系列 PLC 也有一套自己的专门编程法，即步进指令编程法。步进指令编程法通过两条指令实现，这两条指令是步进开始指令 STL 和步进返回指令 RET。

步进指令不能与辅助继电器 M 联用，只能和状态继电器 S 联用才能实现步进功能。其中 S0～S9 用于初始步；S10～S19 用于返回原点；因此顺序功能图中除初始步、回原点步外，其他编号应在 S20～S499 中选择。

步进指令指令格式如表 6-11 所示。

表 6-11 步进指令指令格式

名称	功能
步进开始指令 STL	标志步进阶段开始
步进返回指令 RET	标志步进阶段结束

6.6.1 单序列编程

（1）单序列顺序功能图与梯形图的对应关系

步进指令编程法单序列顺序功能图与梯形图的对应关系，如图 6-47 所示。在图 6-47 中，当 Si－1 为活动步，其常开触点 Si－1 闭合，线圈 Yi－1 有输出；当转换条件 Xi 满足时，Si 被置位，即转换到下一步 Si 步。对于单序列程序，每步都是这样的结构。

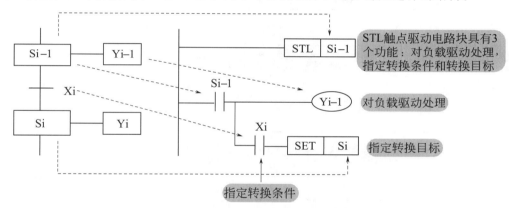

图 6-47 步进指令编程法单序列顺序功能图与梯形图的转化

（2）应用举例：小车控制

① 控制要求

如图 6-48 所示，是某小车运动的示意图。设小车初始状态停在轨道的左边，左限位开关 SQ1 为 1 状态。按下启动按钮 SB 后，小车右行，当碰到右限位开关 SQ2 后，停止 3s 后左行，当碰到左限位开关 SQ1 时，小车停止。

② 程序设计

a. I/O 分配：根据任务控制要求，对输入/输出量进行 I/O 分配，如表 6-12 所示。

表 6-12 小车控制 I/O 分配

输入量		输出量	
左限位 SQ1	X1	左行	Y0
右限位 SQ2	X2	右行	Y1
启动按钮 SB	X0		

b. 根据具体的控制要求绘制顺序功能图，如图 6-49 所示。

c. 将顺序功能图转化为梯形图，如图 6-50 所示。

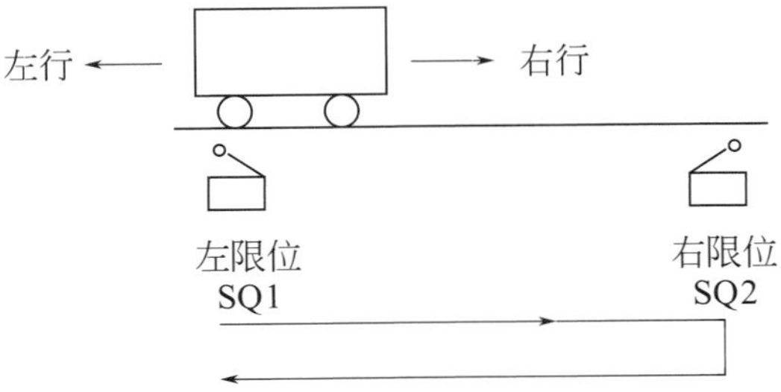

图 6-48　小车运动的示意图

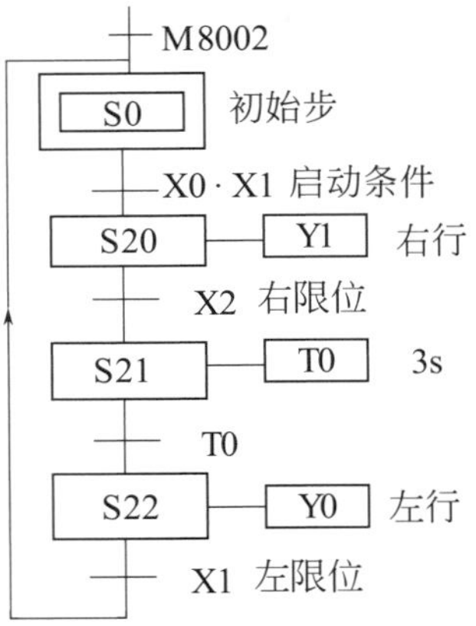

图 6-49　小车控制顺序功能图

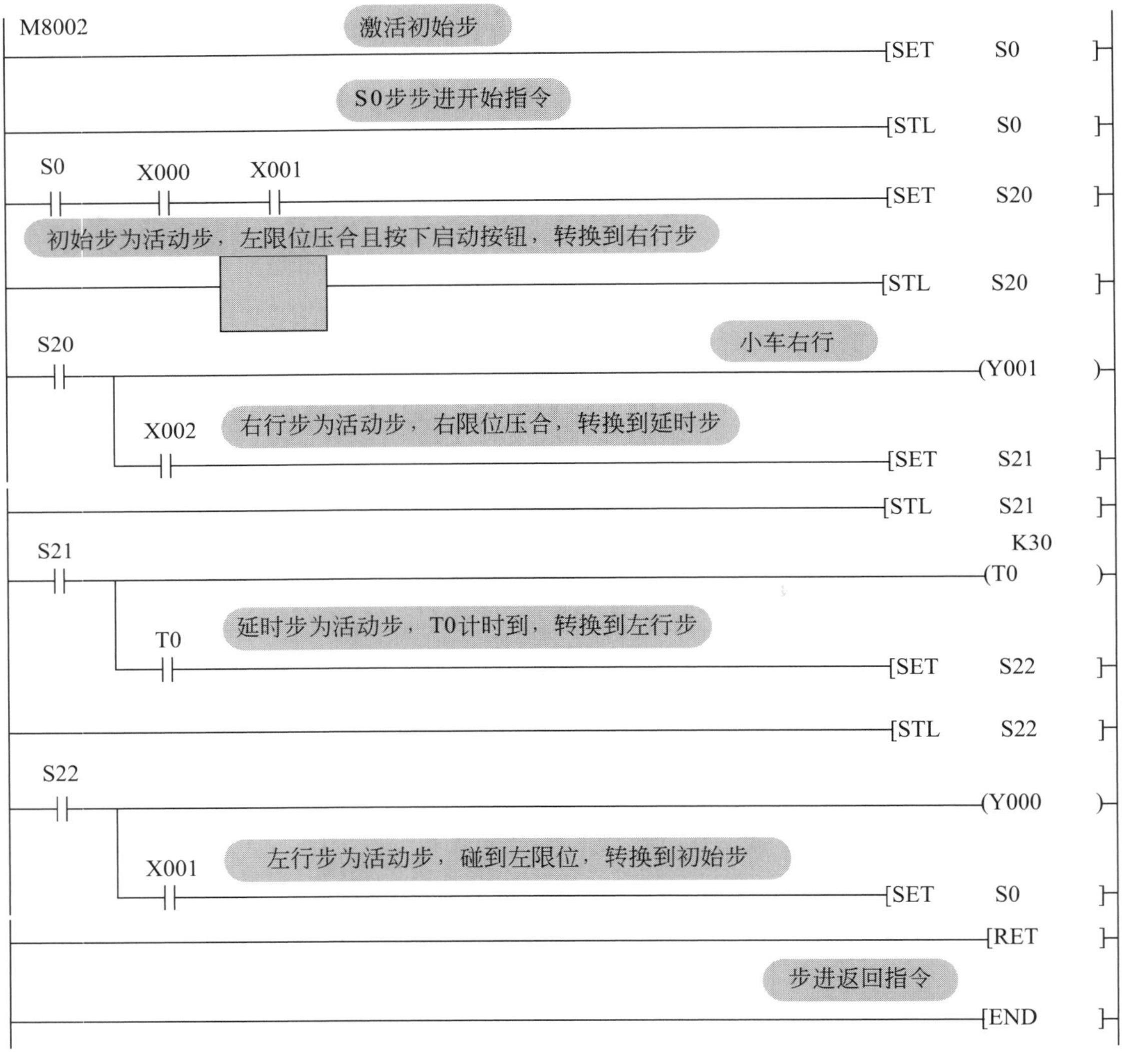

图 6-50　小车控制梯形

6.6.2　选择序列编程

选择序列每个分支的动作由转换条件决定，但每次只能选择一条分支进行转移。

（1）分支处编程

步进指令编程法选择序列分支处顺序功能图与梯形图的对应关系，如图 6-51 所示。

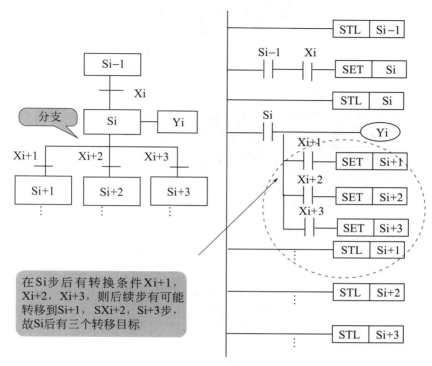

图 6-51　步进指令编程法序列分支处顺序功能图与梯形图的转化

（2）合并处编程

步进指令编程法选择序列合并处顺序功能图与梯形图的对应关系，如图 6-52 所示。

（3）应用举例：信号灯控制

① 控制要求

按下启动按钮 SB，红、绿、黄三只小灯每隔 10s 循环点亮，若选择开关在 1 位置，小灯只执行一个循环；若选择开关在 0 位置，小灯不停的执行"红→绿→黄"循环；

② 程序设计

a. 根据控制要求，进行 I/O 分配，如表 6-13 所示。

表 6-13　信号灯控制的 I/O 分配

输入量		输出量	
启动按钮 SB	X0	红灯	Y0
选择开关	X1	绿灯	Y1
		黄灯	Y2

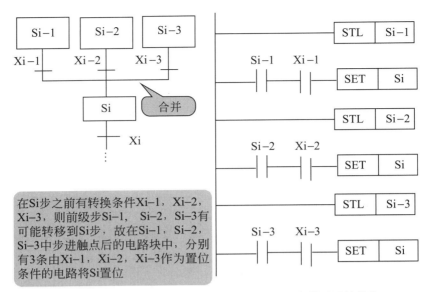

图 6-52　步进指令编程法选择序列合并处顺序功能图与梯形图的转化

b. 根据控制要求，绘制顺序功能图，如图 6-53 所示。

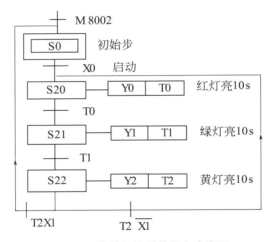

图 6-53　信号灯控制的顺序功能图

c. 将顺序功能图转化为梯形图，如图 6-54 所示。

6.6.3　并列序列编程

并列序列用于系统有几个相对独立且同时动作的控制。

（1）分支处编程

并行序列分支处顺序功能图与梯形图的转化，如图 6-55 所示。

（2）合并处编程

并行序列顺序功能图与梯形图的转化，如图 6-55 所示。

（3）应用举例：将图 6-56 中的顺序功能图转化为梯形图。

将图 6-56 顺序功能图转换为梯形图的结果，如图 6-57 所示。

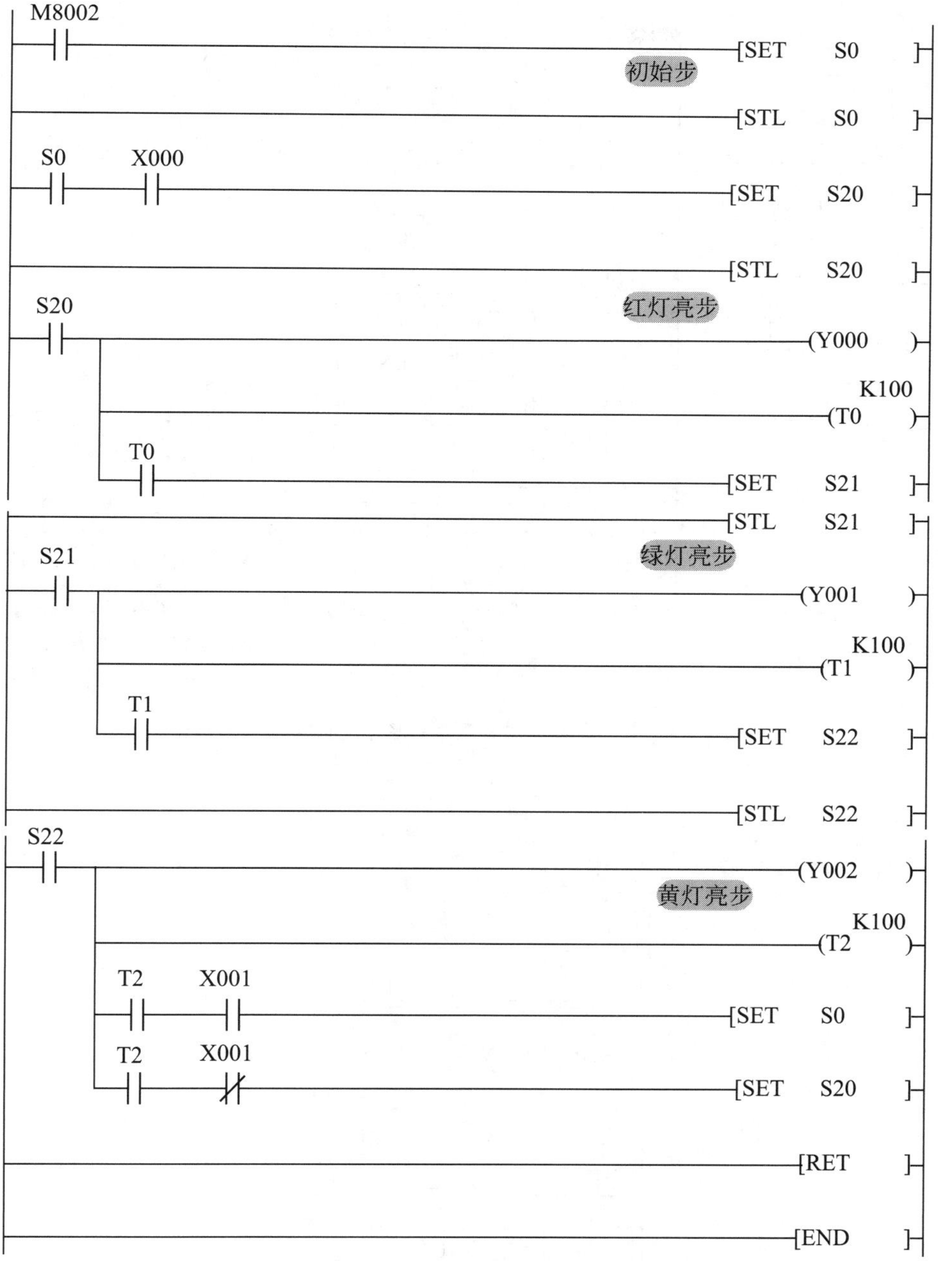

图 6-54 信号灯控制步进指令编程法梯形图

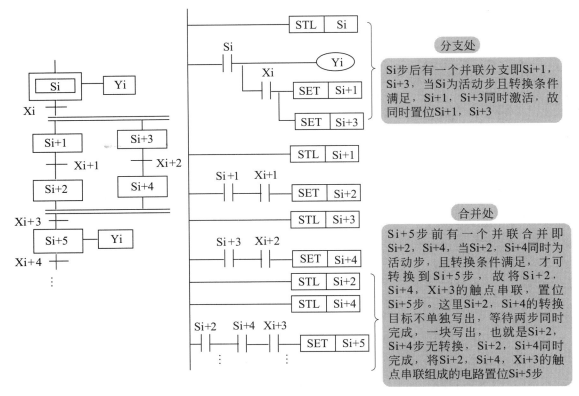

分支处

Si步后有一个并联分支即Si+1，Si+3，当Si为活动步且转换条件满足，Si+1，Si+3同时激活，故同时置位Si+1，Si+3

合并处

Si+5步前有一个并联合并即Si+2，Si+4，当Si+2，Si+4同时为活动步，且转换条件满足，才可转换到Si+5步，故将Si+2，Si+4，Xi+3的触点串联，置位Si+5步。这里Si+2，Si+4的转换目标不单独写出，等待两步同时完成，一块写出，也就是Si+2，Si+4步无转换，Si+2，Si+4同时完成，将Si+2，Si+4，Xi+3的触点串联组成的电路置位Si+5步

图6-55　步进指令编程法并联序列顺序功能图梯形图转化

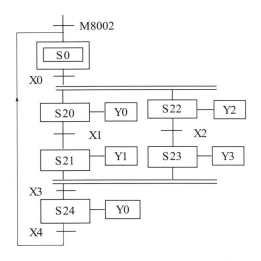

图6-56　并行序列顺序功能图

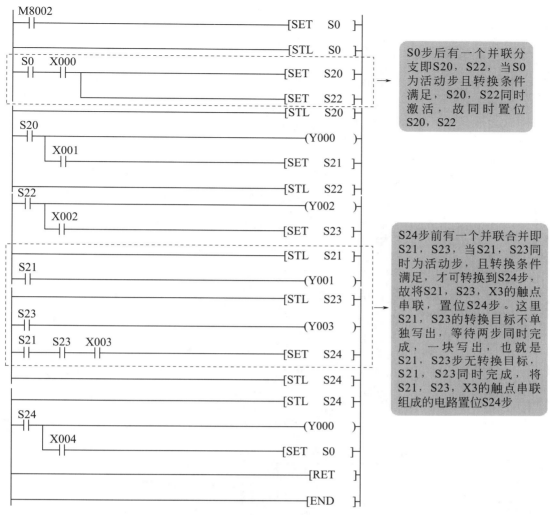

图 6-57　步进指令编程法并行序列梯形图

6.7　位移指令编程法

位移指令可分为左位移指令和右位移指令。在单序列顺序功能图中的各步总是顺序通断，且每一时刻只有一步接通，因此可以用位移指令进行编程。使用位移指令，将顺序功能图转化为梯形图时，需完成以下四步：

①构造清零电路；②构造初始步激活电路；③构造位移电路；④编写输出电路。

以小车自动往返控制为例介绍。

① 控制要求

设小车初始状态停止在最左端，当按下启动按钮小车按图 6-58 所示的轨迹运动；当再次按下启动按钮，小车又开始了新的一轮运动。

② 程序设计

a. 绘制顺序功能图，如图 6-59 所示。

b. 将顺序功能图转化为梯形图，如图 6-60 所示。

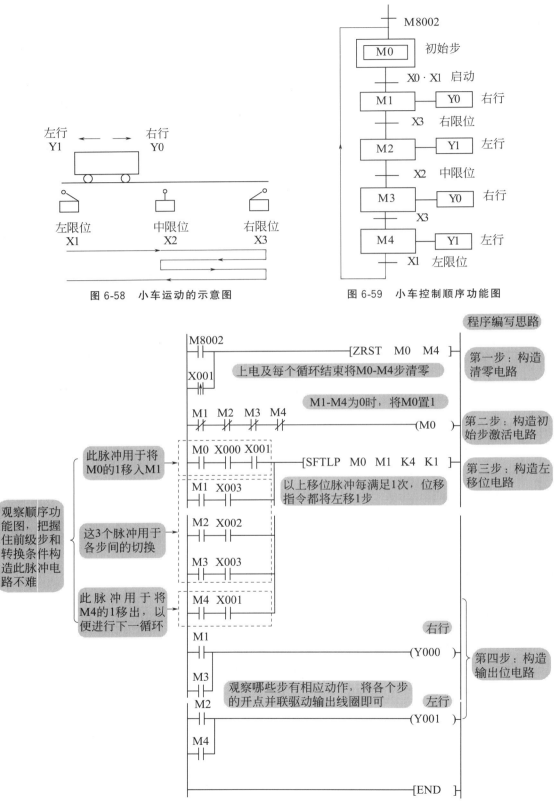

左行 Y1 ← → 右行 Y0

左限位 X1　　中限位 X2　　右限位 X3

图 6-58　小车运动的示意图

M8002

M0　初始步

X0·X1　启动

M1　—　Y0　右行

X3　右限位

M2　—　Y1　左行

X2　中限位

M3　—　Y0　右行

X3

M4　—　Y1　左行

X1　左限位

图 6-59　小车控制顺序功能图

程序编写思路

M8002
X001
[ZRST M0 M4]

上电及每个循环结束将M0-M4步清零

第一步：构造清零电路

M1-M4为0时，将M0置1

M1 M2 M3 M4
(M0)

第二步：构造初始步激活电路

此脉冲用于将M0的1移入M1

M0 X000 X001
[SFTLP M0 M1 K4 K1]

以上移位脉冲每满足1次，位移指令都将左移1步

第三步：构造左移位电路

M1 X003

这3个脉冲用于各步间的切换

M2 X002

M3 X003

观察顺序功能图，把握住前级步和转换条件构造此脉冲电路不难

此脉冲用于将M4的1移出，以便进行下一循环

M4 X001

M1
(Y000)　右行

M3

观察哪些步有相应动作，将各个步的开点并联驱动输出线圈即可

M2
(Y001)　左行

M4

第四步：构造输出位电路

[END]

图 6-60　小车运动位移指令编程法梯形图

③ 程序解析：图 6-60 梯形图中，用 M1~M4 这 4 步代表右行、左行、再右行、再左行步。第一行用于程序的初始和每个循环的结束将 M0~M4 清零；第二行用于激活初始步；第三行左位移指令的输入端有若干个串联电路的并联分支组成，每条电路分支接通位移指令都会左移 1 步；以后是输出电路，某一动作在多步出现，可将各步的辅助继电器的常开触点并联之后驱动输出继电器线圈。

> **重点提示**
>
> 注意位移指令编程法只适用于单序列程序，对于选择和并行序列程序来说，应该考虑前几节讲的方法。

6.8 交通信号灯程序设计

6.8.1 控制要求

交通信号灯布置，如图 6-61 所示。按下启动按钮，东西绿灯亮 25s 后闪烁 3s 后熄灭，然后黄灯亮 2s 后熄灭，紧接着红灯亮 30s 后再熄灭，再接着绿灯亮……，如此循环；在东西绿灯亮的同时，南北红灯亮 30s，接着绿灯亮 25s 后闪烁 3s 熄灭，然后黄灯亮 2s 后熄灭，红灯亮……，如此循环，具体如表 6-14 所示。

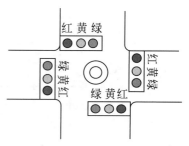

图 6-61　交通信号灯布置图

表 6-14　交通灯工作情况

东西	绿灯	绿闪	黄灯	红灯		
	25s	3s	2s	30s		
南北	红灯			绿灯	绿闪	黄灯
	30s			25s	3s	2s

6.8.2 程序设计

I/O 分配如表 6-15 所示。

表 6-15　交通信号灯 I/O 分配

输入量		输出量	
启动按钮	X0	东西绿灯	Y0
		东西黄灯	Y1
		东西红灯	Y2
停止按钮	X1	南北绿灯	Y3
		南北黄灯	Y4
		南北红灯	Y5

（1）解法一：经验设计法

从控制要求上看，此例编程规律不难把握，故采用了经验设计法。由于东西、南北交通灯规律完全一致，所以写出东西或南北这半程序，另一半对应过去即可。首先构造启保停电路；接下来构造定时电路；最后根据输出情况写输出电路。具体程序如图 6-62 所示。

交通灯经验设计法程序解析：程序解析如图 6-63 所示。

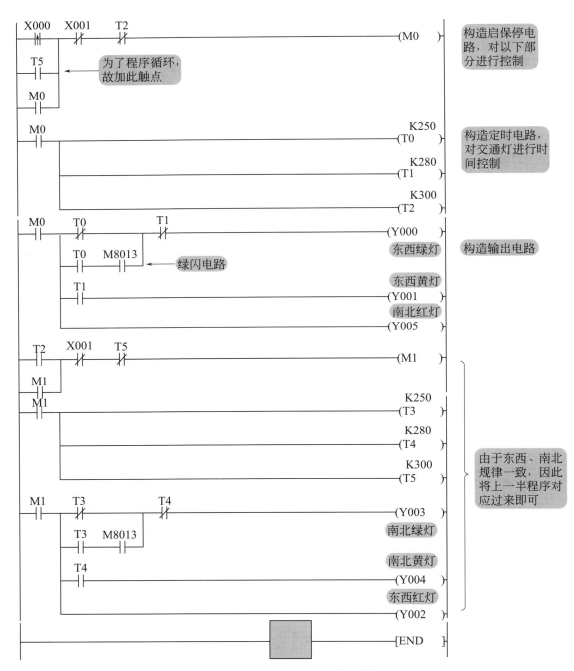

图 6-62　交通信号灯经验设计法

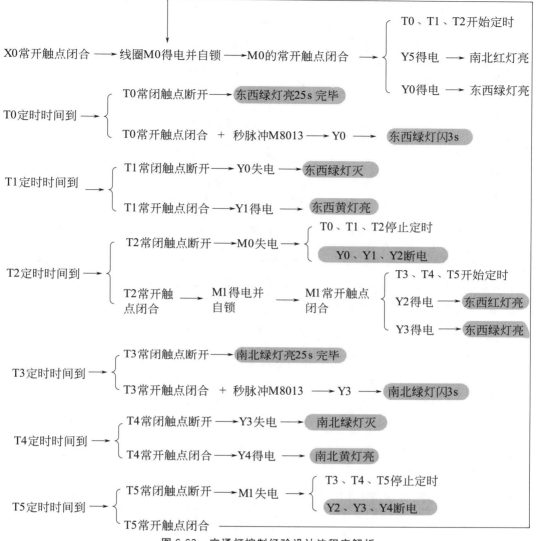

图 6-63 交通灯控制经验设计法程序解析

② 解法二：比较指令编程法

比较指令编程法和上面的经验设计法比较相似，不同点在于定时电路由 3 个定时器变为 1 个定时器，节省了定时器的个数；此外输出电路用比较指令分段讨论。具体程序，如图 6-64 所示。

🖑 **重点提示**

用比较指令编程就相当于不等式的应用，其关键在于找到端点，列出不等式，具体如下：

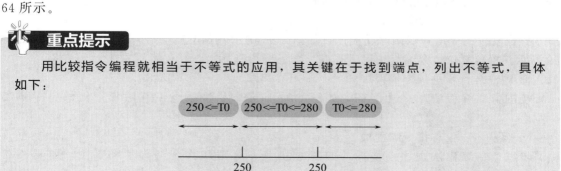

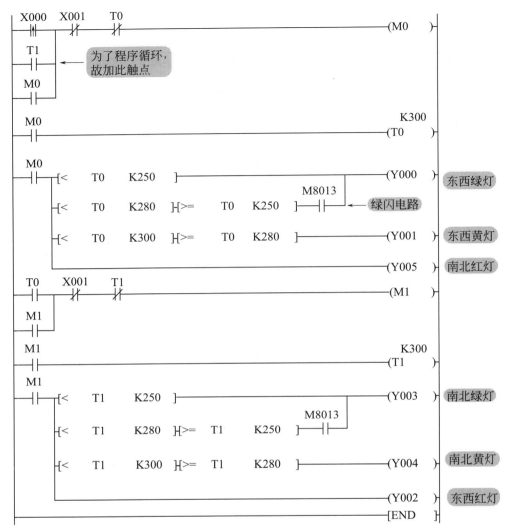

图 6-64　交通灯控制比较指令编程法

交通灯比较指令编程法程序解析：程序解析如图 6-65 所示。

③ 解法三：启保停电路编程法

启保停电路编程法顺序功能图，如图 6-66 所示，启保停电路编程法梯形图，如图 6-67 所示。启保停电路程序解析，如图 6-68 所示。

④ 解法四：置位复位指令编程法

置位复位指令编程法顺序功能图，如图 6-66 所示，置位复位指令编程法梯形图如图 6-69 所示。置位复位指令编程法程序解析，如图 6-70 所示。

⑤ 解法五：步进指令编程法

步进指令编程法顺序功能图，如图 6-71 所示，步进指令编程法梯形图，如图 6-72 所示。

⑥ 解法六：位移指令编程法

步进指令编程法顺序功能图，如图 6-66 所示，位移指令编程法梯形图，如图 6-73 所示。

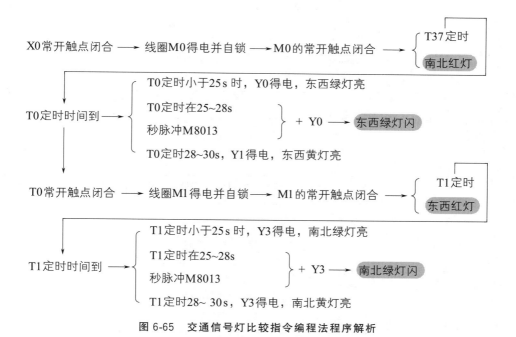

图 6-65　交通信号灯比较指令编程法程序解析

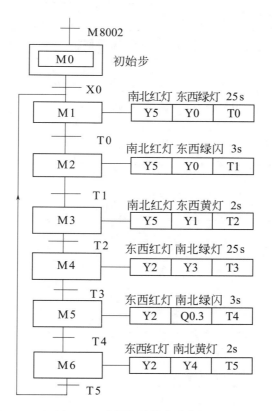

图 6-66　交通灯的顺序功能图

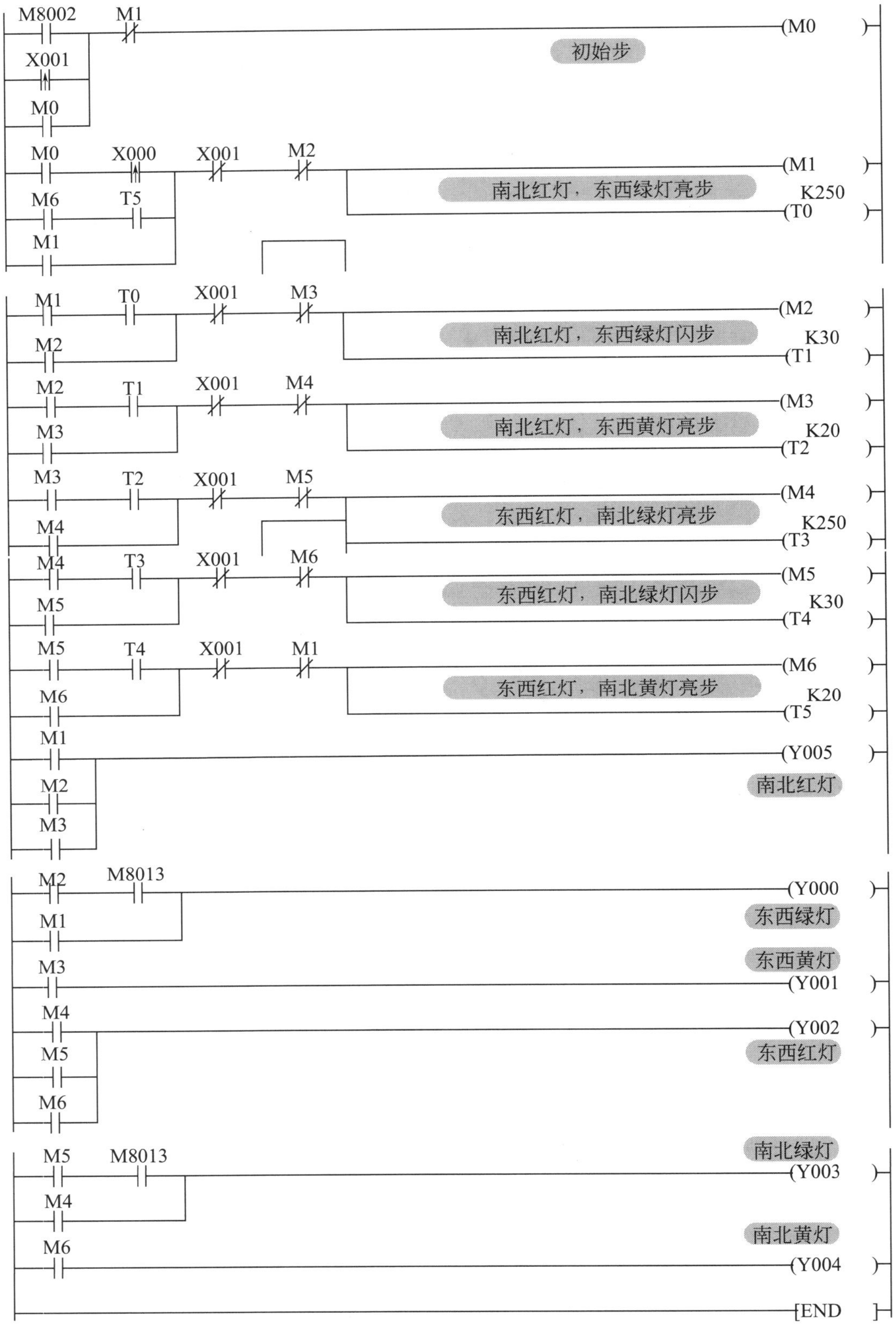

图 6-67　交通灯控制启保停电路编程法梯形图

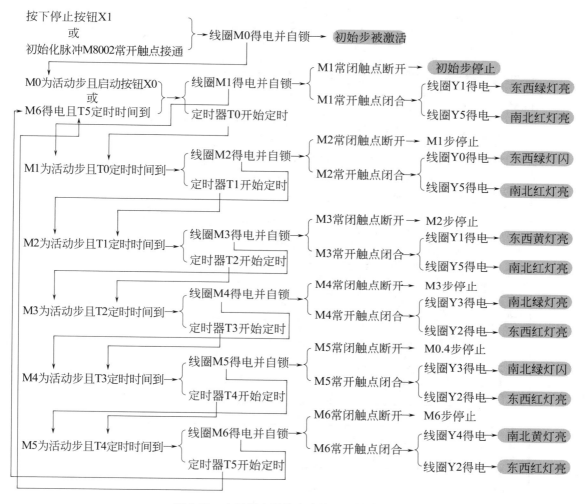

图 6-68　交通灯启保停电路编程法程序解析

```
     M8002                                                    ─[SET    M0  ]─┤
      ├┤                                                            初始步
     X001
      ├┤
      M0    X000                                              ─[SET    M1  ]─┤
      ├┤─────├┤──────┐                                     南北红灯，东西绿灯亮步
                      └─────────────────────────────────────[RST    M0  ]─┤

      M1     T0                                              ─[SET    M2  ]─┤
      ├┤─────├┤──────┐                                     南北红灯，东西绿灯闪步
                      └─────────────────────────────────────[RST    M1  ]─┤

      M2     T1                                              ─[SET    M3  ]─┤
      ├┤─────├┤──────┐                                     南北红灯，东西黄灯亮步
                      └─────────────────────────────────────[RST    M2  ]─┤

      M3     T2                                              ─[SET    M4  ]─┤
      ├┤─────├┤──────┐                                     东西红灯，南北绿灯亮步
                      └─────────────────────────────────────[RST    M3  ]─┤

      M4     T3                                              ─[SET    M5  ]─┤
      ├┤─────├┤──────┐                                     东西红灯，南北绿灯闪步
                      └─────────────────────────────────────[RST    M4  ]─┤

      M5     T4                                              ─[SET    M6  ]─┤
      ├┤─────├┤──────┐                                     东西红灯，南北黄灯亮步
                      └─────────────────────────────────────[RST    M5  ]─┤

      M6     T5                                              ─[SET    M1  ]─┤
      ├┤─────├┤──────┐
                      └─────────────────────────────────────[RST    M6  ]─┤

      M1                                                         ─────(Y005 )─┤
      ├┤──┐                                                          南北红灯
      M2  │
      ├┤──┤
      M3  │
      ├┤──┘

      M2    M8013                                                  ─────(Y000 )─┤
      ├┤─────├┤──┐                                                    东西绿灯
      M1       │
      ├┤───────┘                                                      东西黄灯
      M3                                                         ─────(Y001 )─┤
      ├┤──┐                                                             K20
          └───────────────────────────────────────────────────────(T2  )─┤
      M1                                                               K250
      ├┤──┐                                                        (T0  )─┤
      M2  │                                                             K30
      ├┤──┘                                                        (T1  )─┤

      M4                                                         ─────(Y002 )─┤
      ├┤──┐                                                          东西红灯
      M5  │
      ├┤──┤
      M6  │
      ├┤──┘

      M5    M8013                                                  ─────(Y003 )─┤
      ├┤─────├┤──┐                                                    南北绿灯
      M4       │
      ├┤───────┘                                                      南北黄灯
      M6                                                         ─────(Y004 )─┤
      ├┤──┐                                                             K20
          └───────────────────────────────────────────────────────(T5  )─┤
      M4                                                               K250
      ├┤──┐                                                        (T3  )─┤
      M5  │                                                             K30
      ├┤──┘                                                        (T4  )─┤

      X001                                                ─[ZRST   M0    M6  ]─┤
      ├┤──┐
          └─────────────────────────────────────────────[ZRST   Y000  Y005 ]─┤
                                                              ─────────[END ]─┤
```

图 6-69　交通灯控制置位复位指令编程法梯形图

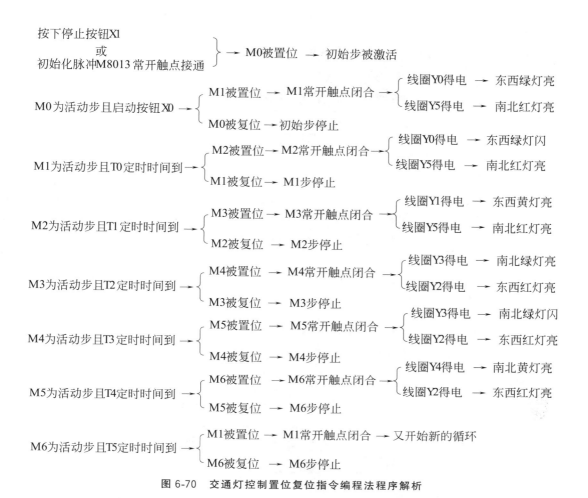

图 6-70 交通灯控制置位复位指令编程法程序解析

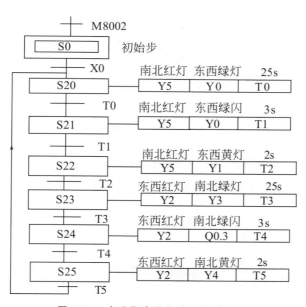

图 6-71 步进指令编程法顺序功能图

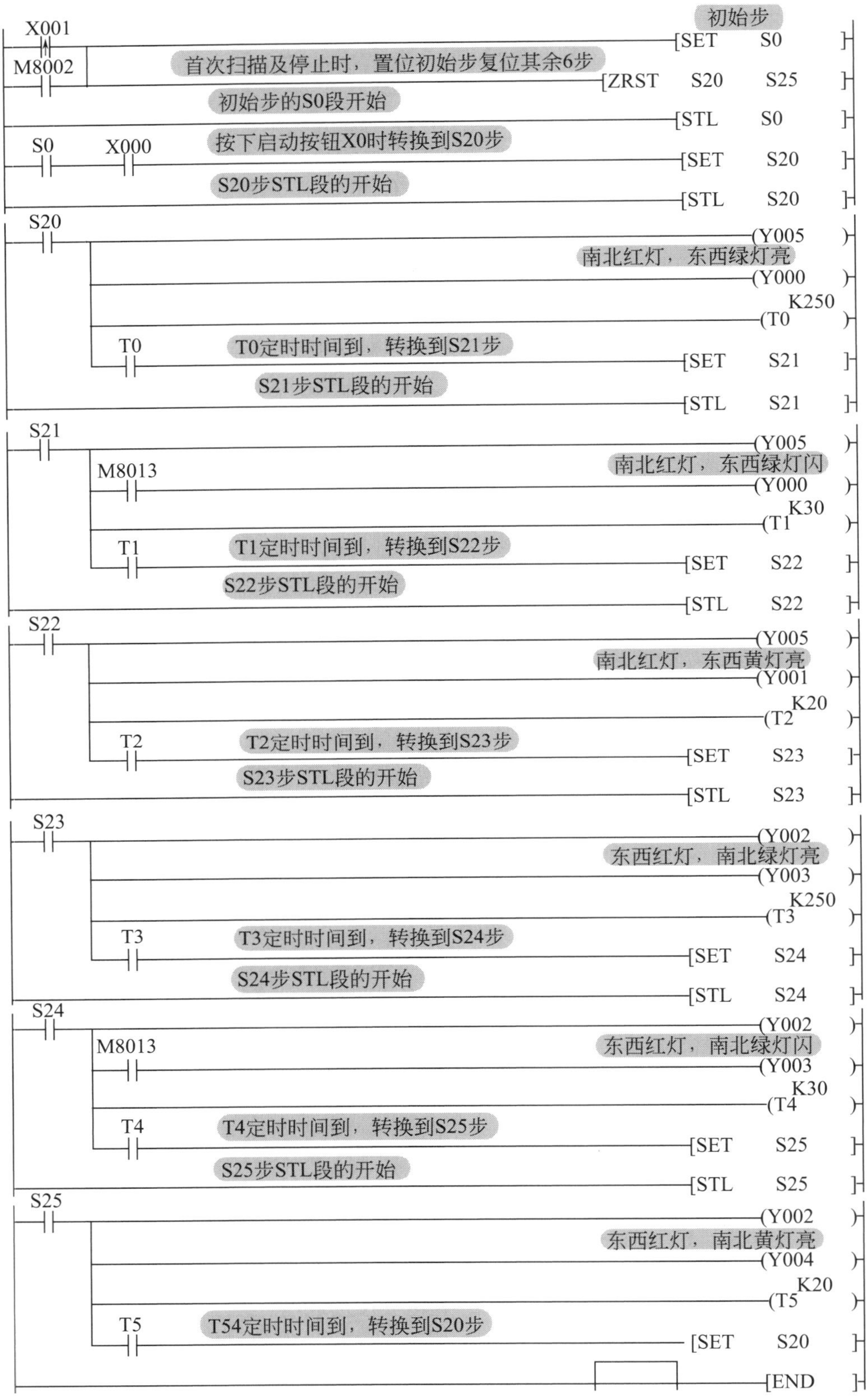

图 6-72　交通灯控制步进指令编程法梯形图

初始步

X001
M8002 ──── 首次扫描及停止时，置位初始步复位其余6步 ──[SET　S0]
　　　　　　　　　　　　　　　　　　　　　　　　　　 ──[ZRST　S20　S25]

初始步的S0段开始
　　　　　　　　　　　　　　　　　　　　　　　　　　 ──[STL　S0]

S0　X000 ──── 按下启动按钮X0时转换到S20步 ──[SET　S20]

S20步STL段的开始
　　　　　　　　　　　　　　　　　　　　　　　　　　 ──[STL　S20]

S20 ───────────────────────────────────(Y005)
　　　　　　　　　　　　南北红灯，东西绿灯亮
　　　　　　　　　　　　　　　　　　　　　　　　　　(Y000)
　　　　　　　　　　　　　　　　　　　　　　　　　 K250
　　　　　　　　　　　　　　　　　　　　　　　　　(T0)
T0 ──── T0定时时间到，转换到S21步 ──[SET　S21]

S21步STL段的开始
　　　　　　　　　　　　　　　　　　　　　　　　　　 ──[STL　S21]

S21 ───────────────────────────────────(Y005)
　　　　　　　　　　　　南北红灯，东西绿灯闪
M8013 ─────────────────────────────────(Y000)
　　　　　　　　　　　　　　　　　　　　　　　　　 K30
　　　　　　　　　　　　　　　　　　　　　　　　　(T1)
T1 ──── T1定时时间到，转换到S22步 ──[SET　S22]

S22步STL段的开始
　　　　　　　　　　　　　　　　　　　　　　　　　　 ──[STL　S22]

S22 ───────────────────────────────────(Y005)
　　　　　　　　　　　　南北红灯，东西黄灯亮
　　　　　　　　　　　　　　　　　　　　　　　　　　(Y001)
　　　　　　　　　　　　　　　　　　　　　　　　　 K20
　　　　　　　　　　　　　　　　　　　　　　　　　(T2)
T2 ──── T2定时时间到，转换到S23步 ──[SET　S23]

S23步STL段的开始
　　　　　　　　　　　　　　　　　　　　　　　　　　 ──[STL　S23]

S23 ───────────────────────────────────(Y002)
　　　　　　　　　　　　东西红灯，南北绿灯亮
　　　　　　　　　　　　　　　　　　　　　　　　　　(Y003)
　　　　　　　　　　　　　　　　　　　　　　　　　 K250
　　　　　　　　　　　　　　　　　　　　　　　　　(T3)
T3 ──── T3定时时间到，转换到S24步 ──[SET　S24]

S24步STL段的开始
　　　　　　　　　　　　　　　　　　　　　　　　　　 ──[STL　S24]

S24 ───────────────────────────────────(Y002)
　　　　　　　　　　　　东西红灯，南北绿灯闪
M8013 ─────────────────────────────────(Y003)
　　　　　　　　　　　　　　　　　　　　　　　　　 K30
　　　　　　　　　　　　　　　　　　　　　　　　　(T4)
T4 ──── T4定时时间到，转换到S25步 ──[SET　S25]

S25步STL段的开始
　　　　　　　　　　　　　　　　　　　　　　　　　　 ──[STL　S25]

S25 ───────────────────────────────────(Y002)
　　　　　　　　　　　　东西红灯，南北黄灯亮
　　　　　　　　　　　　　　　　　　　　　　　　　　(Y004)
　　　　　　　　　　　　　　　　　　　　　　　　　 K20
　　　　　　　　　　　　　　　　　　　　　　　　　(T5)
T5 ──── T54定时时间到，转换到S20步 ──[SET　S20]

　　　　　　　　　　　　　　　　　　　　　　　　　　 ──[END]

图 6-72　交通灯控制步进指令编程法梯形图

186　三菱 FX 系列 PLC 编程速成全图解

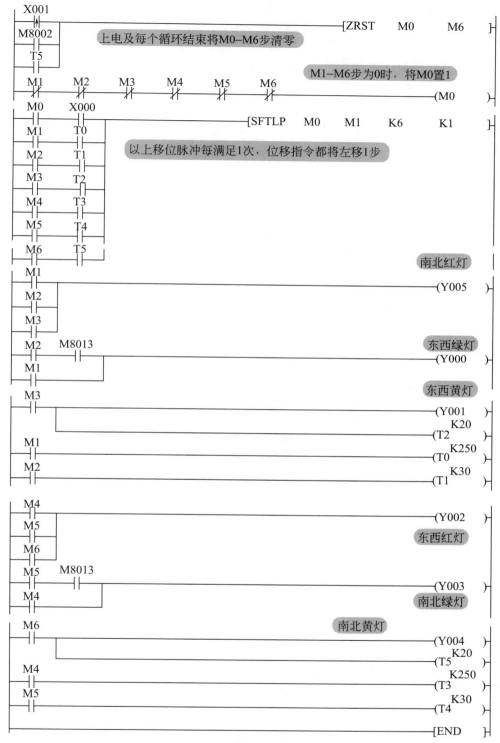

图 6-73 交通灯位移指令编程法梯形图

程序解析：

图 6-73 梯形图中，用 M1～M6 这 4 步代表南北红灯、东西绿灯亮步，南北红灯、东西

绿灯闪步，南北红灯、东西黄灯亮步，东西红灯、南北绿灯亮步，东西红灯、南北绿灯闪步，东西红灯、南北黄灯亮步。第一行用于程序的初始和每个循环的结束将 M0～M6 清零；第二行用于激活初始步；第三行左位移指令的输入端有若干个串联电路的并联分支组成，每条电路分支接通位移指令都会左移 1 步；以后是输出电路，某一动作在多步出现，可将各步的辅助继电器的常开触点并联之后驱动输出继电器线圈。

第7章

模拟量控制程序设计

本章要点

- ◎ 模拟量控制基础知识
- ◎ 模拟量输入模块
- ◎ 模拟量输出模块
- ◎ PID 控制

7.1 模拟量控制基础知识

7.1.1 模拟量控制简介

（1）模拟量控制简介

在工业控制中，某些输入量（温度、压力、液位和流量等）是连续变化的模拟量信号，某些被控对象也需模拟信号控制，因此要求 PLC 有处理模拟信号的能力。

PLC 模拟量处理通常有两方面内容：①PLC 将模拟量转换成数字量（A/D 转换）；②PLC 将数字量转换为模拟量（D/A 转换）。

（2）模拟量处理过程

模拟量处理过程，如图 7-1 所示。

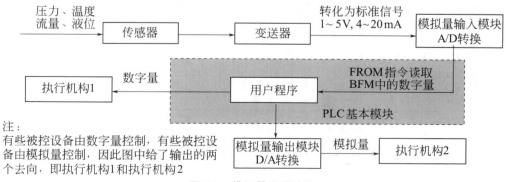

注：
有些被控设备由数字量控制，有些被控设备由模拟量控制，因此图中给了输出的两个去向，即执行机构1和执行机构2

图 7-1　模拟量处理过程

7.1.2　模块扩展连接

　　FX 系列 PLC 有一系列的特殊功能模块，如模拟量输入模块、模拟量输出模块、高速计数器模块和定位控制模块等。特殊功能模块通过自带的扁平电缆与基本单元相连，每个 PLC 最多能连接 8 个特殊功能模块；每个特殊功能模块都有自己确定的编号，编号原则：靠近基本单元的为 0 号，依次往下排，直到 7 号，即编号范围 0~7。具体图示如图 7-2 所示。

　　需要说明的是数字量 I/O 扩展模块不占编号，读者需注意。

图 7-2　模块扩展连接

7.1.3　PLC 与特殊功能模块间的读写操作

　　FX2N 系列 PLC 与特殊功能模块间的数据传输和参数设置都是通过 FROM/TO 指令实现的。

（1）FROM 指令

FROM 指令用于读取特殊功能模块 BFM 中的数据。指令格式及举例，如图 7-3 所示。

（2）TO 指令

TO 指令用于 PLC 基本单元将数据写入特殊功能模块中缓冲存储器 BFM 中。指令格式及举例，如图 7-4 所示。

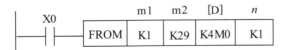

图 7-3　FROM 指令

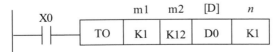

图 7-4　TO 指令

7.2 模拟量输入模块

7.2.1 FX2N-2AD 模拟量输入模块

FX2N-2AD 模拟量输入模块用于将 2 路模拟量输入转换成 12 位数字量，并将这个值输入到 BFM 中。FX2N-2AD 模拟量输入模块不需外部电源，其电源由基本单元提供。

（1）FX2N-2AD 模拟量输入模块技术指标

FX2N-2AD 模拟量输入模块技术指标，如表 7-1 所示。

表 7-1　FX2N-2AD 模拟量输入模块技术指标

项目	电压输入	电流输入
模拟输入范围	在装运时，对于 0～10V DC 的模拟电压输入，此单元调整的数字范围是 0～4000。当使用 FX2N-2AD 并通过电流输入或通过 0～5V DC 输入时，就有必要通过偏置和增益量进行再调节	
	0～10V DC，0～5V DC（输入阻抗为 200kΩ） 警告：当输入电压超过 −0.5V，+15V DC 时，此单元有可能造成损坏	4～200mA（输入阻抗为 250Ω） 警告：当输入电流超过 −2mA，+60mA时，此单元有可能造成损坏
数字输出	12 位	
分辨率	2.5mV（10V/4000）1.25mV（5V/4000）	4μA［（20−4）/4000］
集成精度	±1%（全范围 0～10V）	±1%（全范围 4～20mA）
处理时间	2.5ms/1 通道（顺序程序和同步）	

（2）FX2N-2AD 模拟量输入模块接线

FX2N-2AD 模拟量输入模块接线，如图 7-5 所示。FX2N-2AD 有 2 路模拟量输入，输入可为电压信号，也可为电流信号，但接线方式不同。信号输入设备与模块之间最好用屏蔽双绞线连接，为了减少外界干扰可在 VIN 与 COM 端间并联 1 个 0.1～0.47μF 的电容。

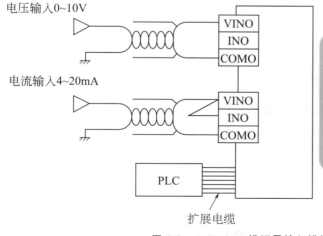

①FX2N-2AD两路通道应输入相同类型的信号，不能1个为电压信号，而另一个为电流信号，因为两路通道有相同的偏值量和增益值；
②输入信号只能为单极性的；
③模块转换数字量位数为12位，数字量对应 $2^{12}-1=4095$，实际中为了简便，习惯取4000。

图 7-5　FX2N-2AD 模拟量输入模块接线

（3）FX2N-2AD 模拟量输入模块输入特性

FX2N-2AD 模拟量输入模块输入特性，如表 7-2 所示。

表 7-2　FX2N-2AD 模拟量输入模块输入特性

项目	电压输入	电流输入
输入特性	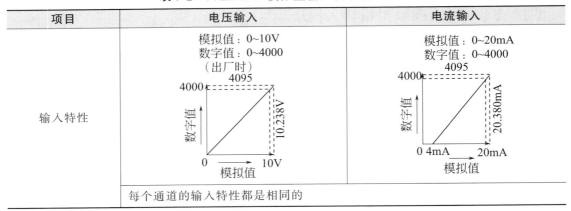	
每个通道的输入特性都是相同的		

（4）缓冲存储器分配

转换结果数据在模块缓冲存储器 BFM 中的存储分配：

① BFM♯0 的 b0～b7：存储转换结果数据的低 8 位；

② BFM♯1 的 b0～b3：存储转换结果数据的高 4 位；

③ BFM♯17 的 b0：进行通道选择，b0＝0，选择 CH1 通道；b0＝1，选择 CH2 通道。

④ BFM♯17 的 b1：A/D 转换的启动信号，b1 由 0→1，转换开始。

（5）应用实例

在使用 FX2N-2AD 模块时，除了要对模块进行硬件连接外，还需编写相关程序，用于设置模块的工作参数和读取转换得到的数字量及模块的操作状态。

某压力变送器量程为 0～20MPa，输出信号为 0～10V，FX2N-2AD 的模拟量输入模块量程为 0～10V，转换后数字量为 0～4000（见表 7-2），设转换后的数字量为 X，试编程求压力值。

◆程序设计如下。

① 问题分析：此类问题属于实际物理量与模拟量模块内部数字量对应关系问题，解决此问题的关键在于找出二者的数据比例关系，找数据比例时必须参考模拟量模块的输入或输出特性曲线，本例中需参考表 7-2。

② 折算及程序：折算及程序如图 7-6 所示。

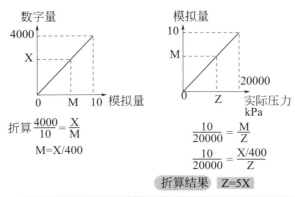

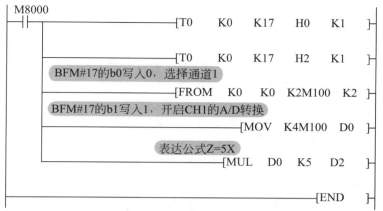

图 7-6   FX2N-2AD 的程序

重点提示

在实际工程中，编写模拟量程序的关键在于找出实际物理量与模拟量模块内部数字量的对应关系，找对应关系的依据是输入或输出特性曲线；写模拟量程序实际上就是用 PLC 的语言表达出这种对应关系。

7.2.2   FX2N-4AD 模拟量输入模块

FX2N-4AD 模拟量输入模块用于将 4 路模拟量输入转换成 12 位数字量，并将这个值输入到 BFM 中。FX2N-4AD 模拟量输入模块与 FX2N-2AD 模拟量输入模块不同，需外接电源。

（1）FX2N-4AD 模拟量输入模块技术指标

FX2N-4AD 模拟量输入模块技术指标，如表 7-3 和表 7-4 所示。

表 7-3   FX2N-4AD 模拟量电源指标

项目	说明
模拟电路	24V DC±10%，55mA（源于主单元的外部电源）
数字电路	5V DC，30mA（源于主单元的内部电源）

表 7-4   FX2N-4AD 模拟量性能指标

项目	电压输入	电流输入
	电压或电流输入的选择基于您对输入端子的选择，一次可同时使用 4 个输入点	
模拟输入范围	DC−10～10V（输入阻抗：200kΩ）。注意：如果输入电压超过±15V，单元会损坏	DC−20～20mA（输入阻抗：250Ω）。注意：如果输入电流超过±32V，单元会被损坏
数字输出	12 位的转换结果以 16 位二进制补码方式存储 最大值：+2047，最小值：−2048	
分辨率	5mV（10V 默认范围：1/2000）	20μA（20mA 默认范围：1/1000）
总体精度	±1%（对于−10～10V 的范围）	±1%（对于−20～20mA 的范围）
转换速度	15ms/通道（常速），6ms/通道（高速）	

（2）FX2N-4AD 模拟量输入模块接线

FX2N-4AD 模拟量输入模块接线，如图 7-7 所示。FX2N-4AD 有 4 路模拟量输入，输入可为电压信号，也可为电流信号，但接线方式不同。信号输入设备与模块之间最好用屏蔽双绞线连接，为了减少外界干扰可在 V＋与 V－/I－端间并联 1 个 0.1～0.47μF 的电容。

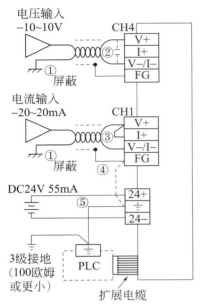

①模拟输入通过双绞屏蔽电缆来接收。电缆应远离电源线或其他可能产生电气干扰的电线；
②如果输入有电压波动，或在外部接线中有电气干扰，可以接一个平滑电容器（0.1～0.47μF，25V）；
③如果使用电流输入，请互连V+和I+端子；
④如果存在过多的电气干扰，请连接FG的外壳地端和FX2N-4AD的接地端。

图 7-7　FX2N-4AD 模拟量输入模块接线

（3）FX2N-4AD 模拟量输入模块输入特性

FX2N-4AD 模拟量输入模块输入特性，如图 7-8 所示。

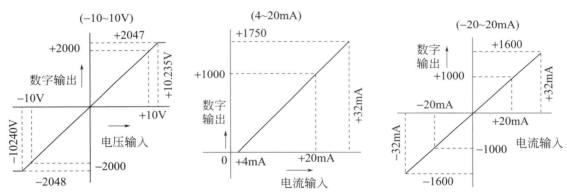

图 7-8　FX2N-4AD 模拟量输入模块输入特性

（4）缓冲存储器分配

FX2N-4AD 模块共有 32 个缓冲存储器，具体如表 7-5 所示。

表 7-5　FX2N-4AD 缓冲存储器分配

BFM	内容
＊♯0	通道初始化，缺省值＝H0000

BFM		内容							
* ♯1	通道1	包含采样数（1－4096），用于得到平均结果。缺省值设为8－正常速度，高速操作可选择1。							
* ♯2	通道2								
* ♯3	通道3								
* ♯4	通道4								
♯5	通道1	这些缓冲区包含采样数的平均输入值，这些采样数是分别输入在♯1－♯4缓冲区中的通道数据。							
♯6	通道2								
♯7	通道3								
♯8	通道4								
♯9	通道1	这些缓冲区包含每个输入通道读入的当前值。							
♯10	通道2								
♯11	通道3								
♯12	通道4								
♯13～♯14	保留								
♯15	选择 A/D 转换速度，参见注2	如设为0，则选择正常速度，15ms/通道（缺省）							
		如设为1，则选择高速，6ms/通道。							
BFM		b7	b6	b5	b4	b3	b2	b1	b0
♯16～♯19	保留								
* ♯20	复位到缺省值和预设，缺省值＝0								
* ♯21	禁止调整偏移，增益值，缺省值＝（0，1）允许								
* ♯22	偏移，增益调整	G4	O4	G3	O3	G2	O2	G1	O1
* ♯23	偏移植	缺省值＝0							
* ♯24	增益值	缺省值＝5000							
♯25～♯28	保留								
♯29	错误状态								
♯30	识别码 K2010								
♯31	禁用								

① 不带 * 号的缓冲存储器的数据可以使用 FROM 指令读入 PLC；

② 在从模块特殊功能模块读出数据之前，确保这些设置已经送入模拟特殊功能模块中。否则，将使用模块里面以前保存的数据；

③ 偏移：当数字输出为 0 时的模拟输入值；

④ 增益：当数字输出为＋1000 时的模拟输入值。

① BFM ♯0：用于 AD 模块 4 个通道的初始化。通道的初始化由 4 位 16 进制数 H □□□□ 控制。H □□□□ 的具体含义，如图 7-9 所示。

② BFM ♯1～♯4：BFM ♯1～♯4 分别用于设置 ♯1～♯4 通道的平均采样次数。以 BFM ♯4 举例，BFM ♯4 的采样次数设为 2，♯4 通道对输入的模拟量转换两次得平均值，存入 BFM ♯8 中。采样次数越多，得到的平均值时间就越长。

③ BFM ♯5～♯8：BFM ♯5～♯8 分别用于存储 ♯1～♯4 通道的数字量平均值。

④ BFM ♯9～♯12：BFM ♯9～♯12 分别用于存储 ♯1～♯4 通道在当前扫描周期转换来的数字量。

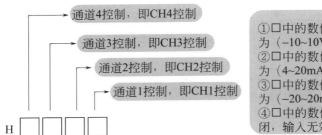

① □中的数值=0时，表示通道设为（−10~10V）电压输入；
② □中的数值=1时，表示通道设为（4~20mA）电流输入；
③ □中的数值=2时，表示通道设为（−20~20mA）电流输入；
④ □中的数值=3时，表示通道关闭，输入无效。

图 7-9　H□□□□的含义

⑤ BFM ♯15：BFM ♯15 用于设置所有通道的 A/D 转换速度。当 BFM ♯15＝0，转换速度为普通速度 15ms；当 BFM ♯15＝1，转换速度为高速 6ms。

⑥ BFM ♯20：当 BFM ♯20 中写入 1 时，所有参数恢复到出厂设置值。

⑦ BFM ♯21：BFM ♯21 用来禁止/允许偏移值和增益的调整；当 BFM ♯21 的 b1＝1、b0＝0 时，禁止调整偏移值和增益；当 b1＝0、b0＝1 时，允许调整。

⑧ BFM ♯22：BFM ♯22 使用低 8 位来指定增益和偏移调整的通道。低 8 位标记 G4O4 G3O3G2O2G1O1；当 G□位为 1 时，则 CH□通道增益值可调整；当 O□位为 1 时，则CH□通道偏移量可调整。

⑨ BFM ♯23：BFM ♯23 用来存放偏移值，该值可由 T0 指令写入。

⑩ BFM ♯24：BFM ♯24 用来存放增益值，该值可由 T0 指令写入。

⑪ BFM ♯29：BFM ♯29 以位状态来反映模块错误信息；BFM ♯29 各位错误含义如表 7-6 所示。

表 7-6　BFM ♯29 各位错误含义

BFM ♯29 的位设备	开 ON	关 OFF
b0：错误	b1-b4 中任何一个为 ON 如果 b2 到 b4 中任何一个为 ON，所有通道的 A/D 转换停止	无错误
b1：偏移/增益错误	在 EEPROM 中的偏移/增益数据不正常或者调整错误	增益/偏移数据正常
b2：电源故障	24V DC 电源故障	电源正常
b3：硬件错误	A/D 转换器或其他硬件故障	硬件正常
b10：数字范围错误	数字输出值小于−2048 或大于＋2047	数字输出值正常
b11：平均采样错误	平均采样数不少于 4097，或者不大于 0（使用缺省值 8）	平均正常（在 1～4096）
b12：偏移/增益调整禁止	禁止 BFM ♯21 的（b1，b0）设为（1，0）	允许 BFM ♯21 的（b1，b0）设为（1，0）

⑫ BFM ♯30：BFM ♯30 用来存放 FX2N-4AD 模块的 ID 号，ID 号为 2010，PLC 通过读取 BFM ♯30 的值来判断模块是否为 FX2N-4AD 模块。

（5）应用程序

在使用 FX2N-4AD 模块时，除了硬件接线外，还需编写相关程序来设置模块的工作参数和读取转换过来的数字量。具体程序如图 7-10 所示。

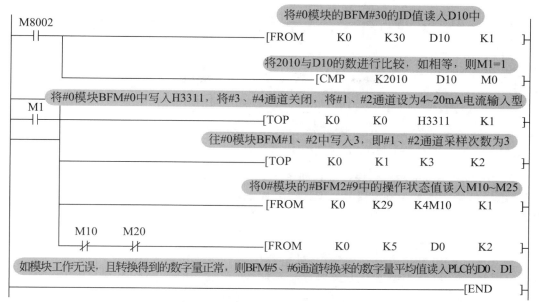

图 7-10　FX2N-4AD 模块实用程序

重点提示

　　FX2N-4AD 模块模拟量程序的编程思路：

　　①用 FROM 指令读取 BFM# 30 的数值；②用比较指令进行判断，若判断结果成立，则继续执行；③利用 TO 指令指定通道信号输入类型；④利用 TO 指令指定通道采样次数；⑤利用 FROM 指令判断操作状态正确与否；⑥将相应通道的转换结果读入到数据寄存器 D 中。

7.3　模拟量输出模块

7.3.1　FX2N-2DA 模拟量输出模块

　　FX2N-2DA 模拟量输出模块的功能是把 PLC 中的数字量转换成模拟量，将 12 位数字量转换成 2 点模拟输出，以便控制现场设备。FX2N-2DA 模拟量输入模块不需外部电源，其电源由基本单元提供。

　　（1）FX2N-2DA 模拟量输出模块技术指标

　　FX2N-2DA 模拟量输出模块技术指标，如表 7-7 所示。

表 7-7　FX2N-2DA 模拟量输出模块技术指标

项目	电压输出	电流输出
模拟输出范围	在装运时，对于 0～10V DC 的模拟电压输出，此单元调整的数字范围是 0～4000。当使用 FX2N-2DA 并通过电流输入或通过 0～5V DC 输出时，就有必要通过偏置和增益调节器进行再调节	
	0～10V DC，0～5V DC（外部负载阻抗为 2kΩ～1MΩ）	4～20mA（外部负载阻抗为 500Ω 或更小）

项目	电压输出	电流输出
数字输入	12 位	
分辨率	2.5mV（10V/4000）1.25mV（5V/4000）	4μA〔（20—4）/4000〕
集成精度	±1%（全范围 0～10V）	±1%（全范围 4～20mA）
处理时间	4ms/1 通道（顺序程序和同步）	

（2）FX2N-2DA 模拟量输出模块接线

FX2N-2DA 模拟量输出模块接线，如图 7-11 所示。FX2N-2DA 有 2 路模拟量输出，输出可为电压信号，也可为电流信号，但接线方式不同。现场输出设备与模块之间最好用屏蔽双绞线连接，为了减少外界干扰可在 7-11 图 *1 处并联 1 个 0.1～0.47μF 的电容。

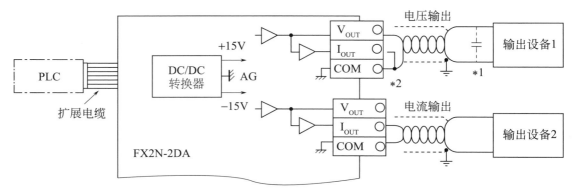

* 当电压输出存在波动或有大量噪声时，在位置*1处连接0.1~0.47μF25VDC的电容。
* 对于电压输出，请对I_OUT和COM进行短路，如图所示。

图 7-11　FX2N-2DA 模拟量输出模块接线

（3）FX2N-2DA 模拟量输出模块输出特性

FX2N-2DA 模拟量输出模块输出特性，如表 7-8 所示。

表 7-8　FX2N-2DA 模拟量输出模块输出特性

项目	电压输出	电流输出
输出特性	模拟值：0~10V 数字值：0~4000 10.238V （10V，4000）（4095） 偏置值是固定的	模拟值：4~20mA 数字值：0~4000 20.380mA （20mA，4000）（4095）
	当 13 位或更多位的数据输入时，只有最后 12 位是有效的。高端位忽略 在 0～4095 的范围内使用数字值 可对两个通道中的每个进行输出特性的设置	

（4）缓冲存储器分配

转换结果数据在模块缓冲存储器 BFM 中的存储分配：

① BFM♯16 的 b0～b7：存储输出数据的当前值（8 位数据）；

② BFM♯17 的 b0：通过 1 变 0，通道 2 的 D/A 转换开始；

③ BFM♯17 的 b1：通过 1 变 0，通道 1 的 D/A 转换开始；

④ BFM♯17 的 b2：通过 1 变 0，D/A 转换的下端 8 位数据保持。

（5）应用程序

在使用 FX2N-2DA 模块时，除了硬件接线外，还需编写相关程序来设置模块的工作参数和读取转换过来的数字量。具体程序如图 7-12 所示。

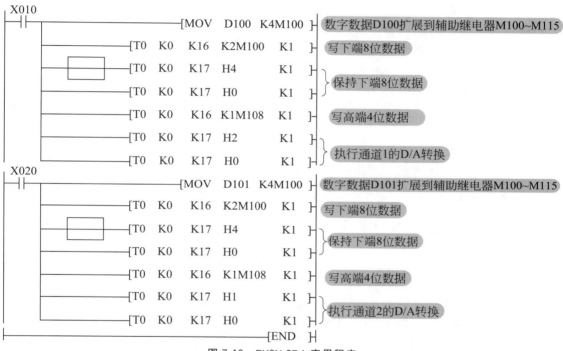

图 7-12　FX2N-2DA 实用程序

7.3.2　FX2N-4DA 模拟量输出模块

FX2N-4DA 模拟量输出模块的功能是把 PLC 中的数字量转换成模拟量，将 12 位数字量转换成 4 点模拟输出，以便控制现场设备。FX2N-4DA 模拟量输出模块需外接电源，其电源由基本单元提供。

（1）FX2N-4DA 模拟量输出模块技术指标

FX2N-4DA 模拟量输出模块技术指标，如表 7-9 所示。

表 7-9　FX2N-4AD 模拟量输出模块技术指标

项目	电压输出	电流输出
模拟输出范围	DC－10～10V（外部负载阻抗：2kΩ～1MΩ）	DC 0～20mA（外部负载阻抗：500Ω）
数字输入	16 位，二进制、有符号［数值有效位：11 位和一个符号符号位（1 位）］	

项目	电压输出	电流输出
分辨率	5mV（10V×1/2000）	$20\mu A$（20mA×1/1000）
总体精度	±1%（对于+10V 的全范围）	±1%（对于+20mA 的全范围）
转换速度	4 个通道 2.1ms（改变使用的通道数不会改变转换速度）	
隔离	模拟和数字电路之间用光电耦合器隔离。DC/DC 转换器用来隔离电源和 FX2N 主单元。模拟通道之间没有隔离	
外部电源	24V DC±10%200mA	
占用 I/O 点数目	占用 FX2N 扩展总线 8 点 I/O（输入输出皆可）	

（2）FX2N-4DA 模拟量输出模块接线

FX2N-4DA 模拟量输出模块接线，如图 7-13 所示。FX2N-4DA 有 4 路模拟量输出，输出可为电压信号，也可为电流信号。现场输出设备与模块之间最好用屏蔽双绞线连接，为了减少外界干扰可在电压输出端增加 1 个 0.1~0.47μF 的电容。

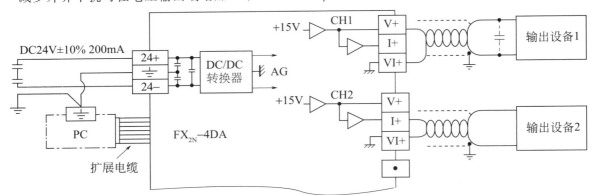

① 对于模拟量输出需使用双绞线屏蔽电缆，输出电缆的负载端单端接地
② FX2N-4DA 输出模块需外接 DC24V 电源供电，通常基本模块提供
③ FX2N-4DA 电压输出端短路，可使模块烧毁
④ 图中画的仅是两路输出，其余两路与它们相同

图 7-13　FX2N-4DA 接线

（3）FX2N-4DA 模拟量输出模块输出特性

FX2N-4DA 模拟量输出模块输出特性，如图 7-14 所示。

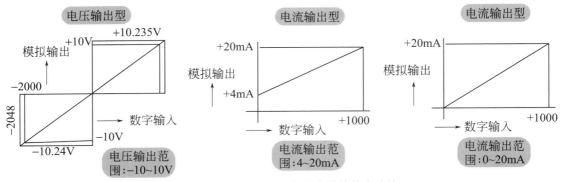

图 7-14　FX2N-4DA 模拟量输出模块输出特性

（4）缓冲存储器分配

FX2N-4DA 模块共有 32 个缓冲存储器，具体如表 7-10 所示。

表 7-10　FX2N-4DA 缓冲存储器分配

BFM		内容
	♯0E	输出模式选择，出厂设置 H0000
	♯1	
	♯2	
	♯3	
	♯4	
	♯5E	数据保持模式，出厂设置 H0000
♯6，♯7		保留

BFM		说明
	♯8（E）	CH1、CH2 的偏移/增益设定命令，初始值 H0000
	♯9（E）	CH3、CH4 的偏移/增益设定命令，初始值 H0000
	♯10 偏移数据 CH1 * 1	
	♯11 增益数据 CH1 * 2	
	♯12 偏移数据 CH2 * 1	
	♯13 增益数据 CH2 * 2	单位：mV 或 μA * 3
	♯14 偏移数据 CH3 * 1	初始偏移值：0 输出
	♯15 增益数据 CH3 * 2	初始增益值：＋5000 模式 0
	♯16 偏移数据 CH4 * 1	
	♯17 增益数据 CH4 * 2	
♯18，♯19		保留
W	♯20（E）	初始化，初始值＝0
	♯21E	禁止调整 I/O 特性（初始值：1）
♯22～♯28		保留
♯29		错误状态
♯30		K3020 识别码
♯31		保留

① BFM ♯0：用于 4 个通道模拟量输出形式的设置。通道的设置由 4 位 16 进制数 H
□□□□控制。H□□□□的具体含义，如图 7-15 所示。

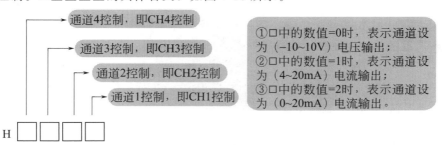

图 7-15　H□□□□的含义

② BFM ♯1～♯4：BFM ♯1～♯4 分别用于存储 4 个通道的待转换数字量。这些 BFM 中的数据由 PLC 用 T0 指令写入。

③ BFM ♯5：BFM ♯5 分别用于 4 个通道由 RUN 转为 STOP 时数据保持模式的设置；设置形式依然采用十六进制形式，当某位为 0 时，RUN 模式下对应通道最后输出值将被保持输出；当某位为 1 时，对应通道最后输出值为偏移量；例如：BFM ♯5＝H0001，通道 1 偏移值；其余三个通道保持为 RUN 模式下的最后输出值不变。

④ BFM ♯8～♯9：BFM ♯8～♯9 分别用于允许/禁止调整偏移量/增益设置。BFM ♯8 针对的是通道 1、2；BFM ♯9 针对的是通道 3、4；数据形式依然采用十六进制。

⑤ BFM ♯10～♯17：可以设置偏移量和增益值。注意 BFM ♯10～♯17 的偏移量和增益值改变时，BFM ♯8～♯9 的相应值也需做相应调整，否则 BFM ♯10～♯17 的偏移量和增益值设置无效。

⑥ BFM ♯20：用于初始化所有的 BFM；当 BFM ♯20＝1 时，所有的 BFM 中的值都恢复到出厂设置值。

⑦ BFM ♯21：用来禁止/允许偏移值和增益的调整；当 BFM ♯21＝1 时，允许调整偏移值和增益；当 BFM ♯21＝2 时，禁止调整偏移值和增益。

⑧ BFM ♯29：BFM ♯29 以位状态来反映模块错误信息；BFM ♯29 各位错误含义如表 7-11 所示。

⑨ BFM ♯30：BFM ♯30 用来存放 FX2N-4DA 模块的 ID 号，ID 号为 3020，PLC 通过读取 BFM ♯30 的值来判断模块是否为 FX2N-4DA 模块。

表 7-11　BFM♯29 各位错误含义

位	名字	位设为"1"（打开）时的状态	位设为"0"（关闭）时的状态
b0	错误	b1～b4 任何一位为 ON	错误无错
b1	O/G 错误	EEPROM 中的偏移/增益数据不正常或者发生设置错误	偏移/增益数据正常
b2	电源错误	24V DC 电源故障	电源正常
b3	硬件错误	D/A 转换器故障或者其他硬件故障	没有硬件缺陷
b10	范围错误	数字输入或模拟输出值超出指定范围	输入或输出值在规定范围内
b12	G/O 调整禁止状态	BFM ♯21 没有设为"1"	可调整状态（BFM ♯21＝1）

注：b4～b9，b11，b13～b15 未定义。

（5）应用程序

在使用 FX2N-4DA 模块时，除了硬件接线外，还需编写相关程序来设置模块的工作参数和读取转换过来的数字量。具体程序如图 7-16 所示。

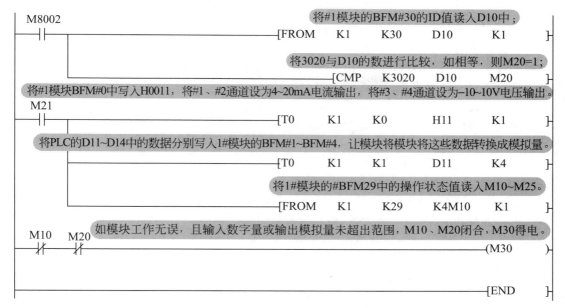

图 7-16 FX2N-4DA 模块实用程序

7.4 模拟量模块应用之空气压缩机改造项目

7.4.1 控制要求

某厂有三台空压机，为了增加压缩气体的储存量，现增加一个大的储气罐，因此需对原有三台空压机进行改造，气路连接效果图如图 7-17 所示。具体控制要求如下。

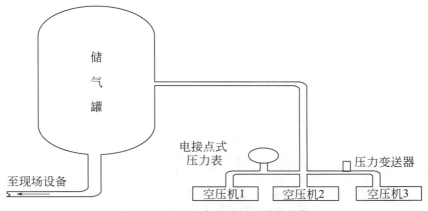

图 7-17 空压机气路连接改造效果器

① 气压低于 0.4MPa，三台空压机工作。

② 气压高于 0.8MPa，三台空压机停止工作。

③ 三台空压机要求分时启动。

④ 一旦出现故障，要求立即报警；报警分为高高报警和低低报警，高高报警时，要求三台空压机立即断电停止。

7.4.2 设计过程

（1）设计方案：

本项目采用三菱 FX2N-16MR 基本模块＋ FX2N-4AD 模拟量输入模块进行控制；现场压力测量由压力变送器完成；报警电路采用电接点式压力表＋蜂鸣器；

（2）硬件设计：

本项目硬件设计包括以下几部分。

① 三台空压机主电路设计；

② FX2N-6MR＋FX2N-4AD 供电和控制设计；

③ 报警电路设计；

④ 端子排布。

以上各部分的相应图纸，如图 7-18（a）～（c）所示。

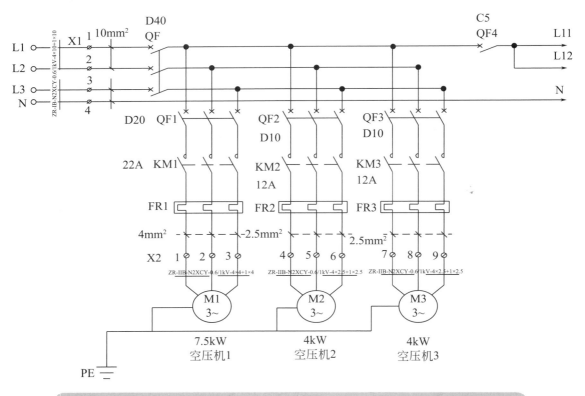

①空气断路器：起通断和短路保护作用；由于负载为电动机，因此选用 D 型；负载分别为 7.5kW、4kW，根据经验其电流为功率(kW)的 2 倍，那么电流为 15A 和 8A，因此再选空气断路器时，空气断路器额定电流应≥线路的额定电流；再考虑到空气断路器脱扣电流应＞电动机的起动电流，根据相关样本，分别选择了 D20 和 D10。总开的电流应∑分支空开电流，因此这里选择了 D40；
②接触器：控制电路通断，其额定电流＞线路的额定电流，线圈采用 220V 供电；
③热继电器：过载保护。热继电器的电流应为 (0.95~1.05) 倍线路的额定电流；
④各个电动机均需可靠接地，这里为保护接地；
⑤线径选择：1mm² 载 5~8A 的电流计算，线径不难选择。

(a) 主电路设计图纸

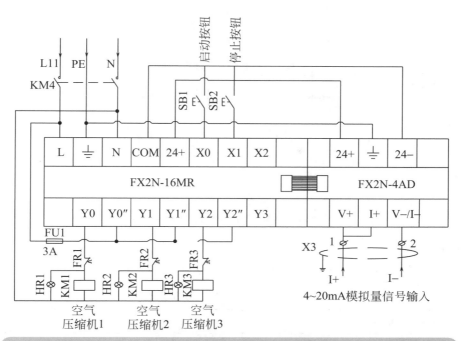

① 在主电路图中QF4是对FX2N-16MR供电和输出电路进行保护的，根据FX系列PLC样本的建议，这里选择了C5，C即C型断路器，5即5A；
② 模拟量模块由基本模块给供电；
③ 由于此压力变送器为电流型，因此将V+，I+短接；
④ 压力变送器与模拟量模块之间采用屏蔽双绞线，注意屏蔽层一定要单端接地；
⑤ 如干扰严重压力变送器与模拟量模块之间考虑加隔离模块；
⑥ 如现场压力传感器，则需配上相应的变送器，转化为标准信号后再给模拟量模块。

(b) PLC供电及控制图纸

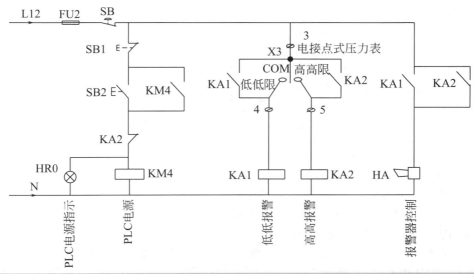

① 这里采用起保停电路，一方面对PLC供电和控制部分进行控制；另一方面方便高高报警时断电；
② 电接点式压力表高高报警时，3-5触点闭合，KA2得电，KA2常开触点闭合，HA报警；KA2常闭触点闭合，PLC及其控制部分断电；低低报警，仅报警不断电。

(c) 报警电路图纸

图 7-18

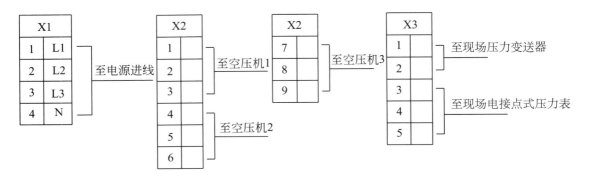

(d) 端子排布

图 7-18　各部分相应的图纸及端子排布

（3）程序设计

① 明确控制要求后，确定 I/O 端子，如表 7-12 所示。

表 7-12　空压机改造 I/O 分配

输入量		输出量	
启动按钮	X0	空压机 1	Y0
停止按钮	X1	空压机 2	Y1
		空压机 3	Y2

② 空压机梯形图设计思路，如图 7-19 所示。

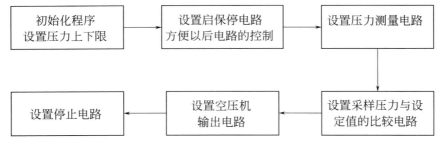

图 7-19　空压机梯形图设计思路

③ 空压机梯形图程序，如图 7-20 所示。

④ 空压机梯形图程序解：PLC 上电运行，M8002 触点接通一个扫描周期，进行压力上限和下限设置，上限值设置为 800，下限值设置为 400。

按下启动按钮，X0 接通，M0 得电并自锁其常开触点闭合，先执行 FROM 指令，将♯0 模块 BFM♯30 的 ID 值读入 D10，然后执行 CMP 指令，将 D10 的数值与 2010 进行比较，若二者相等，则表明为 FX2N-4AD 模块，则辅助继电器 M11 得电，其常开点闭合，接下来执行 TOP 和 FROM 指令，第一个 TOP 指令往♯0 模块 BFM♯0 中写入 H3331，CH1 通道设置为 4～20mA 输入，其余三个通道关闭；第二个 TOP 指令往♯0 模块 BFM♯1 中写入 K3，CH1 通道平均采样数设置为 3；第一个 FROM 指令执行，将♯0 模块 BFM♯29 中的操作状态值读入 M10～M25，若模块工作无误且转换得到的数字量范围正常，M10、M25 常闭触点处于闭合状态，第二个 FROM 指令执行，将♯0 模块 BFM♯5 的数字量平均值读入 D0；

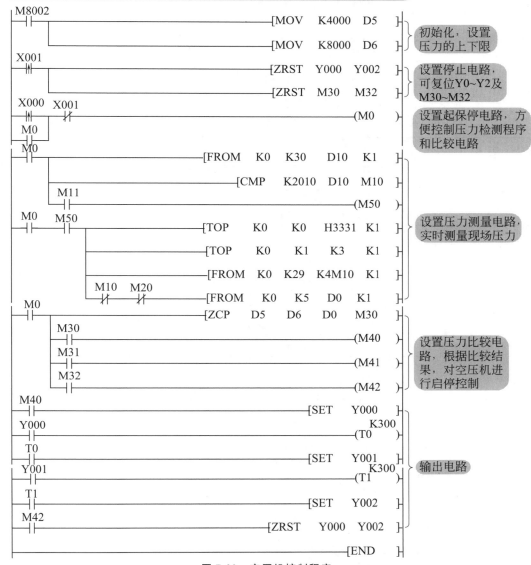

压力变送器压力范围为0~1MPa，输出标准信号为4~20mA，查图7-10的对应关系，数字量对应范围为0~1000，那么0.4MPa、0.8MPa对应的数字量为400800

初始化，设置压力的上下限

设置停止电路，可复位Y0~Y2及M30~M32

设置起保停电路，方便控制压力检测程序和比较电路

设置压力测量电路，实时测量现场压力

设置压力比较电路，根据比较结果，对空压机进行启停控制

输出电路

图7-20　空压机控制程序

接下来执行 ZCP 指令，若压力采样值小于 400，则 M30 为 1，线圈 M40 闭合，Y0 置位且 T0 定时，30s 后，Y1 置位且 T1 定时，30s 后，Y2 置位，三个空压机依次启动；若压力采样值大于 800，执行 ZRST 指令，Y0~Y2 复位，三个空压机停止工作。

7.5　温度模拟量输入模块与 PID 控制

7.5.1　温度模拟量输入模块

温度模拟量输入模块是一种将温度传感器送来的反映温度高低的模拟量转换成数字量的模块。FX 系列 PLC 中常见的温度模拟量输入模块有 FX2N-4AD-PT 和 FX2N-4AD-TC。前者的温度检测元件为 PT100 热电阻，后者温度检测元件为热电偶。本书将以温度模拟量输入模块 FX2N-4AD-PT 为例进行讲解。

温度模拟量输入模块 FX2N-4AD-PT 有 4 路温度模拟量输入通道，可以同时将 4 路反映温度高低的模拟量转化为数字量，并存入 BFM 中。PLC 可利用 FROM 指令读取相应 BFM 中的数字量。

（1）FX2N-4AD-PT 温度模拟量输入模块技术指标

FX2N-4AD-PT 温度模拟量输入模块技术指标，如表 7-13 所示。

表 7-13　FX2N-4AD-PT 温度模拟量输入模块技术指标

项目	摄氏度	华氏度
	通过读取适当的缓冲区，可以得到℃和℉两种可读数据	
模拟输入信号	箔温度 PT100 传感器（100Ω），3 线，4 通道（CH1，CH2，CH3，CH4）	
传感器电流	1mA 传感器：100Ω PT100	
补偿范围	−100～600℃	−148～1112
数字输出	−1000～6000	−1480～11120
	12 位转换 11 数据位＋1 符号位	
最小可测温度	0.2～0.3℃	0.36～0.54℉
总精度	全范围的±1%（补偿范围）参考第 7.0 节的特殊 EMC 考虑	
转换速度	4 通道 15ms	

（2）FX2N-4AD-PT 温度模拟量输入模块接线

FX2N-4AD-PT 温度模拟量输入模块接线，如图 7-21 所示。

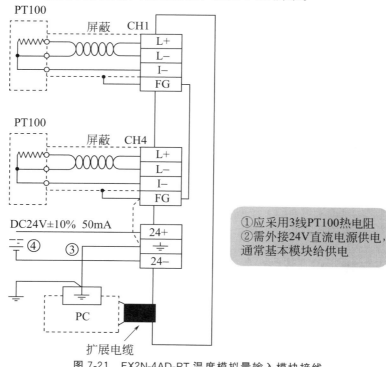

图 7-21　FX2N-4AD-PT 温度模拟量输入模块接线

（3）FX2N-4AD-PT 温度模拟量输入模块输入特性

FX2N-4AD-PT 温度模拟量输入模块输入特性，如图 7-22 所示。

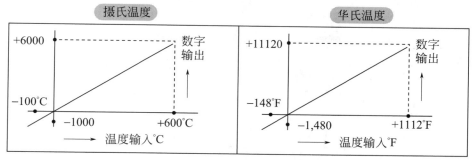

FX2N-4AD-PT 模块支持摄氏温度和华氏温度

图 7-22　FX2N-4AD-PT 模块输入特性

（4）缓冲存储器分配

FX2N-4AD-PT 温度模拟量输入模块各个 BFM 功能，如表 7-14 所示。

表 7-14　FX2N-4AD-PT 模块 BFM 功能

BFM	内容
＊♯1～♯4	将被平均的 CH1 到 CH4 的平均温度可读值（1～4096）缺省值＝8
＊♯5～♯8	CH1～CH4 在 0.1℃ 单位下的平均温度
＊♯9～♯12	CH1～CH4 在 0.1℃ 单位下的当前温度
＊♯13～♯16	CH1～CH4 在 0.1℉ 单位下的平均温度
＊♯17～♯20	CH1～CH4 在 0.1℉ 单位下的当前温度
＊♯21～♯27	保留
＊♯28	数字范围错误锁存
♯29	错误状态
♯30	识别号 K2040
♯31	保留

① BFM ♯1～♯4：BFM ♯1～♯4 分别用于设置♯1～♯4 通道的平均采样次数。以 BFM ♯4 举例，BFM ♯4 的采样次数设为 2，♯4 通道对输入的模拟量转换 2 次得平均值，存入 BFM ♯8 中。采样次数越多，得到的平均值时间就越长。

② BFM ♯5～♯8：分别用于存储♯1～♯4 通道的摄氏温度数字量平均值。

③ BFM ♯9～♯12：分别用于存储♯1～♯4 通道在当前扫描周期转换来的摄氏温度数字量。

④ BFM ♯13～♯16：分别用于存储♯1～♯4 通道的华氏温度数字量平均值。

⑤ BFM ♯17～♯20：分别用于存储♯1～♯4 通道在当前扫描周期转换来的华氏温度数字量。

⑥ BFM ♯28：以位状态来反映♯1～♯4 通道的数字量范围是否在允许范围内。位的含义，如表 7-15 所示。

表 7-15   BFM♯28 模块位的含义

b15～b8	b7	b6	b5	b4	b3	b2	b1	b0
未用	高	低	高	低	高	低	高	低
	CH4		CH3		CH2		CH1	

注：低表示当温度测量值下降，并低于最低可测量温度极限时，锁存 ON；
高表示当测量温度升高，并高过最高温度极限，或者热电偶断开时，打开 ON。

⑦ BFM ♯29：以位状态来反映模块错误信息；BFM ♯29 各位错误含义，如表 7-16 所示。

表 7-16   BFM♯29 各位错误含义

BFM♯29 的位设备	开	关
b0：错误	如果 b1～b3 中任何一个为 ON，出错通道的 A/D 转换停止	无错误
b1：保留	保留	保留
b2：电源故障	24V DC 电源故障	电源正常
b3：硬件错误	A/D 转换器或其他硬件故障	硬件正常
b4～b9：保留	保留	保留
b10：数字范围错误	数字输出/模拟输入值超出指定范围	数字输出值正常
b11：平均错误	所选平均结果的数值超出可用范围参考 BFM ♯1～♯4	平均正常（在 1～4096）
b12～b15：保留	保留	保留

⑧ BFM ♯30：用来存放 FX2N-4AD-PT 模块的 ID 号，ID 号为 2040，PLC 通过读取 BFM ♯30 的值来判断模块是否为 FX2N-4AD-PT 模块。

（5）应用程序

在使用 FX2N-4AD-PT 模块时，除了硬件接线外，还需编写相关程序来设置模块的工作参数和读取转换过来的数字量。具体程序如图 7-23 所示。

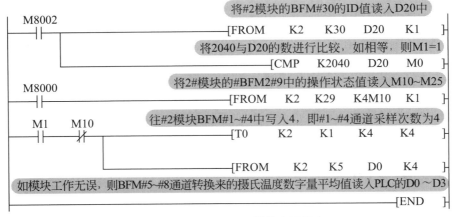

图 7-23   FX2N-4AD-PT 模块实用程序

7.5.2 PID 控制

（1）PID 控制简介

PID 控制又称比例积分微分控制，它属于闭环控制。下面将以炉温控制系统为例，对 PID 控制进行讲解。

炉温控制系统的示意图，如图 7-24 所示。在炉温控制系统中，热电偶为温度检测元件，其信号传至变送器转换为标准电压或电流信号，标准信号再送至 A/D 模块，经 A/D 转换后的数字量与 CPU 设定值比较，二者的差值进行 PID 运算，将运算结果送给 D/A 模块，D/A 模块输出相应的电压或电流信号对电动阀进行控制，从而实现了温度的闭环控制。

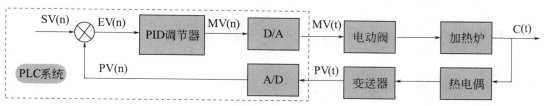

图 7-24　炉温控制系统示意图

图中 SV（n）为给定量；PV（n）为反馈量，此反馈量 A/D 已经转换为数字量了；MV（t）为控制输出量；令 $\triangle X = SV（n）-PV（n）$，如果 $\triangle X > 0$，表明反馈量小于给定量，则控制器输出量 MV（t）将增大，使电动阀开度变大，进入加热炉的天然气流量增大，进而炉温上升；如果 $\triangle X < 0$，表明反馈量大于给定量，则控制器输出量 MV（t）将减小，使电动阀开度变小，进入加热炉的天然气流量变小，进而炉温降低；如果 $\triangle X = 0$，表明反馈量等于给定量，则控制器输出量 MV（t）不变，电动阀开度不变，进入加热炉的天然气流量不变，进而炉温不变。

PID 控制包括比例控制，积分控制和微分控制。比例控制将偏差信号按比例放大，提高控制灵敏度；积分控制对偏差信号进行积分处理，缓解比例放大量过大，引起的超调和振荡；微分控制是对偏差信号进行微分处理，提高控制的迅速性。

（2）PID 指令

PID 指令指令格式及应用举例，如图 7-25 所示。

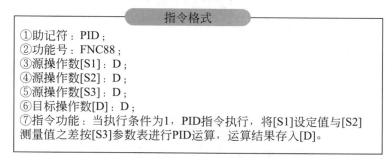

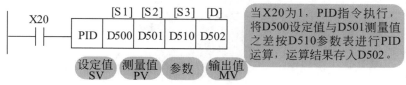

图 7-25

| (S3) | 采样时间(Ts) | 1~32767(ms)（但比运算周期短的时间数值无法执行） | |
| (S3)+1 | 动作方向(ACT) | bit0 0:正动作 | 1:逆动作。 |

参数表说明

bit1 0:输入变化量报警无　　　　1:输入变化量报警有效

bit2 0:输出变化量报警无　　　　1:输出变化量报警有效

bit3不可使用

bit4自动调谐不动作　　　　1:执行自动调谐

bit5输出值上下限设定无　　　　1:输出值上下限设定有效

bit6~bit15不可使用

另外，请不要使bit5和bit2同时处于ON

(S3)+2	输入滤波常数(α)	0~99[%]	0时没有输入滤波
(S3)+3	比例增益(Kp)	1~32767[%]	
(S3)+4	积分时间(TI)	0~32767（×100ms）	0时作为∞处理（无积分）
(S3)+5	微分增益(KD)	0~100[%]	0时无积分增益
(S3)+6	微分时间(TD)	0~32767（×10ms）	0时无微分处理

(S3)+7 ⎫
⎬ PID运算的内部处理占用
(S3)+19 ⎭

(S3)+20	输入变化量(增侧)报警设定值	0~32767((S3)+1<ACT>的bit1=1时有效)
(S3)+21	输入变化量(减侧)报警设定值	0~32767((S3)+1<ACT>的bit1=1时有效)
(S3)+22	输出变化量(增侧)报警设定值	0~32767((S3)+1<ACT>的bit2=1,bit5=0时有效)
	另外,输出上限设定值	−32768~32767((S3)+1<ACT>的bit2=0,bit5=1时有效)
(S3)+23	输出变化量(减侧)报警设定值	0~32767((S3)+1<ACT>的bit2=1,bit5=0时有效)
	另外,输出下限设定值	−32768~32767((S3)+1<ACT>的bit2=0,bit5=1时有效)

(S3)+24　报警输出　bit0输入变化量(增侧)溢出
　　　　　　　　　　bit1输入变化量(减侧)溢出　　((S3)+1<ACT>的bit1=1或bit2=1时有效)
　　　　　　　　　　bit2输出变化量(增侧)溢出
　　　　　　　　　　bit3输出变化量(减侧)溢出

图 7-25　PID 指令及举例

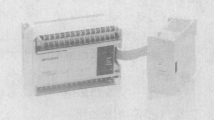

第8章

FX 系列 PLC 通信及应用

随着计算机技术、通信技术和自动化技术的不断发展及推广，可编程控制设备已在各个企业大量使用。将不同的可编程控制设备进行相互通信、集中管理，是企业不能不考虑的问题。因此本章根据实际的需要，对 PLC 通信知识进行介绍。

8.1 通信基础知识

8.1.1 通信方式

（1）串行通信与并行通信

① 串行通信。通信中构成 1 个字或字节的多位二进制数据是 1 位 1 位地被传送。串行通信的特点是传输速度慢，传输线数量少（最少需 2 根双绞线），传输距离远。PLC 的 RS-232 或 RS-485 通信就是串行通信的典型例子。

② 并行通信。通信中同时传送构成 1 个字或字节的多位二进制数。并行通信的特点是传送速度快，传输线数量多（除了 8 根或 16 根数据线和 1 根公共线外，还需通信双方联络的控制线），传输距离近。PLC 的基本单元和特殊模块之间的数据传送就是典型的并行通信。

（2）异步通信和同步通信

① 异步通信。异步通信中数据是一帧一帧传送的。异步通信的字符信息格式为 1 个起始位、7～8 个数据位、1 个奇偶校验位和停止位组成。

在传送时，通信双方需对采用的信息格式和数据的传输速度作相同约定，接受方检测到停止位和起始位之间的下降沿后，将它作为接收的起始点，在每位中点接收信息。这样传送不至于出现由于错位而带来的收发不一致的现象。PLC一般采用异步通信。

② 同步通信。同步通信将许多字符组成一个信息组进行传输，但是需要在每组信息开始处，加上1个同步字符。同步字符用来通知接收方来接受数据，它是必须有的。同步通信收发双方必须完全同步。

③ 单工通信、全双工通信和半双工通信

a. 单工通信。指信息只能保持同一方向传输，不能反向传输。如图8-1（a）所示。

b. 全双工通信。指信息可以沿两个方向传输，A、B两方都可以同时一方面发送数据，另一方面接收数据。如图8-1（b）所示。

c. 半双工通信。指信息可以沿两个方向传输，但同一时刻只限于一个方向传输，即同一时刻A方发送B方接受或B方发送A方接受。

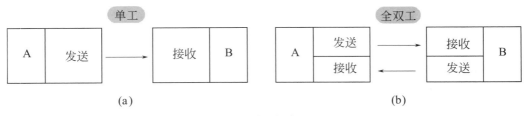

(a)   (b)

图 8-1　单工与全双工

8.1.2　通信传输介质

通信传输介质一般有3种，分别为双绞线、同轴电缆和光纤，如图8-2所示。

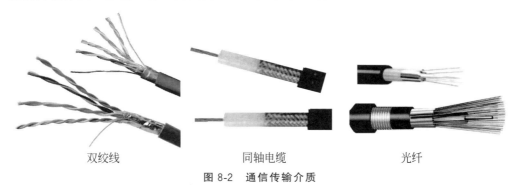

双绞线　　　　　　　同轴电缆　　　　　　　光纤

图 8-2　通信传输介质

（1）双绞线

是由一对相互绝缘的导线按照一定的规律互相缠绕在一起而制成的一种传输介质。两根线扭绞在一起其目的是为了减小电磁干扰。实际使用时，多对双绞线一起包在一个绝缘电缆套管里，典型的双绞线有一对的，有四对的。

双绞线按有无屏蔽层可分为非屏蔽双绞线和屏蔽双绞线，屏蔽层可以减小电磁干扰。双绞线具有成本低，质量轻，易弯曲，易安装等特点。RS-232和RS-485多采用双绞线进行通信。

（2）同轴电缆

同轴电缆有4层，由外向内依次是护套、外导体（屏蔽层）、绝缘介质和内导体。同轴电缆从用途上分可分为基带同轴电缆和宽带同轴电缆。基带同轴电缆特性阻抗为 50Ω，适用于计算机网络连接；宽带同轴电缆特性阻抗为 75Ω，常用于有线电视传输介质。

（3）光纤

光纤是由石英玻璃经特殊工艺拉制而成。按工艺的不同可将光纤分为单模光纤和多模光纤。单模光纤直径为 $8\sim9\mu m$，多模光纤 $62.5\mu m$。单模光纤光信号没反射，衰减小，传输距离远；多模光纤光信号多次反射，衰减大，传输距离近。

实际工程中，光纤传输需配光纤收发设备，实例如图 8-3 所示。

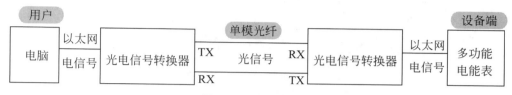

图 8-3　光纤应用实例

8.1.3　串行通信接口标准

串联通信接口标准有 3 种，分别为 RS-232C 串行接口标准、RS-422 串行接口标准和 RS-485 串行接口标准。

（1）RS-232C 串行接口标准

1969 年，美国电子工业协会 EIA 推荐了一种串行接口标准，即 RS-232C 串行接口标准。其中的 RS 是英文中的"推荐标准"缩写，232 为标识号，C 表示标准修改的次数。

① 机械性能

RS-232C 接口一般使用 9 针或 25 针 D 型连接器。以 9 针 D 型连接器最为常见。

② 电气性能

a. 采用负逻辑，用 $-15\sim-5V$ 表示逻辑"1"，用 $+5\sim+15V$ 表示逻辑"0"。

b. 只能进行一对一通信。

c. 最大通信距离 15m，最大传输速率为 20Kbit/s。

d. 通信采用全双工方式。

e. 接口电路采用单端驱动、单端接收电路，如图 8-4 所示。需要说明的是，此电路易受外界信号及公共地线电位差的干扰。

f. 两个设备通信距离较近时，只需 3 线，如图 8-5 所示。

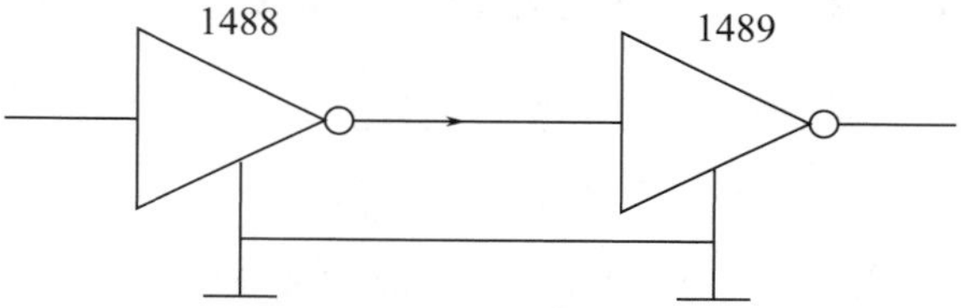

图 8-4　单端驱动、单端接收电路

（2）RS-422 串行接口标准

由于 RS-232C 接口传输速率、传输距离和抗干扰能力等受限，美国电子工业协会 EIA 又推出了一种新的串行接口标准，即 RS-422 串行接口标准。特点如下。

① RS-422 接口采用平衡驱动、差分接收电路，提高抗干扰能力。

② RS-422 接口通信采用全双工方式。

③ 传输速率为 100Kbit/s 时，最大通信距离为 1200m。

④ RS-422 通信接线，如图 8-6 所示。

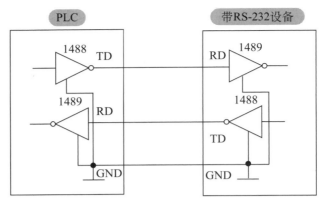

图 8-5　PLC 与 RS-232 设备通信

（3）RS-485 串行接口标准

RS-485 是 RS-422 的变形，其只有一对平衡差分信号线，不能同时发送和接收信号；RS-485 通信采用半双工方式；RS-485 通信接口和双绞线可以组成串行通信网络，构成分布式系统，在一条总线上最多可以接 32 个站，如图 8-7 所示。

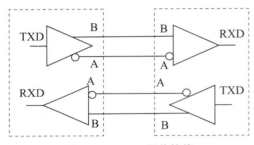

图 8-6　RS-422 通信接线

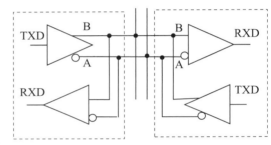

图 8-7　RS-485 通信接线

8.2　通信接口设备

FX 系列 PLC 与其他设备通信时，应给 PLC 安装上相应的通信板或通信模块。FX 系列 PLC 常用的通信板有 FX2N-232-BD、FX2N-422-BD、FX2N-485-BD。

8.2.1　FX2N-232-BD 通信板

利用 FX2N-232-BD 通信板，FX 系列 PLC 可与带有 RS-232 接口的设备进行通信。

（1）外观与安装

FX2N-232-BD 通信板外观，如图 8-8 所示。安装通信板时，拆下 PLC 表面左侧面板，将通信板的接口插到 PLC 电路板的相应插口上，并用自带螺钉固定。

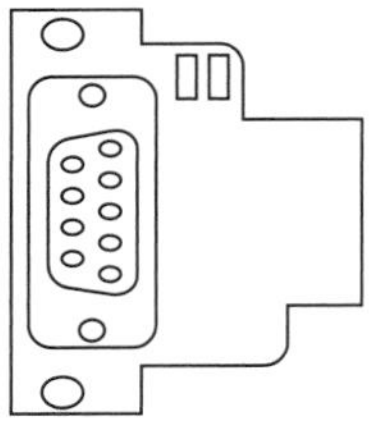

（2）FX2N-232-BD 通信板技术指标

① 接口标准：RS-232C 串行接口标准。

② 通信方式：全双工方式通信。

③ 连接接口：9 针 D-SUB 型接口。

④ 最大传输距离：15m。

FX2N-232-BD

图 8-8　FX2N-232-BD 通信板

⑤ 电源消耗：DC 5V，60mA，电源来自基本单元。

⑥ 通信协议：无协议通信、专用协议通信和编程协议通信。

（3）接口引脚及其含义

RS-232 接口引脚及含义，如图 8-9 所示。

FX2N-232-BD D-SUB 9针		信号名称	功能
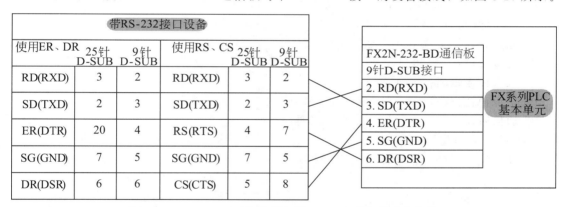 备注：7，8，9不接	1	CD	当检测到数据接收载波时，为ON
	2	RD(RXD)	接收数据输入
	3	SD(TXD)	发送数据输出
	4	ER(DTR)	数据发送到RS-232设备的信号请求准备
	5	SG(GND)	信号地
	6	DR(DSR)	表示RS-232设备准备好接收

图 8-9 接口引脚及含义

（4）通信接线

FX 系列 PLC 要通过 FX2N-232-BD 通信板与带 RS-232C 接口的设备通信，必须使用通信电缆将二者相接。FX2N-232-BD 通信板与带 RS-232C 接口的设备接线，如图 8-10 所示。

带RS-232接口设备						FX2N-232-BD通信板 9针D-SUB接口	
使用ER、DR	25针 D-SUB	9针 D-SUB	使用RS、CS	25针 D-SUB	9针 D-SUB		
RD(RXD)	3	2	RD(RXD)	3	2	2. RD(RXD)	FX系列PLC 基本单元
SD(TXD)	2	3	SD(TXD)	2	3	3. SD(TXD)	
ER(DTR)	20	4	RS(RTS)	4	7	4. ER(DTR)	
SG(GND)	7	5	SG(GND)	7	5	5. SG(GND)	
DR(DSR)	6	6	CS(CTS)	5	8	6. DR(DSR)	

图 8-10 FX2N-232-BD 通信板与带 RS-232C 接口的设备接线

8.2.2 FX2N-422-BD 通信板

利用 FX2N-422-BD 通信板，FX 系列 PLC 可与编程器和文本显示器进行通信。

（1）外观与安装

FX2N-422-BD 通信板外观，如图 8-11 所示。安装方式与 FX2N-232-BD 通信板相同，不再赘述。

（2）FX2N-422-BD 通信板技术指标

① 接口标准：RS-422 串行接口标准。

② 通信方式：全双工方式通信。

③ 连接接口：8 针 MINI-DIN 型接口。

④ 最大传输距离：50m。

⑤ 电源消耗：DC 5V，60mA，电源来自基本单元。

⑥ 通信协议：无协议通信、专用协议通信。

（3）接口引脚及其含义

RS-422 接口引脚及含义，如图 8-12 所示。

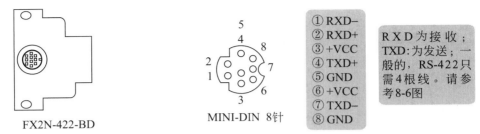

图 8-11　FX2N-422-BD 通信板

图 8-12　RS-422 接口引脚及含义

8.2.3　FX2N-485-BD 通信板

利用 FX2N-485-BD 通信板，可以实现 2 台 PLC 的通信和多台 PLC 的通信。

（1）外观与安装

FX2N-485-BD 通信板外观，如图 8-13 所示。安装方式与 FX2N-232-BD 通信板相同，不再赘述。

（2）FX2N-485-BD 通信板技术指标

① 接口标准：RS-485 串行接口标准。

② 通信方式：半双工方式通信。

③ 连接接口：5 针接口。

④ 最大传输距离：50m。

⑤ 电源消耗：DC 5V，60mA，电源来自基本单元。

⑥ 通信协议：无协议通信、专用协议通信。

（3）接口引脚及其含义

RS-485 接口引脚及含义，如图 8-14 所示。

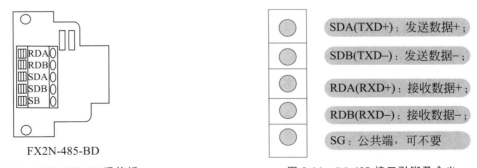

图 8-13　FX2N-485-BD 通信板

图 8-14　RS-485 接口引脚及含义

8.3　FX 系列 PLC 并联连接通信

FX 系列 PLC 并联连接通信是指 2 台 PLC 在并联连接的基础上，首先进行主、从站设置（若有高速并联模式，也需进行设定），然后相应的辅助继电器 M 和数据寄存器 D 的数据进行自动传输。

需要说明的是，2台PLC仅限于相同系列，不同系列PLC不能采用此通信模式；可进行并行通信的PLC有FX0N、FX1N、FX2N、FX3U等系列。

8.3.1 与并联连接通信主要技术指标

并联连接通信主要技术指标如下。

①连接方式：并联连接；　②PLC台数：2台；　③通信方式：半双工；

④通信标准：RS-485；　⑤通信时间：普通模式为70ms；高速模式为20ms；

⑥传输速率：19200bit/s。

8.3.2 与并联连接通信相关的软元件

与并联连接通信相关的软元件及功能，如表8-1所示。

表8-1　与并联连接通信相关的软元件及功能

序号	辅助继电器	功能	读写模式	设定
1	M8070	并联连接主站设置：当为ON时，设定为主站	写入专用	主站
2	M8071	并联连接从站设置：当为ON时，设定为从站	写入专用	从站
3	M8162	高速并联连接模式设置：为ON时，为高速模式；为OFF时，为普通模式	写入专用	主、从站
4	M8178	通道设定：设定所用通道，为ON时，设定为通道2；为OFF时，设定为通道1	写入专用	主、从站
5	M8072	并联连接中运行指示：处在并联运行中为ON	读出专用	主、从站
6	M8073	并联连接设定异常指示：主从站设定内容有误时，为ON	读出专用	主、从站
7	M8063	串行通信出错1：当通道1的串行通信出错时为ON	读出专用	主、从站
8	M8438	串行通信出错2：当通道2的串行通信出错时为ON（使用FX3U，FX3UC）	读出专用	主、从站

8.3.3 通信模式及功能

并联连接通信模式有两种，分别是普通并联连接模式和高速并联连接模式。

（1）普通并联连接模式

普通并联连接模式，如图8-15所示。该模式下，只要连接电缆连接良好，并且主、从站设定，则相应辅助继电器M和数据寄存器D的数据会进行自动传输。

当M8070继电器为ON时，该PLC被设定为主站；当M8071继电器为ON时，该PLC被设定为从站；主从站设定好且通信电缆连接好后，主站M800～M899辅助继电器状态会自动通过通信电缆传输给从站M800～M899辅助继电器，主站D490～D499数据寄存器状态会自动通过通信电缆传输给从站D490～D499数据寄存器，同理，从站M900～M999辅助继电器状态会自动通过通信电缆传输给主站M900～M999辅助继电器，从站D500～D509数据寄存器状态会自动通过通信电缆传输给主站D500～D509数据寄存器。

（2）高速并联连接模式

高速并联连接模式如图8-16所示。该模式下，只要连接电缆连接良好，并且主、从站和高速并联通信模式设置好，则相应辅助继电器M和数据寄存器D的数据会进行自动传输。高速并联通信模式原理与普通并联模式原理相似，请参考图8-16自行梳理，这里不赘述。

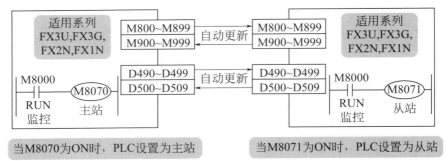

图 8-15　普通并联连接通信模式

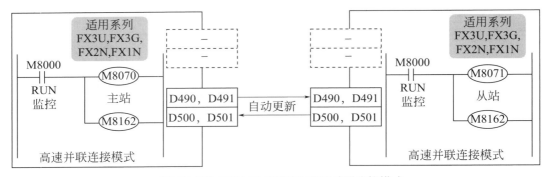

当M8162为ON时,PLC设置为高速并联连接模式

图 8-16　高速并联连接通信模式

8.3.4　通信布线

并联连接通信采用 RS-485 通信方案，2 台 PLC 均需装上 FX2N-485-BD 通信板。通信板的接线方式有两种，分别为 1 对接线和 2 对接线，具体如图 8-17、图 8-18 所示。

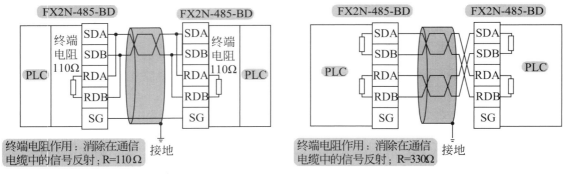

图 8-17　FX2N-485-BD 通信板 1 对接线

图 8-18　FX2N-485-BD 通信板 2 对接线

8.3.5　编程方法

关于并联连接通信的编程方法分两类讲述，其一，是普通并联连接模式的编程方法；其二，是高速并联连接模式的编程方法。

（1）普通并联连接模式的编程方法

普通并联连接模式的编程方法，如图 8-19 所示。

（2）高速并联连接模式的编程方法

高速并联连接模式的编程方法，如图 8-20 所示。

　三菱 FX 系列 PLC 编程速成全图解

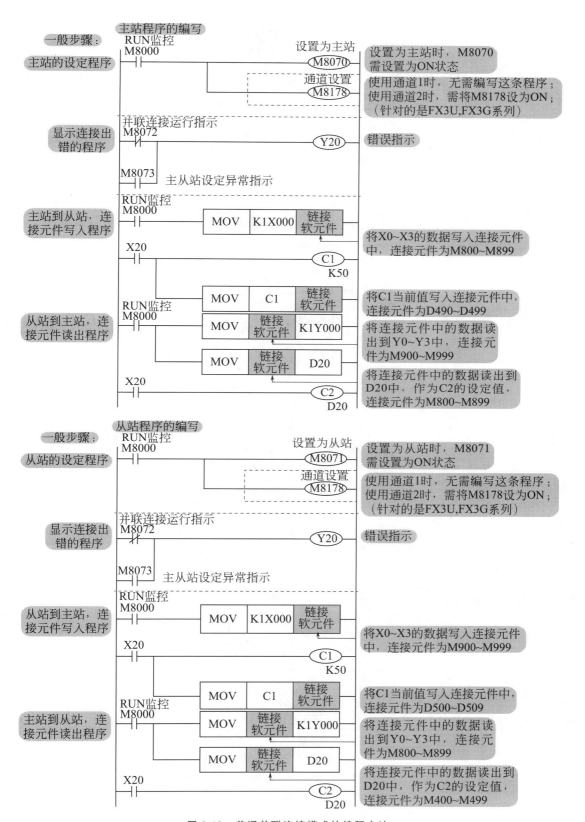

图 8-19　普通并联连接模式的编程方法

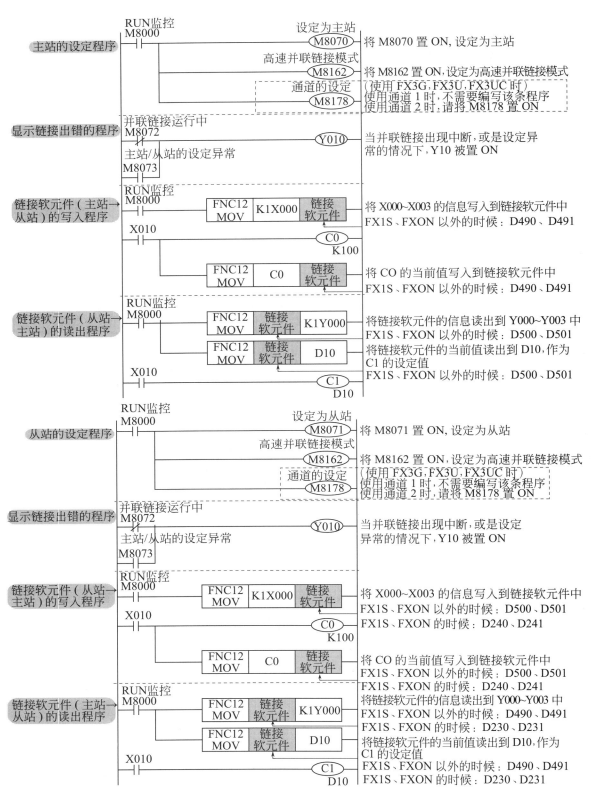

图 8-20　高速并联连接模式的编程方法

8.3.6 应用实例

（1）控制要求

有两台 PLC 型号分别为 FX2N-48MR、FX2N-32MR，二者进行并联连接通信。其中
FX2N-48MR 为主站，FX2N-32MR 为从站。具体控制要求如下。

① 主站输入信号 X0～X3 的状态传输给从站 Y0～Y3 输出。

② 从站输入信号 X0～X3 的状态传输给主站 Y10～Y13 闪烁输出。

③ 主站 D10、D20 数据进行加法运算，如果 $200 \leqslant$ 加和 $\leqslant 300$，则从站 Y4 有输出。

（2）接线及程通信序设计

① 接线：FX2N-48MR 与 FX2N-32MR 并联连接通信接线图，如图 8-21 所示。

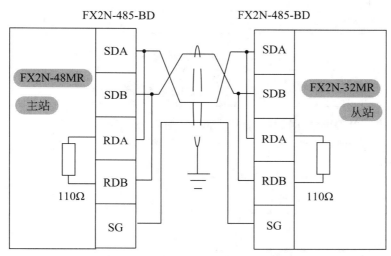

图 8-21　两台 PLC 并联连接通信接线图

② 通信程序设计：主站通信程序如图 8-22 所示，从站通信程序如图 8-23 所示。

③ 数据传输路径解析。

a. 主站到从站：

主站的 X0～X3 的状态→主站的 M800～M803→从站的 M800～M803→从站的 Y0～Y3；

主站的 D10、D20 的数据相加→主站的 D490→从站的 D490。

b. 从站到主站：

从站的 X0～X3 的状态→从站的 M900～M903→主站的 M900～M903→主站的 M0～
M3→主站的 Y10～Y13；

从站的 D490 的数值与 200，300 比较，进而驱动 M0～M2，若 $200 <$ D490 的数据 < 300，
则 M1 为 ON，使得 Y4 为 ON。

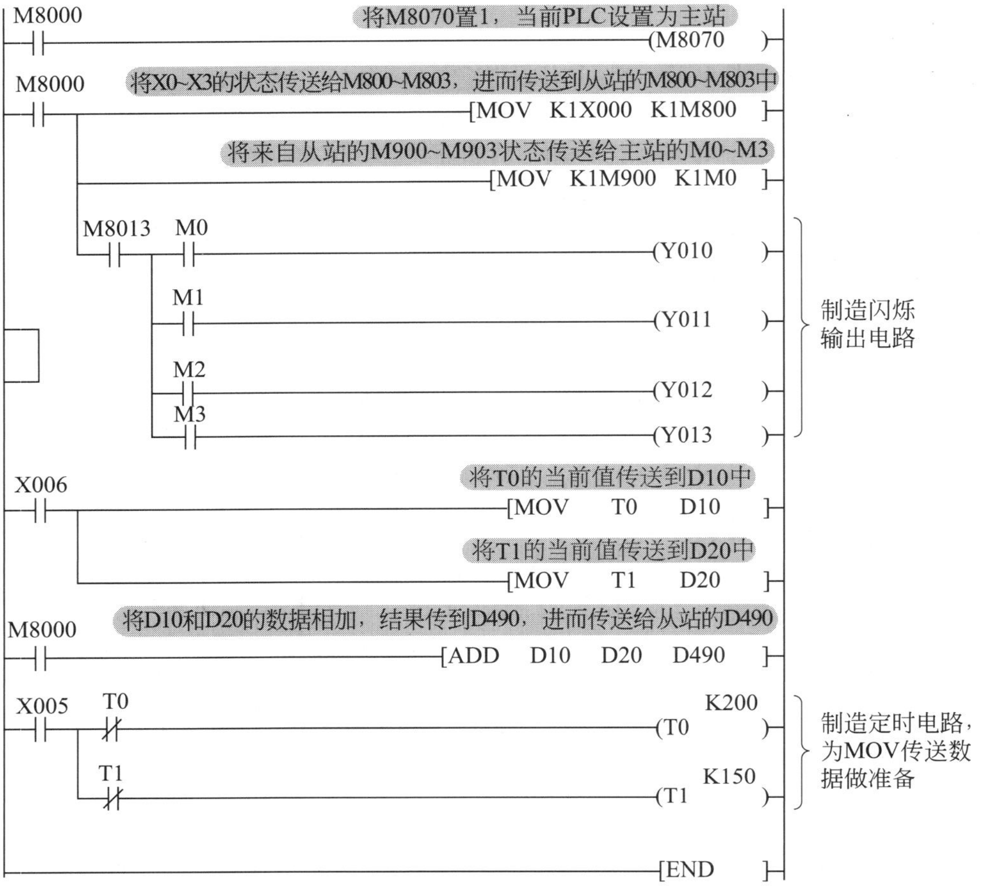

M8000 ─┤├─────────────────────────── 将M8070置1，当前PLC设置为主站 ──────────────────────
                                                                              ─(M8070)─

M8000 ─┤├─── 将X0~X3的状态传送给M800~M803，进而传送到从站的M800~M803中 ───
                                              ─[MOV   K1X000   K1M800]─

       ────── 将来自从站的M900~M903状态传送给主站的M0~M3 ──────
                                              ─[MOV   K1M900   K1M0]─

       M8013 M0
       ─┤├───┤├───(Y010)─
              M1
              ─┤├──(Y011)─   制造闪烁
              M2   输出电路
              ─┤├──(Y012)─
              M3
              ─┤├──(Y013)─

X006 ──┤├────────────────── 将T0的当前值传送到D10中 ──────────────
                                              ─[MOV   T0   D10]─

       ────────────────────── 将T1的当前值传送到D20中 ──────────────
                                              ─[MOV   T1   D20]─

M8000 ─┤├── 将D10和D20的数据相加，结果传到D490，进而传送给从站的D490 ──
                                              ─[ADD   D10   D20   D490]─

X005   T0   K200
─┤├───┤╱├──(T0)─   制定定时电路，
       T1   K150   为MOV传送数
       ─┤╱├───(T1)─   据做准备

                                                               ─[END]─

图 8-22　两台 PLC 并联连接主站通信程序

M8000 ─┤├────────────────────────── 将M8071置1，当前PLC设置为从站 ──────────────────
                                                                              ─(M8071)─

M8000 ─┤├──── 将M800~M803数据（主站传来的）传给Y0~Y3 ────
                                              ─[MOV   K1M800   K1Y000]─

       ───── 将X0~X3数据传给M900~M903，进而传给主站M900~M903 ─────
                                              ─[MOV   K1X000   K1M900]─

M8000 ─┤├── 将D490中的数据与200、300比较，进而驱动辅助继电器M0~M2 ──
                                              ─[ZCP   K200   K300   D490   M0]─

       M1   如D490中的数据小于300且大于200，则M1常开闭合，Y4有输出
       ─┤├──(Y004)─

                                                               ─[END]─

图 8-23　两台 PLC 并联连接从站通信程序

　　掌握并联连接通信的关键是把握好主从站的对应关系，往往是主站变量的控制或运算，通过主站的中间变量 M、D 对应给从站的中间变量 M、D，之后再由从站的中间变量 M、D 控制从站的相应变量；反过来，从站变量的控制或运算，通过从站的中间变量 M、D 对应给主站的中间变量 M、D，之后再由主站的中间变量 M、D 控制主站的相应变量。把握住这点并联连接通信问题就迎刃而解了。

　　此外，对应关系主要依据图 8-15、图 8-16，这里不再重述了。

8.4　FX 系列 PLC N∶N 网络通信

　　N∶N 网络通信是指多台 FX 系列 PLC 通过 RS-485 接口进行通信。

8.4.1　N∶N 网络通信主要技术指标

　　N∶N 网络通信主要技术指标如下。

① 连接方式：多台并联连接；　　② PLC 台数：≤8 台；

③ 通信方式：半双工双向传输；　　④ 通信标准：RS-485；

⑤ 传输速率：38400bit/s；　　　　⑥ 使用 RS-485 通信板最大可通信距离 50m。

8.4.2　与 N∶N 网络通信相关的软元件

　　与 N∶N 网络通信相关的软元件及功能，如表 8-2 所示。

表 8-2　N∶N 网络通信相关的软元件及功能

序号	辅助继电器/数据寄存器	功能	备注
1	M8038	参数设置：确定通信参数标志位	
2	M8179	通道设置：确定所使用通信口	
3	M8183	主站数据传送序列错误：在主站中数据发生传送错误时置 ON	
4	M8184～M8190	从站数据传送序列错误：在从站中数据发生传送错误时置 ON	
5	M8191	正在执行数据传送序列：执行 N∶N 网络时置 ON	
6	D8173	站号储存：用于存储本站的站号	
7	D8174	从站总数：用于存储从站站数	
8	D8175	刷新范围：用于存储刷新范围	
9	D8176	站号设定：设定使用站号，0 为主站，1 为从站	0～7
10	D8177	从站总数设定：设定从站总数；从站中的 PLC 无需设定	1～7
11	D8178	刷新范围设定：选择要通信的软元件点数的模式；从站中的 PLC 无需设定；若混有 FX0N，FX1S 仅可设定为模式 0	0～2
12	D8179	重试次数：即使重复指定次数的通信也没有响应的情况下，可以确定错误。从站中的 PLC 无需设定	0～10
13	D8180	监控时间：设定用于判定通信异常时间（50～2550ms），以 10ms 为单位进行设定；从站中的 PLC 无需设定	5～255

　　注：表 8-2 针对的是除 FX0N，FX1S 系列以外的 PLC。

8.4.3 通信模式及软元件分配

N：N网络通信模式有3种，分别是模式0、模式1和模式2。在使用N：N网络通信时，部分辅助继电器和数据寄存器被用作通信时存放本站的信息，可在网络上读取信息，实现数据交换。通信模式及软元件分配具体情况，如表8-3所示。

表8-3 通信模式及软元件分配

站号		模式 0		模式 1		模式 2	
		位元件	字元件	位元件	字元件	位元件	字元件
主从序号	编号	0 点	各站 4 点	各站 32 点	各站 4 点	各站 64 点	各站 8 点
主站	站号 0	—	D0～D3	M1000～M1031	D0～D3	M1000～M1063	D0～D7
	站号 1	—	D10～D13	M1064～M1095	D10～D13	M1064～M1127	D10～D17
	站号 2	—	D20～D23	M1128～M1159	D20～D23	M1128～M1191	D20～D27
	站号 3	—	D30～D33	M1192～M1223	D30～D33	M1192～M1255	D30～D37
	站号 4	—	D40～D43	M1256～M1287	D40～D43	M1256～M1319	D40～D47
	站号 5	—	D50～D53	M1320～M1351	D50～D53	M1320～M1383	D50～D57
	站号 6	—	D60～D63	M1384～M1451	D60～D63	M1384～M1447	D60～D67
	站号 7	—	D70～D73	M1448～M1479	D70～D73	M1448～M1511	D70～D77

8.4.4 通信布线

N：N网络通信采用1对接线方式，如图8-24所示。

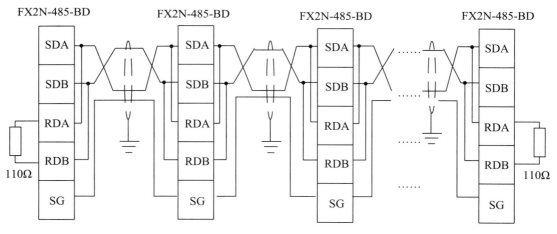

图 8-24 N：N网络通信 1 对接线

8.4.5 编程方法

N：N网络通信主站的编程方法，如图8-25所示，从站的编程方法，如图8-26所示。

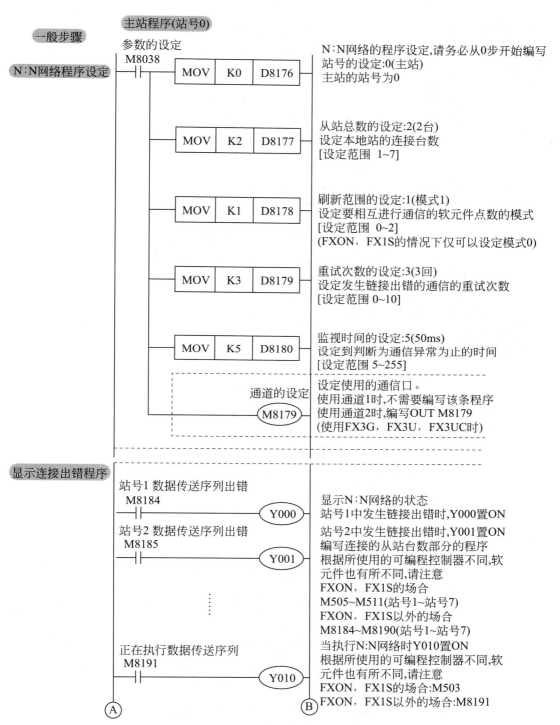

图 8-25

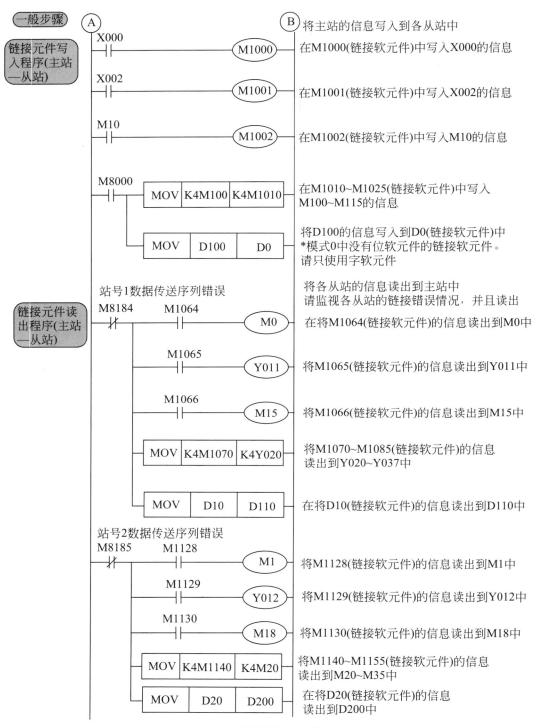

图 8-25 N:N 网络通信主站的编程方法

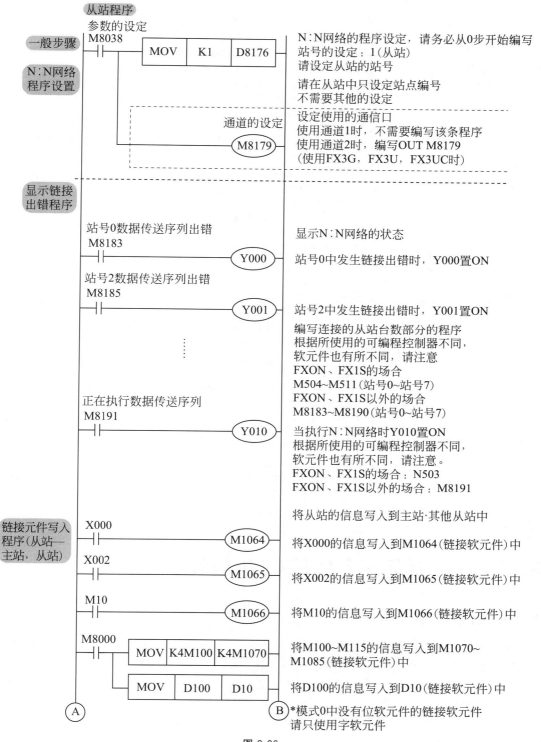

图 8-26

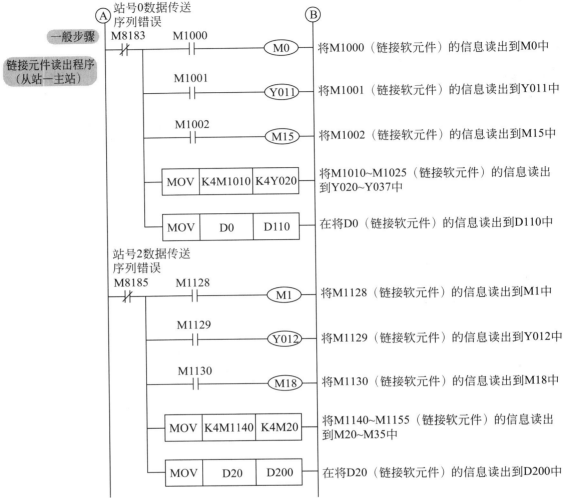

图 8-26　N:N 网络通信从站程序

8.5　FX 系列 PLC 通信应用实例

8.5.1　控制要求

某厂有一小型控制系统，系统有 1 主站和 2 个从站。3 个站的 PLC 均采用 FX2N-32MR，通信板均采用 FX2N-485-BD。控制要求如下。

① 用主站 0 的 X0 启动、X1 停止控制从站 1 电动机，从站 1 电动机为星三角启动方式，Y/△切换时间为 4s；

② 用从站 1 的 X0 启动、X1 停止控制从站 2 电动机，从站 2 电动机为延边三角形启动方式，切换时间为 4s；

③ 用从站 2 的 X0 启动、X1 停止控制主站 0 电动机，主站 0 电动机为直接启动；根据以上要求试设计控制系统。

8.5.2 系统设计

（1）方案

根据用户要求三台 PLC 均采用 FX2N-32MR 系列的，通信板均采用 FX2N-485-BD，由于是 3 个站之间的通信，故方案定为 N∶N 网络通信。

（2）硬件设计

根据直接启动、星三角启动和延边三角形启动的特点，再根据 N∶N 网络通信要求，硬件图纸如图 8-27 所示。

（3）程序设计

主站 0 程序如图 8-28 所示；从站 1 程序如图 8-29 所示；从站 2 程序如图 8-30 所示。

主站编程的基本思路：首先进行 N∶N 网络程序设定；接下来编写链接出错程序；之后为主站写入从站程序；最后为主站读从站程序和自身控制程序。

从站编程的基本思路：首先进行从站站号设定；接下来编写链接出错程序；之后为从站写入从站或从站写入主站程序；最后为从站读主站程序（或从站读从站程序）和自身控制程序。

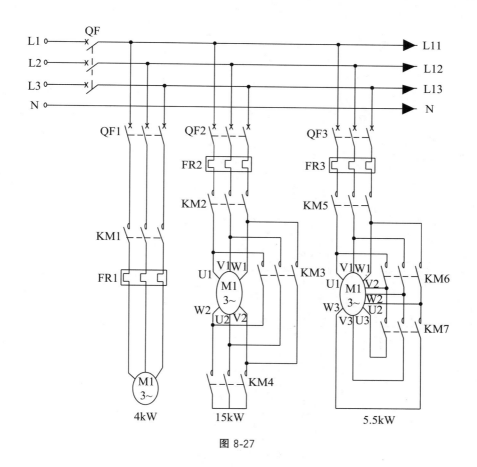

图 8-27

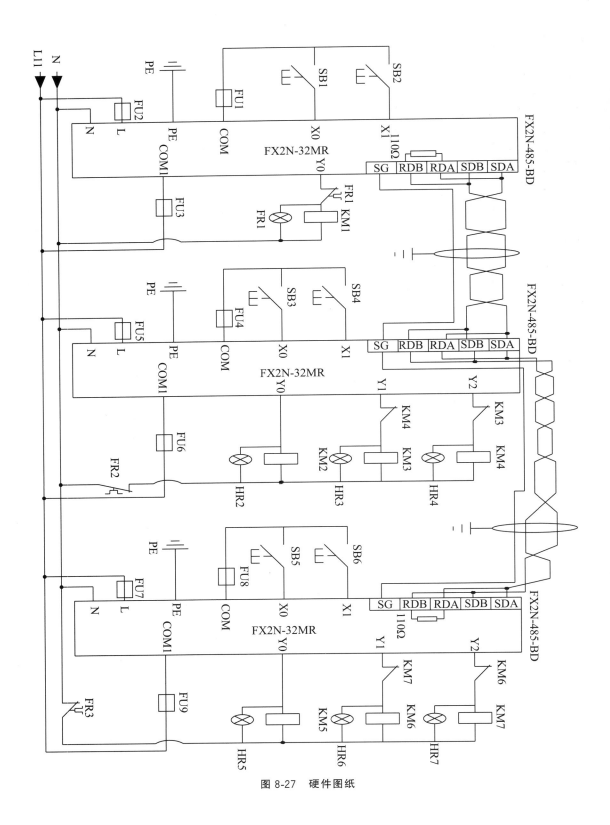

图 8-27　硬件图纸

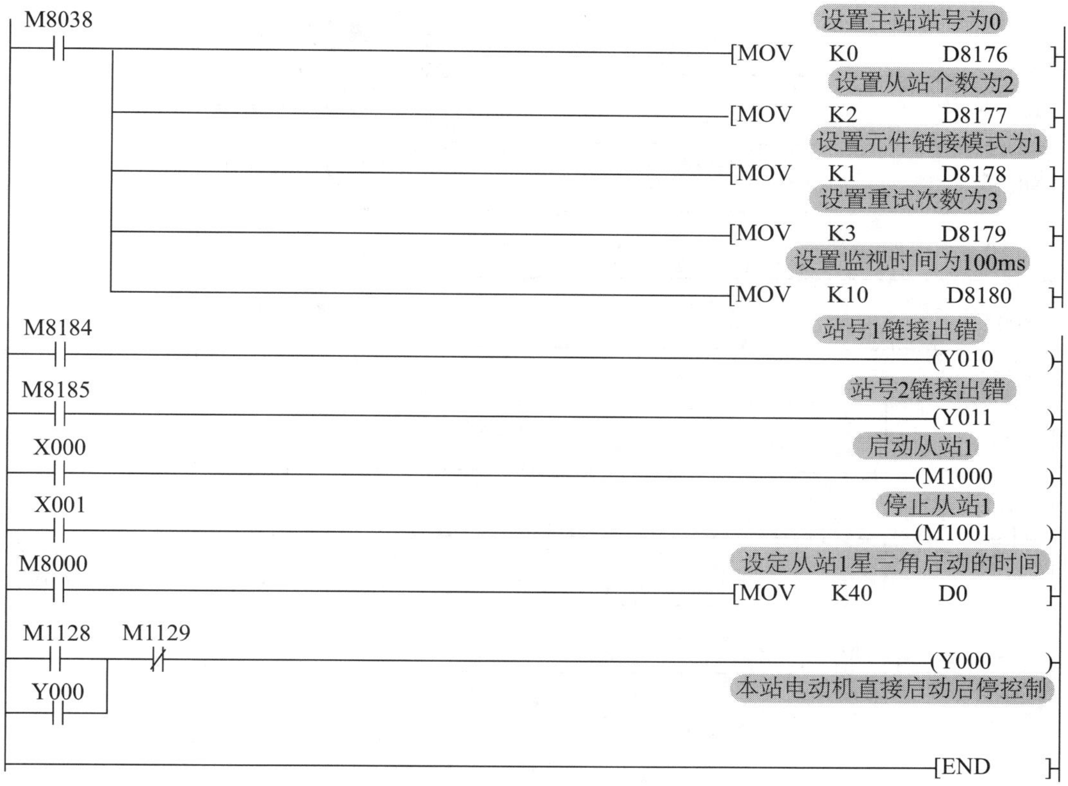

图 8-28 主站 0 通信程序

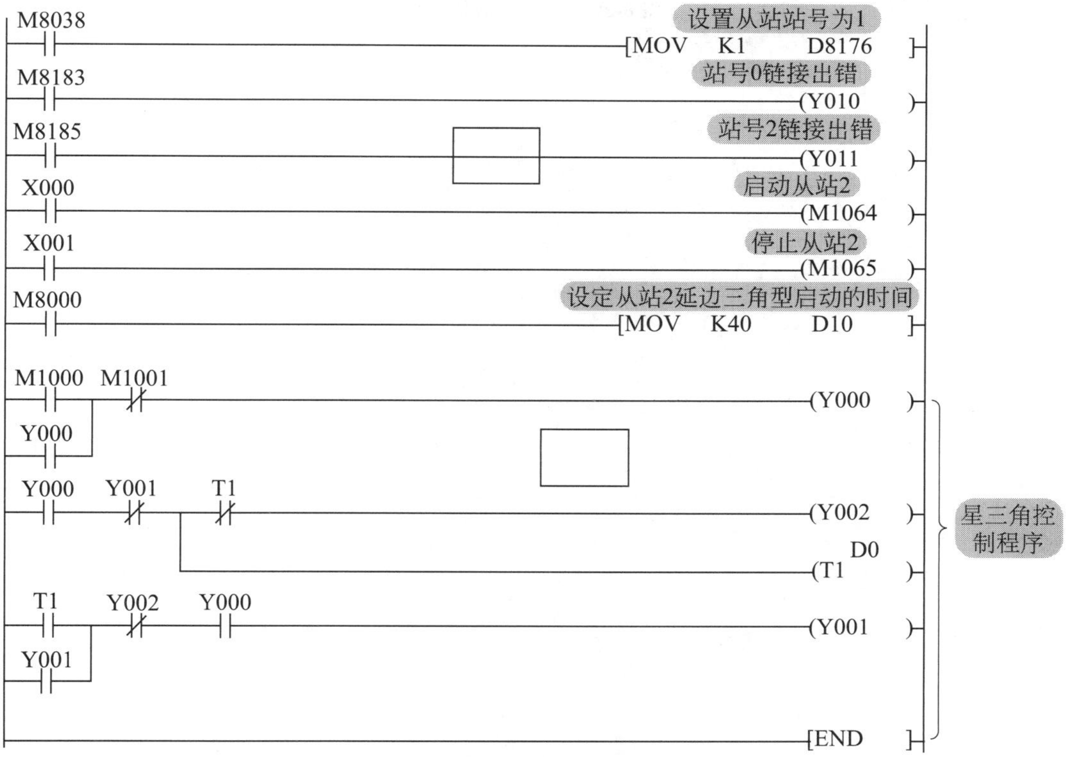

图 8-29 从站 1 通信程序

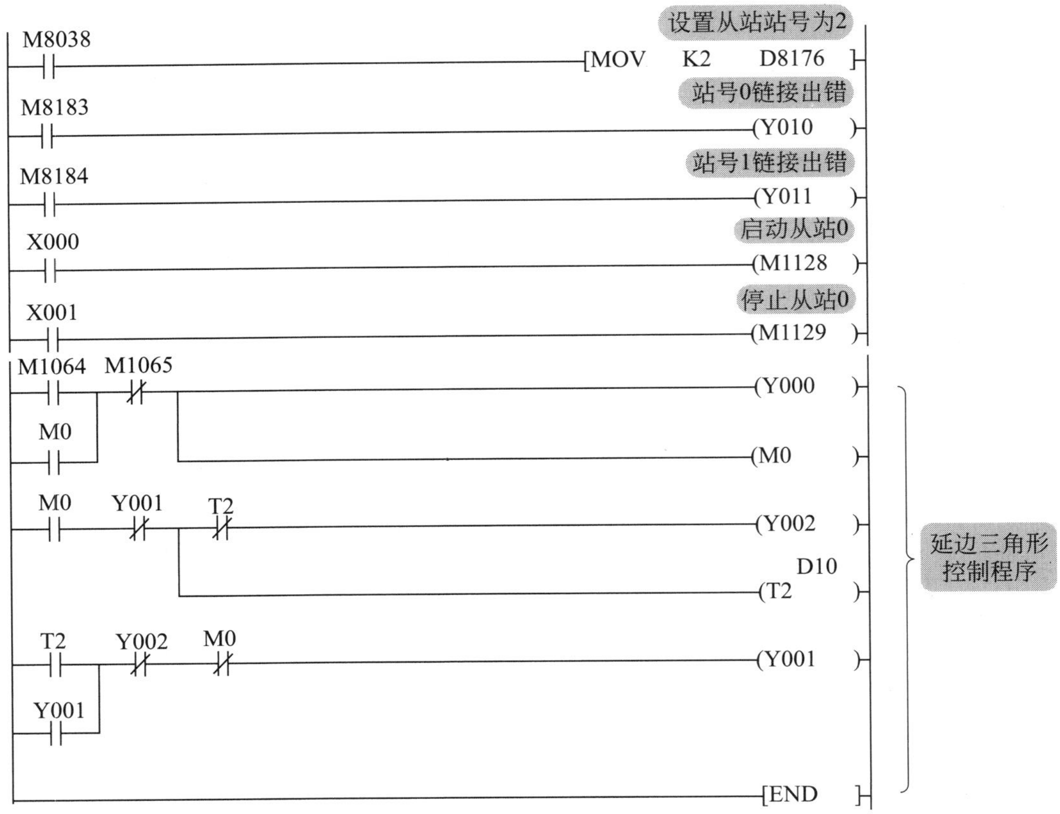

图 8-30 从站 2 通信程序

第 9 章

PLC 控制系统的设计

以 PLC 为核心组成的自动控制系统，称为 PLC 控制系统。PLC 控制系统的设计与其他形式控制系统的设计不尽相同，在实际工程中，它围绕着 PLC 本身的特点，以满足生产工艺的控制要求为目的开展工作的。一般包括硬件系统的设计、软件系统的设计和施工设计等。

9.1 PLC 控制系统设计基本原则与步骤

在掌握 PLC 的工作原理、编程语言、内部编程元件、硬件配置以及编程方法后，具有一定系统控制设计基础的电气工程技术人员就可以进行 PLC 控制系统的设计了。

9.1.1 PLC 控制系统设计的应用环境

由于 PLC 是一种计算机化了的高科技产品，相对继电器来说价格较高，因此在 PLC 控制系统设计之前，就要考虑是否有必要使用 PLC。

通常在以下情况可以考虑使用 PLC：

① 控制系统的数字量 I/O 点数较多，控制要求复杂。若使用继电器控制，则需要大量的中间继电器、时间继电器等器件；

② 对控制系统的可靠性要求较高，继电器控制系统难以满足控制要求；

③ 由于生产工艺流程或产品的变化，需要经常改变控制系统的控制关系或控制参数；

④ 可以用一台 PLC 控制多个生产设备。

附带说明对于控制系统简单、I/O 点数少，控制要求并不复杂的情况，则无需使用 PLC 控制，使用继电器控制就完全可以了。

9.1.2　PLC控制系统设计的基本原则

在实际生产过程中，任何一种控制都是以满足生产工艺的控制要求，提高生产质量和效率为目的的，因此在PLC控制系统的设计时，应遵循以下基本原则。

① 最大限度地满足生产工艺的控制要求。充分发挥PLC强大的控制功能，最大限度地满足生产工艺的控制要求，是PLC控制系统设计的首要前提。这就需要设计人员深入现场进行调查研究，收集资料，同时要注意与操作员和工程管理人员密切的配合，共同讨论，解决设计中出现的问题。

② 确保控制系统的工作安全可靠。确保控制系统的工作安全可靠，是设计的重要原则。这就要求设计者在设计时，应全面地考虑控制系统硬件和软件。

③ 力求使系统简单、经济、使用和维修方便。在满足生产工艺的控制要求前提下，要注意降低工程成本，提高工程效益，符合用户的操作习惯和方便维修。

④ 应考虑生产的发展和改进，在设计时应适当留有裕量。

9.1.3　PLC控制系统设计的一般步骤

PLC控制系统设计的流程图，如图9-1所示。

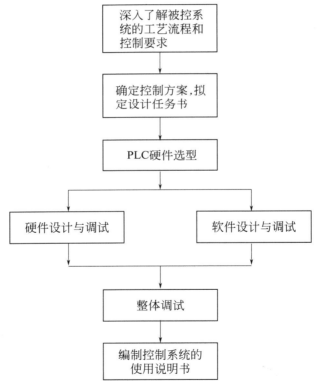

图9-1　PLC控制系统设计的流程图

（1）深入了解被控系统的工艺过程和控制要求

深入了解被控系统的工艺过程和控制要求，是系统设计的关键，这一步的好坏，直接影响着系统设计和施工的质量。首先应该详细分析被控对象的工艺过程及工作特点，了解被控对象机、电、液之间的关系，提出被控对象对 PLC 控制系统的要求。控制要求包括如下内容。

① 控制的基本方式：行程控制、时间控制、速度控制、电流和电压控制等。

② 需要完成的动作：动作及其顺序、动作条件。

③ 操作方式：手动（点动、回原点）、自动（单步、单周、自动运行）以及必要的保护、报警、连锁和互锁。

④ 确定软硬件分工。根据控制工艺的复杂程度确定软硬件分工，可从技术方案、经济型、可靠性等方面做好软硬件的分工。

（2）确定控制方案，拟定设计说明书

在分析完被控对象的控制要求基础上，可以确定控制方案。通常有以下几种方案供参考。

① 单控制器系统：单控制系统指采用一台 PLC 控制一台被控设备或多台被控设备的控制系统，如图 9-2 所示。

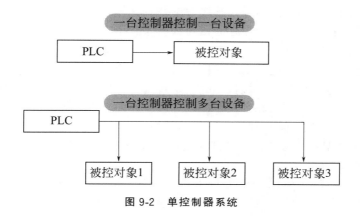

图 9-2　单控制器系统

② 多控制器系统：多控制器系统即分布式控制系统，该系统中每个控制对象都是由一台 PLC 控制器来控制的，各台 PLC 控制器之间可以通过信号传递进行内部连锁，或由上位机通过总线进行通信控制，如图 9-3 所示。

③ 远程 I/O 控制系统：远程 I/O 系统是 I/O 模块不与控制器放在一起，而是远距离地放在被控设备附近，如图 9-4 所示。

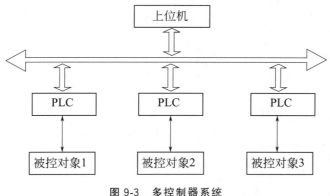

图 9-3　多控制器系统

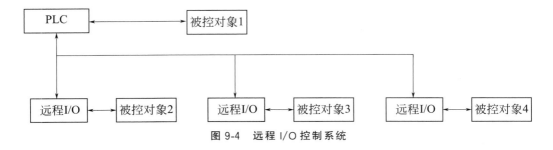

图 9-4 远程 I/O 控制系统

（3）PLC 硬件选型

PLC 硬件选型的基本原则：在功能满足的条件下，保证系统安全可靠运行，尽量兼顾价格。具体应考虑以下几个方面。

① PLC 的硬件功能

对于开关量系统，主要考虑 PLC 的最大 I/O 点数是否满足要求；如有特殊要求，如通信控制、模拟量控制和运动量控制等，则应考虑是否有相应的特殊功能模块。

此外，还要考虑扩展能力、程序存储器与数据存储器的容量等。

② 确定输入输出点数

再确定输入输出点数前，应确定哪些信号需要输入给 PLC，哪些负载需要 PLC 来驱动，还要确定哪些是数字量，哪些是模拟量，哪些是直流量，哪些是交流量，以及电压等级和是否有特殊要求。在确定时，应考虑今后系统改进和扩充的需求，应留有一定的裕量。

③ PLC 供电电源类型、输入和输出模块的类型

PLC 供电电源类型一般有两种，分别为交流型和直流型。交流型供电通常为 220V，直流型供电通常为 24V。

数字量输入模块的输入电压一般在 DC24V、AC220V。直流输入电路的延迟时间较短，可直接与光电开关、接近开关等电子输入设备直接相连；交流输入方式则适用于油雾、粉尘环境。

如有模拟量还需考虑变送器、执行机构的量程与模拟量输入输出模块的量程是否匹配，A/D 模块或 D/A 模块的分辨率，转换速度等。

继电器型输出模块的工作电压范围广，触点导通电压降小，承受瞬间过电压和瞬间过电流能力强，但触点寿命有限制，动作速度较慢。若系统的输出信号变化不是很频繁，建议优先选择继电器输出型模块。继电器型输出模块可用于交直流负载。

晶体管输出型和双向晶闸管输出型模块分别用于直流负载和交流负载，它们具有可靠性高，执行速度快，寿命长等优点，但过载能力较差。

④ PLC 的结构及安装方式

PLC 分为整体式和模块式两种，整体式每点的价格比模块式的要便宜。但模块式的功能扩展灵活，安装方便，特殊模块选择的余地大，一般较复杂的系统选择模块式 PLC。

（4）硬件设计

PLC 控制系统的硬件设计主要包括 I/O 地址分配、系统主回路和控制回路的设计、PLC 输入输出电路的设计、控制柜或操作台电气元件安装布置设计等。

① I/O 地址分配

以输入点和输入信号、输出点和输出控制是一一对应的。通常按系统配置通道与触点号，分配每个输入输出信号，即进行编号。在编号时要注意，不同型号的 PLC，其输入输出通道范围不同，要根据所选 PLC 的型号进行确定，切不可"张冠李戴"。

② 系统主回路和控制回路设计

a. 系统主回路设计：主回路通常是指电流较大的电路，如电动机主电路、控制变压器的一次侧输入回路、控制系统的电源输入和控制电路等。

在设计主电路时，主要考虑以下几个方面。

ⓐ 总开关的类型、容量、分段能力和所用的场合等。

ⓑ 保护装置的设置。短路保护要设置熔断器或断路器，过载保护要设置热继电器，漏电保护要设置漏电保护器等。

ⓒ 接地。从安全的角度考虑，控制系统应设置保护接地。

b. 系统控制回路设计：控制回路通常是指电流较小的电路。控制回路设计一般包括保护电路、安全电路、信号电路和控制电路设计等。

③ PLC 输入输出电路的设计

设计输入输出电路通常考虑以下问题。

a. 输入电路一般由 PLC 内部提供电源，输出点需根据输出模块类型选择电源；

b. 为了防止负载短路损坏 PLC，输入输出电路公共端需加熔断器保护；

c. 为了防止接触器相间短路，通常要设置互锁电路；例如正反转电路；

d. 输出电路有感性负载，为了保证输出点的安全和防止干扰，直流电路需在感性负载两端并联续流二极管；交流电路需在感性负载两端并联阻容电路，如图 9-5 所示。

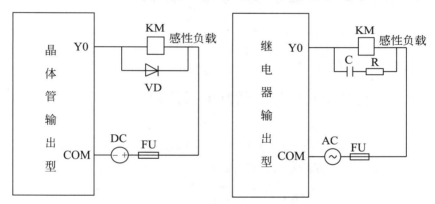

图 9-5　输出电路感性负载的处理

e. 应减少输入输出点数，具体方法可参考 6.2 节。

④ 控制柜或操作台电气元件安装布置设计

设计的目的是用于指导、规范现场生产和施工，并提高可靠性和标准化程度。

⑤ 软件设计

软件设计包括系统初始化程序、主程序、子程序、中断程序等，小型数字量控制系统往往只有主程序。

软件设计主要包括以下几步：

a. 首先应根据总体要求和控制系统的具体情况，确定程序的基本结构；

b. 绘制控制流程图或顺序功能图；

c. 根据控制流程图或顺序功能图，设计梯形图；简单系统可用经验设计法，复杂系统可用顺序控制设计法。

⑥ 软、硬件调试

调试分为模拟调试和联机调试。

在软件设计完成后一般作模拟调试。模拟调试可以通过仿真软件来代替 PLC 硬件在计算机上调试程序。若有 PLC 硬件，可以用小开关和按钮模拟 PLC 的实际输入信号，在通过输出模块上个输出位对应的指示灯，观察输出信号是否满足设计要求。若需要模拟信号 I/O 时，可用电位器和万用表配合进行。

硬件模拟调试主要是对控制柜或操作台的接线进行测试，可在操作台的接线端子上模拟 PLC 外部数字输入信号，或者操作按钮指令开关，观察对应 PLC 输入点的状态。

在联机调试时，把编制好的程序下载到现场的 PLC 中。调试时主电路一定要断电，只对控制电路进行调试。通过现场联机调试，还会发现新的问题或需要对某些控制功能进行改进。

如软硬件调试均没问题，可以整体调试了。

⑦ 编制控制系统的使用说明书

系统交付使用后，应根据调试的最终结果整理出完整的技术文件，单位存档，部分资料提供给用户，以利于系统地维修和改进。

编制的文件有 PLC 的硬件接线图和其他的电气样图，PLC 编程元件表和带有文字说明的梯形图。此外若使用的是顺序控制法，顺序功能图也需要加已整理。

9.2 组合机床 PLC 系统的设计

传统的生产机械大多数由继电器系统来控制，PLC 的广泛应用打破了这种状况，好多的大型机床都进行了相应的改造。本节将以单工位液压传动组合机床为例，对传统的大型机床改造问题给予讲解。

9.2.1 双面单工位液压组合机床的继电器控制

（1）双面单工位液压组合机床简介

图 9-6 为双面单工位液压组合机床的继电器系统电路图。从图中不难看出该机床由 3 台电动机进行拖动，其中 M1、M2 为左右动力头电动机，M3 为冷却泵电动机；SA1、SA2 分别为左右动力头单独调整开关，通过它们对左右动力头进行调整；SA3 为冷却泵电动机工作选择开关。

双面单工位液压传动组合机床左右动力头的循环工作示意图，如图 9-7 所示。每个动力头均有快进、工进和快退 3 种运动状态，且三种状态的切换由行程开关发出信号。组合机床液压状态，如表 9-1 所示，其中 KP 为压力继电器、YV 为电磁阀。

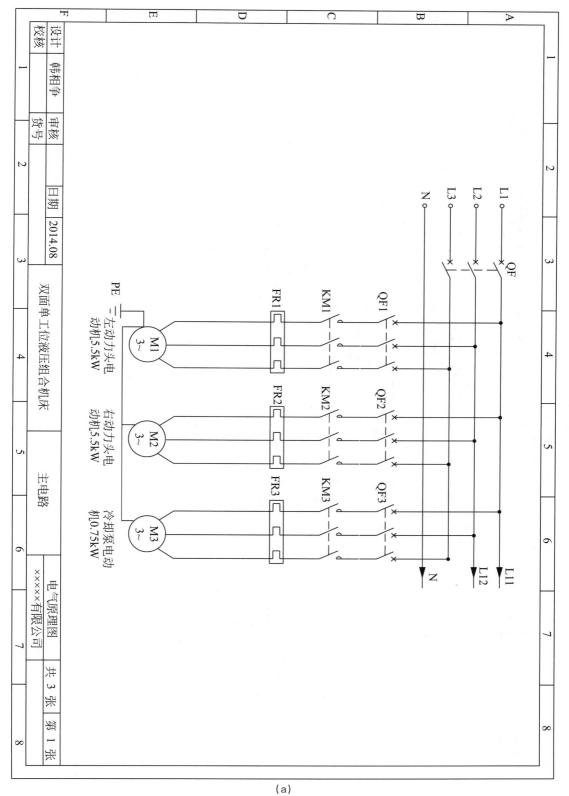

(a)

图 9-6

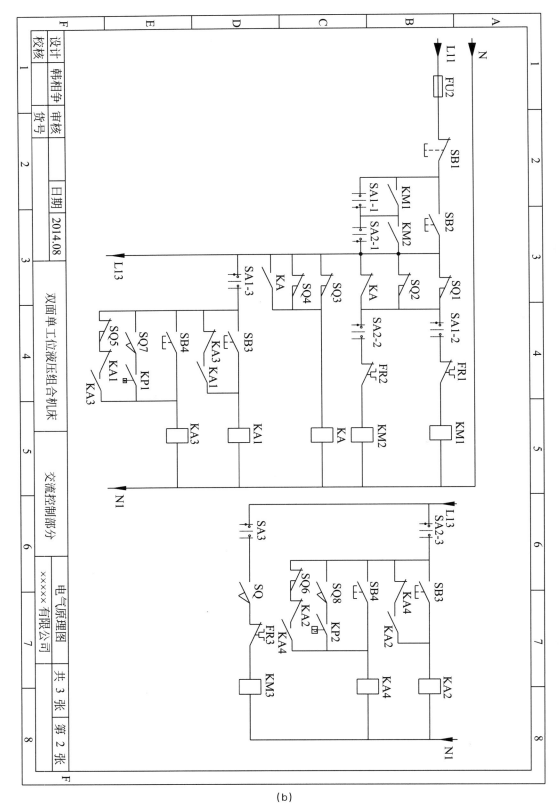

（b）

图 9-6

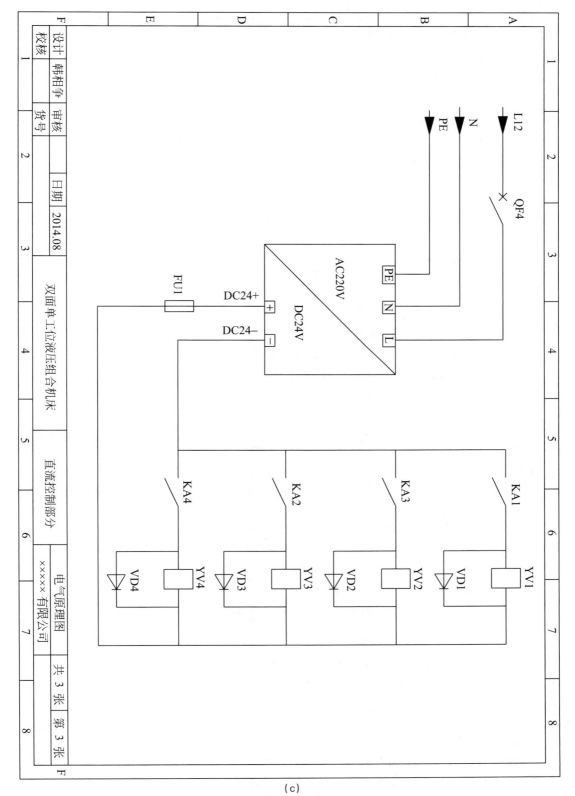

（c）

图 9-6　双面单工位液压组合机床继电器系统电路图

表 9-1 组合机床液压状态

工步	YV1	YV2	YV3	YV4	KP1	KP2
原位停止	－	－	－	－	－	－
快进	＋	－	＋	－		
工进	＋	－	＋	－		
死挡铁停留	＋	－	＋	－	＋	＋
快退	－	＋	－	＋		

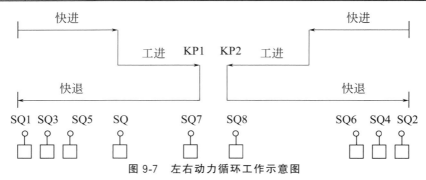

图 9-7 左右动力循环工作示意图

（2）双面单工位液压组合机床工作原理

SA1、SA2 处于自动循环位置，按下启动按钮 SB2，接触器 KM1、KM2 线圈得电并自锁，左右动力头电动机同时启动旋转；按下前进启动按钮 SB3，中间继电器 KA1、KA2 得电并自锁，电磁阀 YV1、YV3 得电，左右动力头快进并离开原位，行程开关 SQ1、SQ2、SQ5、SQ6 先复位，行程开关 SQ3、SQ4 后复位，并使 KA 得电自锁。在动力头进给过程中，由各自行程阀自动将快进变为工进，同时压下行程开关 SQ，接触器 KM3 线圈通电，冷却泵 M3 工作，供给冷却液。左右动力头加工完毕后压下 SQ7 并顶在死挡铁上，使其油路油压升高，压力继电器 KP1 动作，使 KA3 得电并自锁。右动力头加工完毕后压下 SQ8 并使 KP2 动作，KA4 将接通并自锁，同时 KA1、KA2 将失电，YV1、YV3 也失电，而 YV2、YV4 通电，使左右动力头快退。当左动力头使 SQ 复位后，KM3 将失电，冷却泵电动机将停转。左右动力头快退至原位时，先压下 SQ3、SQ4，再压下 SQ1、SQ2、SQ5、SQ6，使 KM1、KM2 线圈断电，动力头电动机 M1、M2 断电停转，同时 KA、KA3、KA4 线圈断电，YV2、YV4 断电，动力头停止动作，机床循环结束。加工过程中，如果按下 SB4，可随时使左右动力头快退至原位停止。

9.2.2 双面单工位液压组合机床的 PLC 控制

（1）PLC 及相关元件选型

本系统采用日本三菱 FX 系列 PLC，AC 电源，DC 输入，继电器输出型。PLC 的输入信号应有 21 个，且为开关量，其中有 4 个按钮，9 个行程开关，3 个热继电器常闭触点，2 个压力继电器触点，3 个转换开关。但在实际应用中，为了节省 PLC 的输入输出点数，将输入信号做以下处理：SQ1 和 SQ2、SQ3 和 SQ4 并联作为输入，SQ7 和 KP1、SQ8 和 KP2、SQ 和 SA3 串联作为输入，将 FR1、FR2、FR3 常闭触点分配到输出电路中，这样处理后输入信号由原来的 21 点降到现在的 13 点；输出信号有 7 个，其中有 3 个接触器，4 个电磁阀；由于接触器和电磁阀所加的电压不同，因此输出有两路通道。元件的具体材料清单，如表 9-2 所示。

表 9-2　组合机床材料清单

序号	材料名称	型号	备注	厂家	单位	数量
1	微型断路器	iC65N，D40/3P	380V，40A，三极	施耐德	个	1
2	微型断路器	iC65N，D16/3P	380V，16A，三极	施耐德	个	2
3	微型断路器	iC65N，D4/3P	380V，4A，三极	施耐德	个	1
4	微型断路器	iC65N，C6/1P	380V，6A，一极	施耐德	个	2
5	接触器	LC1D12M	380V，12A，线圈 220V	施耐德	个	2
6	接触器	LC1D09M	380V，9A，线圈 220V	施耐德	个	1
7	中间继电器插头	MY2N-J，24VDC	线圈 24V	欧姆龙	个	4
8	中间继电器插座	PYF08A-C		欧姆龙	个	4
9	热继电器	LRD16C	380V，整定范围：9～13A	施耐德	个	2
10	热继电器	LRD07C	380V，整定范围：1.6～2.5A	施耐德	个	1
11	停止按钮底座	ZB5AZ101C		施耐德	个	1
12	停止按钮按钮头	ZB5AA4C	红色	施耐德	个	1
13	启动按钮	XB5AA31C	绿色	施耐德	个	3
14	选择开关	XB5AD21C	黑色，2 位 1 开	施耐德	个	3
15	熔体	RT28N-32/6A	6A	正泰	个	1
16	熔断器底座	RT28N-32/1P	一极	正泰	个	1
17	电源指示灯	XB7EVM1LC	220V，白色	施耐德	个	1
18	电动机指示灯	XB7EVM3LC	220V，绿色	施耐德	个	3
19	电磁阀指示灯	XB7EV33LC	24V，绿色	施耐德	个	4
20	直流电源	CP M SNT	180W，24V，7.5A	魏德米勒	个	1
21	PLC	FX2N-32MR	AC 电源，DC 输入，继电器输出	三菱	台	1
22	端子	UK10N	可夹 0.5～10mm² 导线	菲尼克斯	个	4
23	端子	UK3N	可夹 0.5～2.5mm² 导线	菲尼克斯	个	9
24	端子	UKN1.5N	可夹 0.5～1.5mm² 导线	菲尼克斯	个	16
25	端板	D-UK4/10	UK10N，UK3N 端子端板	菲尼克斯	个	2
26	端板	D-UK2.5	UK1.5N 端子端板	菲尼克斯	个	2
27	固定件	E/UK	固定端子，放在端子两端	菲尼克斯	个	8
28	标记号	ZB10	标号（1～5），UK10N 端子标记条	菲尼克斯	条	1
29	标记号	ZB5	标号（1～10），UK3N 端子标记条	菲尼克斯	条	1

序号	材料名称	型号	备注	厂家	单位	数量
30	标记号	ZB4	标号（1-30），UK1.5N 端子标记条	菲尼克斯	条	1
31	汇线槽	HVDR5050F	宽×高＝50×50	上海日成	m×m	5
32	导线	H07V-K，10mm²	蓝色	慷博电缆	m	3
33	导线	H07V-K，10mm²	黑色	慷博电缆	m	5
34	导线	H07V-K，4mm²	黑色	慷博电缆	m	8
35	导线	H07V-K，2.5mm²	黑色	慷博电缆	m	10
36	导线	H07V-K，2.5mm²	蓝色	慷博电缆	m	5
37	导线	H07V-K，1.5mm²	蓝色	慷博电缆	m	5
38	导线	H07V-K，1.5mm²	黑色	慷博电缆	m	5
39	导线	H05V-K，1.0mm²	黑色	慷博电缆	m	20
40	导线	H07V-K，2，5mm²	黄绿色	慷博电缆	m	5
41	导线	H07V-K，10mm²	黄绿色	慷博电缆	m	5
42	铜排	15×3		辽宁铜业	m	0.5
43	绝缘子	SM-27×25（M6）	红色	海坦华源电气	个	2
44	操作台	宽×高×深＝600×960×400		自制	个	1
设计编制	韩相争	总工审核	×××			

（2）硬件设计

双面单工位液压组合机床 I/O 分配，如表 9-3 所示，硬件设计的主回路、控制回路、PLC 输入输出回路、操作台图纸如图 9-8 所示。

表 9-3　双面单工位液压组合机床 I/O 分配

输入量				输出量	
启动按钮 SB2	X0	行程开关 SQ6	X7	接触器 KM1	Y0
停止按钮 SB1	X1	行程开关 SQ1/SQ2	X10	接触器 KM2	Y1
快进按钮 SB3	X2	行程开关 SQ3/SQ4	X11	接触器 KM3	Y2
快退按钮 SB4	X3	行程开关 SQ7/KP1	X12	电磁阀 YV1	Y4
调整开关 SA1	X4	行程开关 SQ8/KP2	X13	电磁阀 YV2	Y5
调整开关 SA2	X5	行程开关 SQ/SA3	X14	电磁阀 YV3	Y6
行程开关 SQ5	X6			电磁阀 YV4	Y7

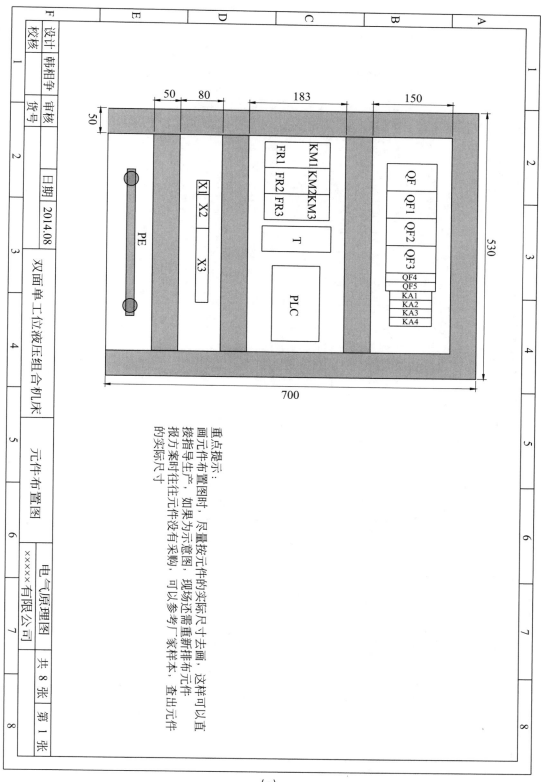

重点提示：
画元件布置图时，尽量按元件的实际尺寸去画，这样可以直接指导生产。如果为示意图，现场还需重新排布元件。报方案时往往元件没有采购，可以参考厂家样本，查出元件的实际尺寸

设计	韩相争	货号	
校核		审核	
		日期	2014.08

双面单工位液压组合机床

元件布置图

电气原理图

××××有限公司

共 8 张　第 1 张

(a)

图 9-8

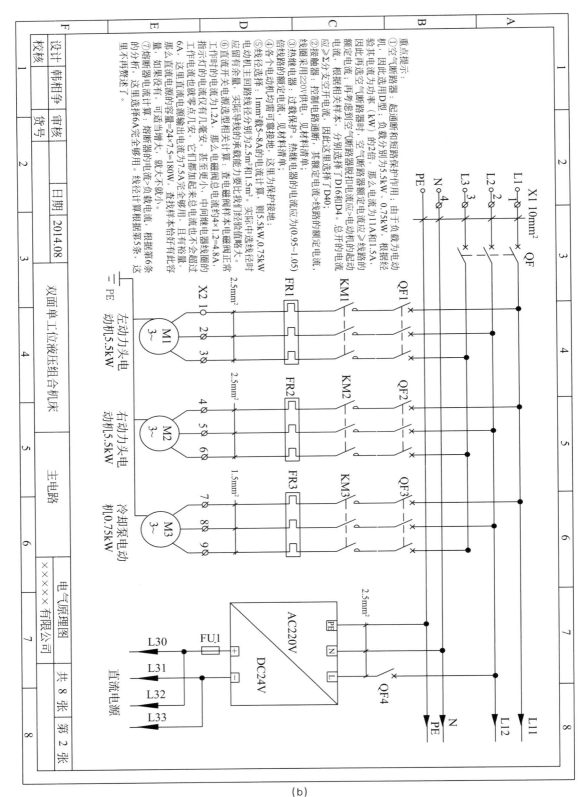

重点提示：

①空气断路器：起通断和短路保护作用；由于负载为电动机，因此选用D型；负载为功率（kW）的2倍，电流分别为5.5kW、0.75kW，根据经验其电流为功率的2倍，那么电流为11A和1.5A，因此再选空气断路器额定电流≥空气断路器额定电流的额定电流，再参考起到额定电流，分别选择了D16和D4；

②接触器：按控制电路的额定电流。过载通断，见材料清单；

③热继电器：热保护，见材料清单；

④各个电动机为线路为保护接地；其额定电流=线路的额定电流。

⑤线径选择：1mm²载5~8A的电流之需可靠接地：过载通断，其额定电流应为(0.95~1.05)电动机的额定电流。线径采用220V供电，根据相关样本；

⑥电动机主回路按线径选择：1mm²载5~8A的电流之需。实际导线型计算，查电磁阀样本电磁阀线径的倍值略大。则5.5kW/0.75kW电动机均为1mm²和1.5mm²。实际中选线径时工作时的电流约4×1.2=4.8A，中间继电器线圈的工作电流为1.2A，那么总电流也不会超过指示灯主回路总未起来加起7.5A完全够用，且有裕量。那么选择6A完全够用。这里主回路仅几毫安，甚至更小，就太小载了。6A，这里直流电源的容量，熔断器的容量，可适当增量。如果总有，那么熔断的容量就太小载了。直流电源计算=24×7.5=180W。线径计算根据第5条，那么这直流电流也选择6A完全够用。这里直流的分析，这里直流电流=负载电流，且日有此容量，就不再分析了。

X1 10mm² QF

L1 —1∅—
L2 —2∅—
L3 —3∅—
N —4∅—
PE ○

X2 1∅ 2∅ 3∅ —2.5mm² FR1 KM1 QF1 M1 3~ 左动力头电动机5.5kW

4∅ 5∅ 6∅ —2.5mm² FR2 KM2 QF2 M2 3~ 右动力头电动机5.5kW

7∅ 8∅ 9∅ —1.5mm² FR3 KM3 QF3 M3 3~ 冷却泵电动机0.75kW

三 PE

电气原理图

AC220V DC24V
—2.5mm²
QF4
PE N L

FU1
L30
L31
L32
L33
直流电源

L11
L12
N
PE

<table>
<tr><td colspan="2">设计</td><td>韩相争</td><td>审核</td><td>日期</td><td>2014.08</td><td rowspan="2">双面单工位液压组合机床</td><td rowspan="2">主电路</td><td rowspan="2">××××有限公司</td><td>共 8 张</td><td>第 2 张</td></tr>
<tr><td colspan="2">校核</td><td></td><td>货号</td><td></td><td></td><td></td><td></td></tr>
<tr><td>1</td><td></td><td>2</td><td>3</td><td></td><td>4</td><td>5</td><td>6</td><td>7</td><td>8</td></tr>
</table>

(b)

图 9-8

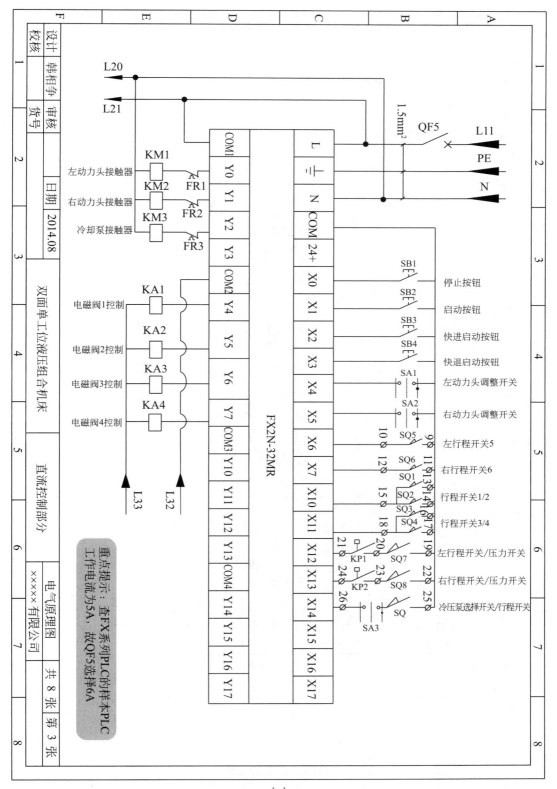

（c）

图 9-8

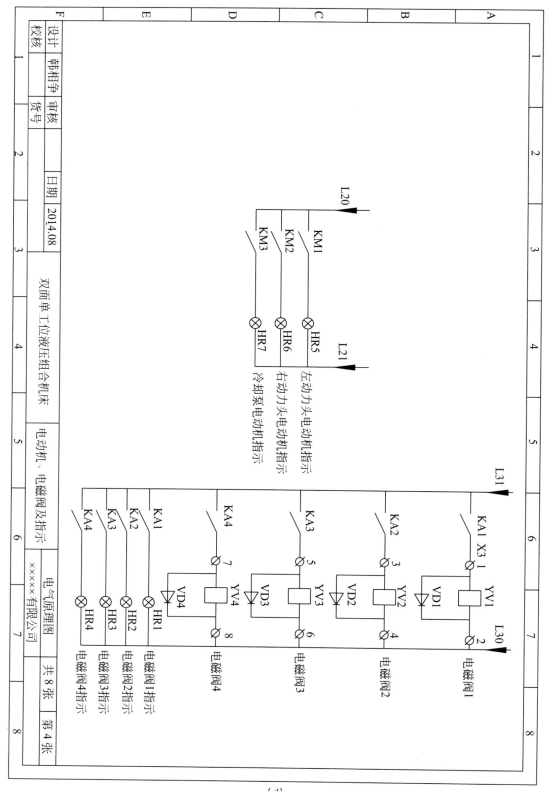

(d)

图 9-8

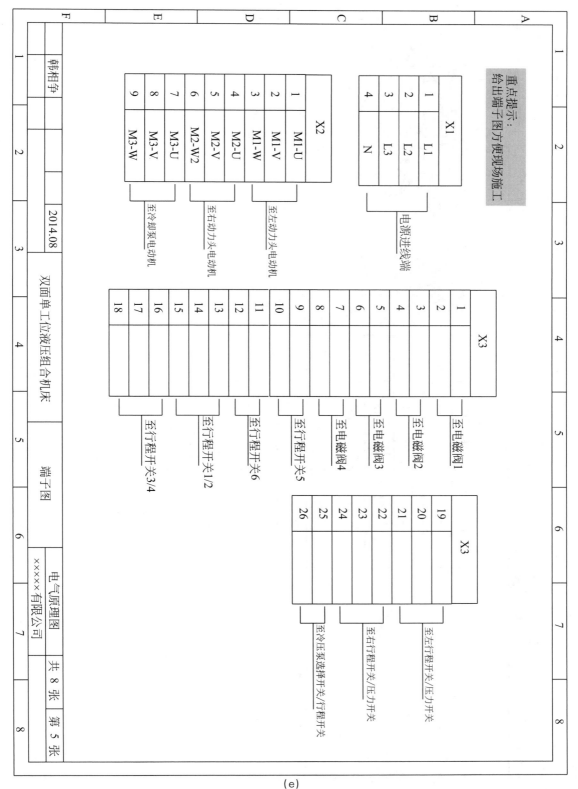

重点提示：
给出端子图方便现场施工

	X1	
1	L1	
2	L2	
3	L3	
4	N	

电源进线端

	X2	
1	M1-U	
2	M1-V	
3	M1-W	至左动力头电动机
4	M2-U	
5	M2-V	
6	M2-W2	至右动力头电动机
7	M3-U	
8	M3-V	
9	M3-W	至冷却泵电动机

	X3	
1		至电磁阀1
2		
3		至电磁阀2
4		
5		至电磁阀3
6		
7		至电磁阀4
8		
9		至行程开关5
10		
11		至行程开关6
12		
13		至行程开关1/2
14		
15		
16		至行程开关3/4
17		
18		

	X3	
19		至左行程开关/压力开关
20		
21		
22		至右行程开关/压力开关
23		
24		
25		至冷压泵选择开关/行程开关
26		

F	韩相争		2014.08	双面单工位液压组合机床	端子图	电气原理图	共 8 张	第 5 张
						×××××有限公司		
	1	2	3	4	5	6	7	8

(e)

图 9-8

元件明细

1	QF-QF5	微型断路器	
2	KM1-KM2	接触器	
3	FR1-FR2	热继电器	
4	T	直流电源	
5	KA1-KA4	中间继电器	
6	FU1	熔断器	
7	SB1-SB4	按钮	
8	SA1-SA3	选择开关	
9	SQ-SQ8	行程开关	
10	KP1-KP2	压力开关	
11	HR1-HR7	指示灯	
12	YV1-YV4	电磁阀	
13	VD1-VD4	二极管	

重点提示：
给出元件明细表，为现场操作人员提供方便。在工程中，有些设计给出来的文字符号不通用，因此编写元件明细表加以说明是必要的

设计	韩相争	审核	日期 2014.08
校核		页号	
	1	2	3

双面单工位液压组合机床

元件明细表

电气原理图

×××× 有限公司

共 8 张   第 6 张

(f)

图 9-8

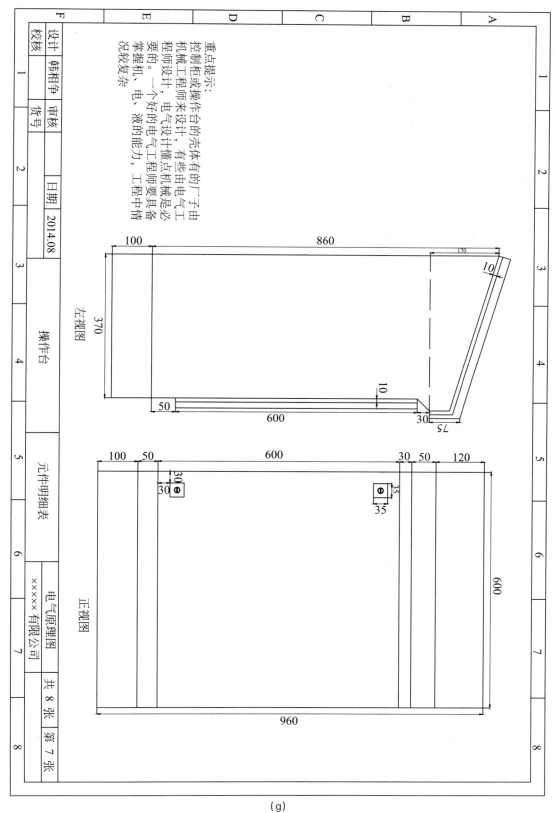

（g）

图 9-8

重点提示：

控制柜或操作台的壳体有的厂由机械工程师来设计，有些由电气工程师设计，电气设计懂点机械是必要的。一个好的电气设计工程师要具备掌握机、电、液的能力，工程中情况较复杂。

左视图

100　　860

370

170

10

10

50

600

30

75

正视图

100　50　　600　　30　50　120

30
30

35
35

600

960

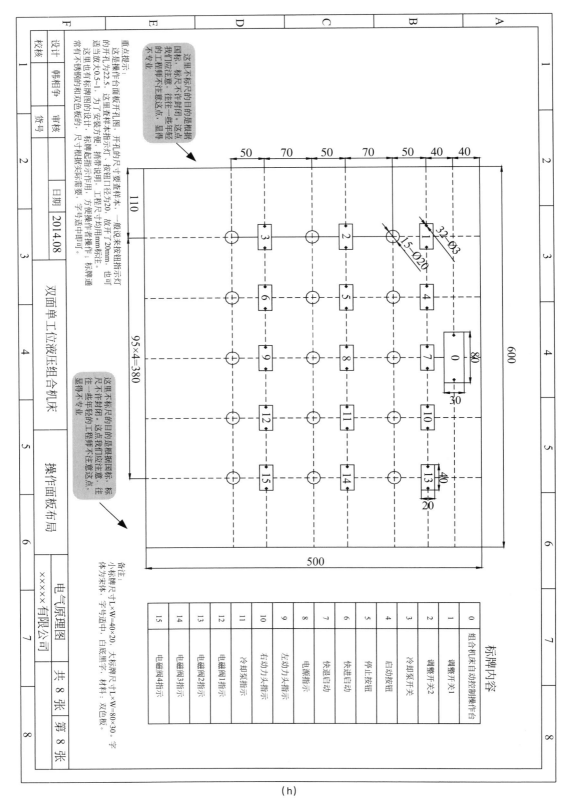

校核	韩相争	货号				
设计		审核	日期	2014.08		

双面单工位液压组合机床

操作面板布局

电气原理图

×××××有限公司

共 8 张　第 8 张

重点提示：
这里不标尺的目的是根据图标、标牌不许封闭。这点我们应注意，住任一些年轻的工程师不注意这点。

这是操作台面板开孔图。开孔的尺寸要套样本，一般按米按钮指示灯的开孔为22.5。这里套样本指示灯，按钮口径为20。故开了20mm，也可适当放大0.5~1。为了安装方便，工程尺寸均用mm标注。

这里也有标牌图的设计，标牌起指示作用，标牌通带有不锈钢的和双色板的。尺寸根据实际需要，字号适中即可。

这里不标尺的目的是根据图标、标牌不许封闭。这点我们应注意，住任一些年轻的工程师不注意这点。

这里不标尺的目的是根据图标、标牌不许封闭。这点我们应注意，住任一些年轻的工程师不注意这点。

备注：
小标牌尺寸L×W=40×20，大标牌尺寸L×W=80×30。字号适中，白底黑字，材料：双色板。

标牌内容

0	组合机床自动控制操作台
1	调整按钮
2	调整开关2
3	冷却泵开关
4	启动按钮
5	停止按钮
6	电源指示
7	快进启动
8	快退指示
9	左动力头指示
10	右动力头指示
11	冷却泵指示
12	电磁阀1指示
13	电磁阀2指示
14	电磁阀3指示
15	电磁阀4指示

(h)

图 9-8 双面单工位液压组合机床硬件图纸

（3）软件设计

本例为继电器控制改造成 PLC 控制的典型问题，因此在编写 PLC 梯形图时，采用翻译设计法是一条捷径。翻译设计法即根据继电器控制电路的逻辑关系，将继电器电路的每一个分支按一一对应的原则逐条翻译成梯形图，再按梯形图的编写原则进行化简。双面单工位液压组合机床梯形图，如图 9-9 所示。

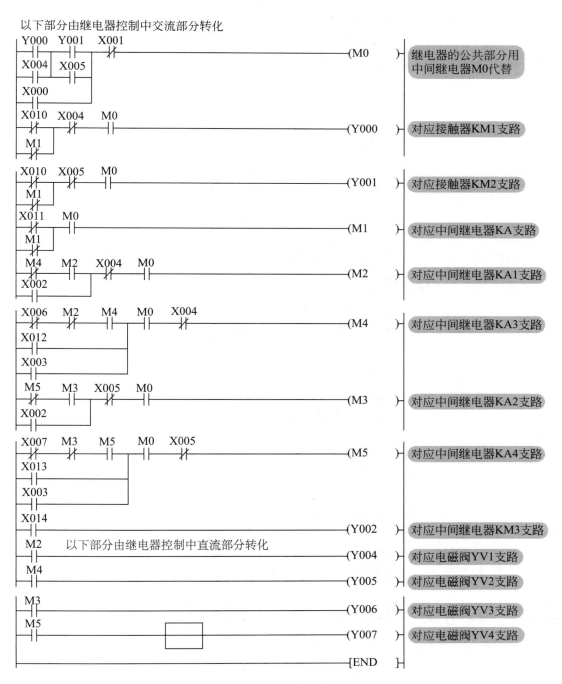

图 9-9　双面单工位液压组合机床梯形图

需要指出，在使用翻译设计法时，务必注意常闭触点信号的处理。前面介绍的其他梯形图的设计方法时（翻译设计法除外），假设的前提是硬件外部数字量输入信号均由常开触点提供的，但在实际中，有些信号是由常闭触点提供的，如本例中 X6、X7、X10、X11 的外部输入信号就是由限位开关的常闭触点提供的。

类似这样的问题，在使用翻译设计法时，为了保证继电器电路和梯形图电路触点类型的一致性，常常将外部接线图中的输入信号全部选成由常开触点提供的，这样就可以将继电器电路直接翻译成梯形图。但这样改动存在着一定的问题：那就是原来是常闭触点输入的改成了常开触点输入，所以在梯形图中需作调整，即外接触点的输入位常开改成常闭，常闭改成常开，如图 9-10 所示。

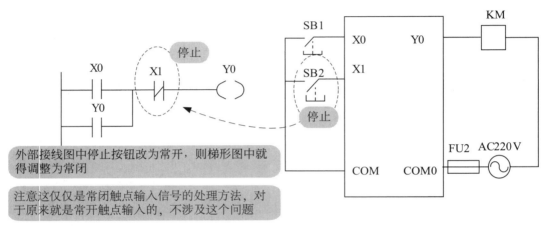

图 9-10　翻译法中常闭输入信号的处理方法

（4）组合机床自动控制调试

① 编程软件：编程软件采用 GX Developer-7.08。

② 系统调试：将各个输入/输出端子和实际控制系统的按钮、所需控制设备正确连接，完成硬件的安装并检查无误后，可以将事先编写的梯形图程序传送到 PLC 中进行调试了。

调试中，按照组合机床的工作原理逐一校对，检查功能是否能实现。如不能实现，找出是程序的原因，还是硬件接线的原因。经过反复试验，最终调试出正确的结果。

（5）编制使用说明

根据调试的最终结果整理出完整的技术文件，单位存档，部分资料提供给用户，以利于系统的维修和改进。

编制的文件有硬件接线图，PLC 编程元件表和带有文字说明的梯形图和顺序功能图。

提供给用户的图纸为硬件接线图。处于技术保密考虑，一般不提供梯形图。

9.3　机械手 PLC 控制系统的设计

在自动化流水线中，机械手的应用比较广泛，它是集多种工作方式于一身的典型案例。本节将以机械手自动控制为例，重点讲解含多种工作方式的 PLC 控制系统的设计。

9.3.1　机械手的控制要求及功能简介

　　某工件搬运机械手工作示意图，如图9-11所示。该机械手的任务是将工件从A传送带搬运到B传送带上来（A、B传送带不用PLC控制）。机械手的初始状态为原点位置，此时机械手在最上面和最右面，且夹紧装置处于放松状态。

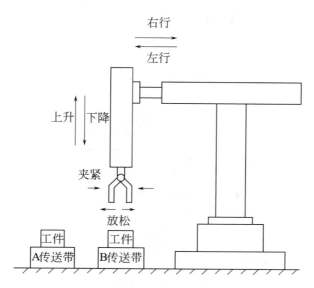

图 9-11　搬运机械手工作示意图

　　搬运机械手工作流程图，如图9-12所示。按下启动按钮后，从原点位置开始，机械手将执行"左行→下降→夹紧→上升→右行→下降→放松→上升"的工作流程一个周期。这些动作均由电磁阀来控制，特别的，夹紧和放松动作仅由一个电磁阀来控制，该电磁阀状态为1表示夹紧，否则为放松状态。左行、右行、上升、下降这些动作由限位开关来切换，夹紧、放松动作由定时器来切换，且定时时间为1s。

　　为了满足实际生产的需求，将机械手设有手动和自动2种工作模式，其中自动工作模式又包括单步、单周、连续和自动回原点4种方式。操作面板布置如图9-13所示。

　　（1）手动工作方式

　　利用按钮对机械手每个动作进行单独控制。在该工作方式中，设有6个手动按钮，分别控制左行、右行、上升、下降、夹紧和放松。

　　（2）单步工作方式

　　从原点位置开始，每按一下启动按钮，系统跳转一步，完成该步任务后自动停止在该步，再按一下启动按钮，才开始执行下一步动作。单步工作方式常常用于系统的调试和维修。

　　（3）单周工作方式

　　按下启动按钮，机械手从原点开始，按图9-12工作流程完成一个周期后，返回原点并停留在原点位置。

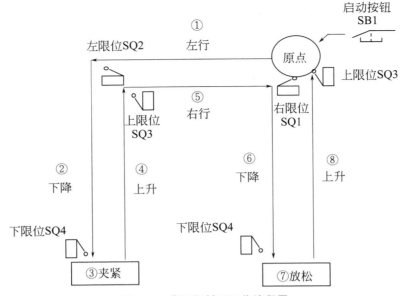

图 9-12　搬运机械手工作流程图

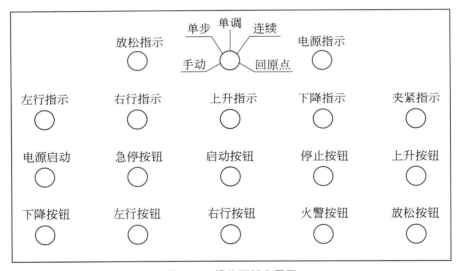

图 9-13　操作面板布置图

（4）连续工作方式

机械手在原点位置时，按下启动按钮，机械手从原点位置开始，将按图 9-12 工作流程周期性循环动作。按下停止按钮，机械手并不马上停止工作，待完成最后一个周期工作后，系统才返回并停留在原点位置。

（5）自动回原点工作方式

机械手有时可能会停止在非原点位置，这时机械手无法进行自动工作方式，所以需对机械手的位置进行调整，当按下启动按钮时，机械手会按其回原点程序由其他位置回到原点位置。

9.3.2 PLC 及相关元件选型

机械手自动控制系统采用三菱 FX2N-48MR-D 整体式 PLC，该 PLC 为 DC 供电，DC 输入、继电器输出型。

PLC 控制系统的输入信号有 17 个，均为开关量。其中操作按钮开关有 8 个，限位开关有 4 个，选择开关有 1 个（占 5 个输入点）；PLC 控制系统输出信号有 5 个，各个动作由直流 24V 电磁阀控制；本控制系统采用三菱 FX2N-48MR-D 整体式 PLC 完全可以，且有一定裕量。元件材料清单，如表 9-4 所示。

表 9-4 机械手控制的元件材料清单

序号	材料名称	型号	备注	厂家	单位	数量
1	微型断路器	iC65N, C6/2P	220V, 6A 二极	施耐德	个	1
2	接触器	LC1D18MBDC	18A, 线圈 DC24V	施耐德	个	1
3	中间继电器底座	PYF14A-C		欧姆龙	个	5
4	中间继电器插头	MY4N-J, 24VDC	线圈 DC24V	欧姆龙	个	5
5	停止按钮底座	ZB5AZ101C		施耐德	个	2
6	停止按钮头	ZB5AA4C	红色	施耐德	个	2
7	启动按钮	XB5AA31C	绿色	施耐德	个	8
8	选择开关	XB5AD21C		施耐德	个	1
9	熔体	RT28N-32/8A		正泰	个	2
10	熔断器底座	RT28N-32/1P	一极	正泰	个	2
11	电源指示灯	XB2BVB1LC	DC24V, 白色	施耐德	个	1
12	电磁阀指示灯	XB2BVB3LC	DC24V, 绿色	施耐德	个	5
13	直流电源	CP M SNT	500W, 24V, 20A	魏德米勒	个	1
14	PLC	FX2N-48MR-D	DC 电源，DC 输入，继电器输出	三菱	台	1
15	端子	UK6N	可夹 0.5～10mm² 导线	菲尼克斯	个	4
16	端子	UKN1.5N	可夹 0.5～1.5mm² 导线	菲尼克斯	个	18
17	端板	D-UK4/10	UK6N 端子端板	菲尼克斯	个	1
18	端板	D-UK2.5	UK1.5N 端子端板	菲尼克斯	个	1
19	固定件	E/UK	固定端子，放在端子两端	菲尼克斯	个	8

序号	材料名称	型号	备注	厂家	单位	数量
20	标记号	ZB8	标号（1-5），UK6N 端子标记条	菲尼克斯	条	1
21	标记号	ZB4	标号（1-20），UK1.5N 端子标记条	菲尼克斯	条	1
22	汇线槽	HVDR5050F	宽×高＝50×50	上海日成	m	5
23	导线	H07V-K，4mm²	黑色	慷博电缆	m	3
24	导线	H07V-K，2.5mm²	蓝色	慷博电缆	m	3
25	导线	H07V-K，1.5mm²	红色	慷博电缆	m	5
26	导线	H07V-K，1.5mm²	白色	慷博电缆	m	5
27	导线	H05V-K，1.0mm²	黑色	慷博电缆	m	20
28	导线	H07V-K，4mm²	黄绿色	慷博电缆	m	5
29	导线	H07V-K，2.5mm²	黄绿色	慷博电缆	m	5
设计编制	韩相争	总工审核	×××			

9.3.3 硬件设计

机械手控制的 I/O 分配，如表 9-5 所示，硬件设计的主回路、控制回路、PLC 输入输出回路、操作台开孔图纸，如图 9-14 所示。操作台壳体可参考组合机床系统壳体图，这里略。

表 9-5 机械手控制的 I/O 分配

输入量				输出量	
启动按钮	X0	右行按钮	X11	左行电磁阀	Y0
停止按钮	X1	夹紧按钮	X12	右行电磁阀	Y1
左限位	X2	放松按钮	X13	上升电磁阀	Y2
右限位	X3	手动	X14	下降电磁阀	Y3
上限位	X4	单步	X15	夹紧/放松电磁阀	Y4
下限位	X5	单周	X16		
上升按钮	X6	连续	X17		
下降按钮	X7	回原点	X20		
左行按钮	X10				

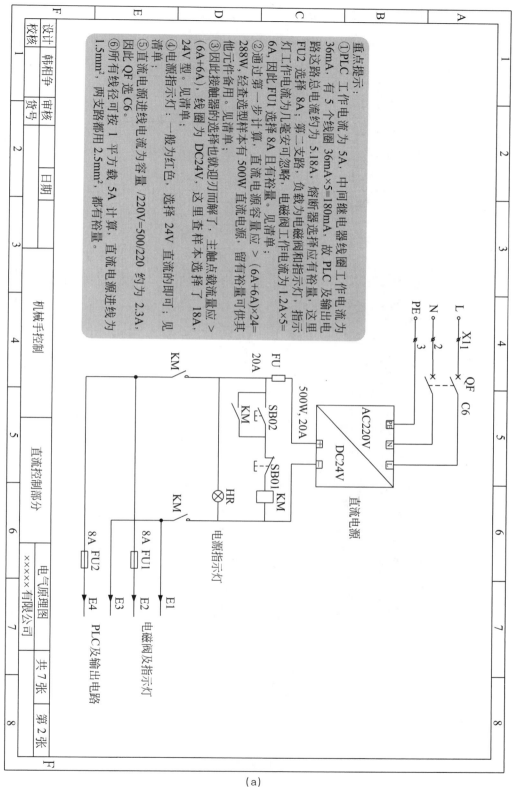

重点提示：

①PLC工作电流为5A，中间继电器线圈工作电流为36mA。有5个线圈36mA×5=180mA。熔断器选择应有裕量，故PLC及输出电路这路总电流约为5.18A。第二支路，负载为电磁阀工作和指示灯工作电流为几毫安可忽略，电磁阀工作电流为1.2A×5=6A，因此FU1选择8A且有裕量。见清单；FU2选择8A；指示灯工作电流为几毫安可忽略。

②通过第一步计算，直流电源容量应>288W，经查选型样本有500W直流电源，留有裕量可供其他元件备用。见清单；

③因此接触器的选择也就迎刃而解了。主触点载流量应>(6A+6A)×24=(6A+6A)，线圈为DC24V。这里查样本选择了18A，24V型。见清单；

④电源指示灯：一般为红色。选择24V直流的即可；见清单；

⑤直流电源进线电流为容量/220V=500/220约为2.3A，因此QF选C6。

⑥所有线径可按1平方载流5A计算，直流电源进线为1.5mm²，两支路都用2.5mm²，都有裕量。

（a）

图9-14

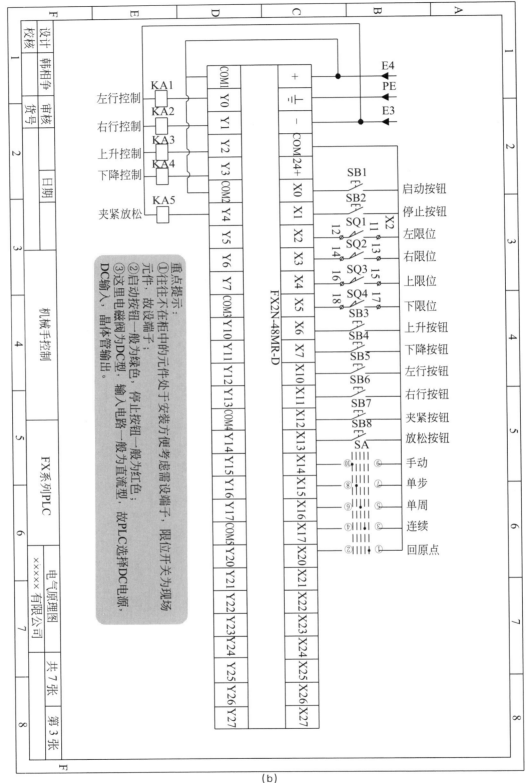

(b)

图 9-14

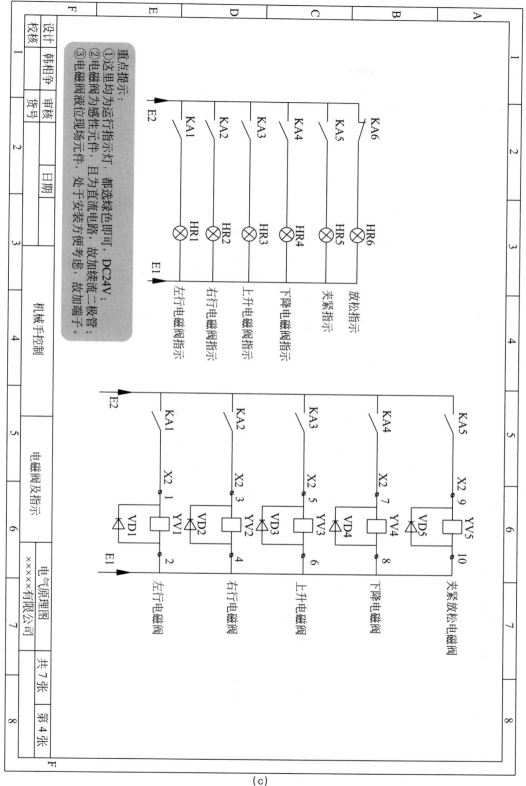

（c）

图 9-14

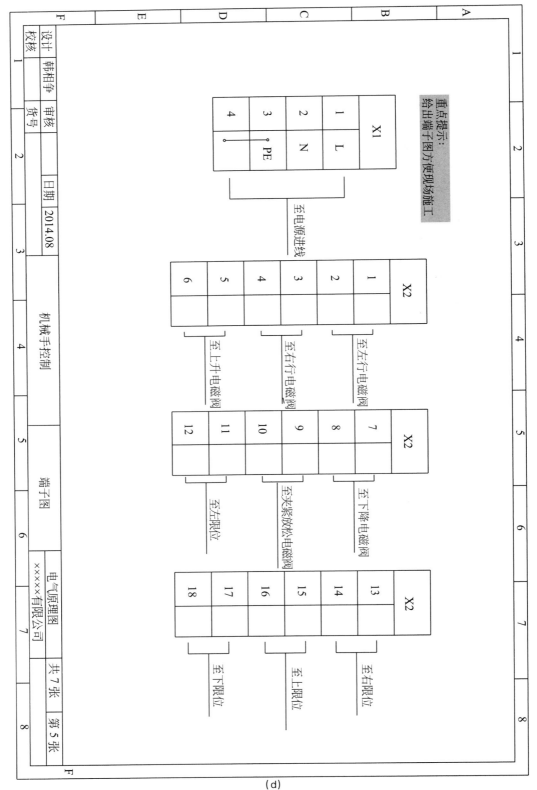

重点提示：
给出端子图方便现场施工

X1	
1	L
2	N
3	PE
4	

至电源进线

X2	
1	
2	
3	
4	
5	
6	

至左行电磁阀
至右行电磁阀
至上升电磁阀

X2	
7	
8	
9	
10	
11	
12	

至下降电磁阀
至夹紧放松电磁阀
至右限位

X2	
13	
14	
15	
16	
17	
18	

至右限位
至上限位
至下限位

设计	韩相争		审核		日期	2014.08	机械手控制	端子图	电气原理图
校核		页号						××××有限公司	

F E D C B A
1 2 3 4 5 6 7 8

共 7 张   第 5 张

(d)

图 9-14

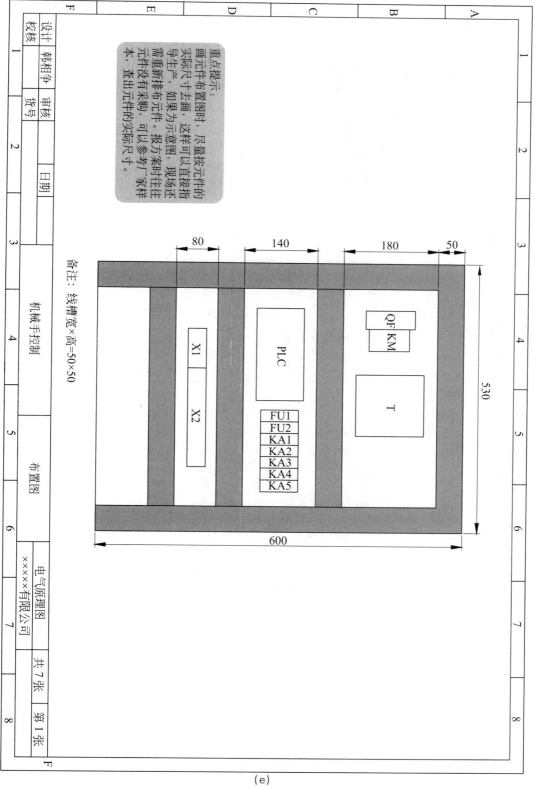

（e）

图 9-14

重点提示：
画元件布置图时，尽量按元件的实际尺寸去画。这样可以直接指导生产。如果为示意图，现场还需重新排布元件。报方案时往往元件没有采购，可以参考厂家样本，查出元件的实际尺寸。

备注：线槽宽×高=50×50

| 80 | 140 | 180 | 50 |

QF KM

PLC

X1 X2

T

FU1
FU2
KA1
KA2
KA3
KA4
KA5

530

600

| 设计 | 韩相争 | 货号 | | 机械手控制 | 布置图 | 电气原理图 | 共 7 张 |
| 校核 | 审核 | 日期 | | | | ×××××有限公司 | 第 1 张 |

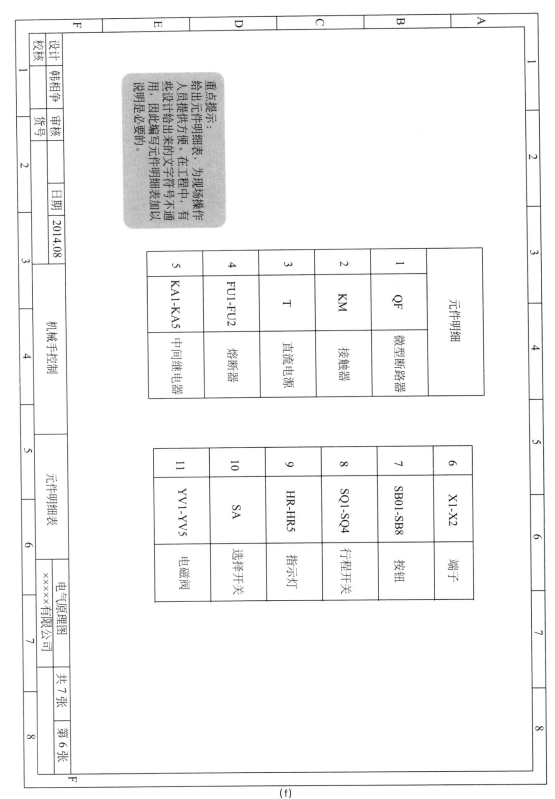

元件明细

1	QF	微型断路器
2	KM	接触器
3	T	直流电源
4	FU1-FU2	熔断器
5	KA1-KA5	中间继电器

6	X1-X2	端子
7	SB01-SB8	按钮
8	SQ1-SQ4	行程开关
9	HR-HR5	指示灯
10	SA	选择开关
11	YV1-YV5	电磁阀

重点提示：
绘出元件明细表，为现场操作人员提供方便。在工程中，有些设计绘出来的文字符号不通用，因此编写元件明细表加以说明是必要的。

设计	韩相争							
校核	审核		日期	2014.08				
	货号				机械手控制	元件明细表	电气原理图	共 7 张 第 6 张
							×××××有限公司	

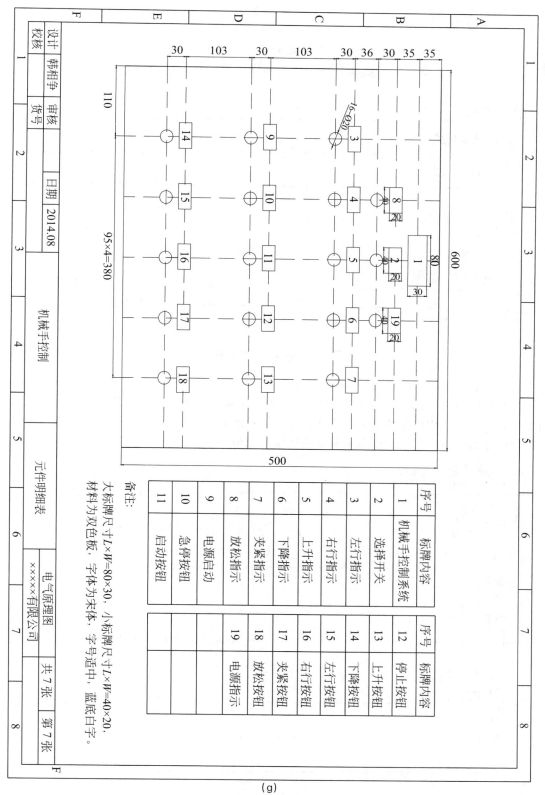

(g)

图 9-14　机械手控制硬件硬件图纸

9.3.4　程序设计

主程序如图 9-15 所示，当对应条件满足时，系统将执行相应的子程序。子程序主要包括 4 大部分，分别为公共程序、手动程序、自动程序和回原点程序。

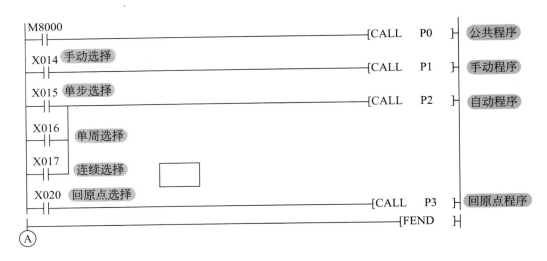

图 9-15　机械手控制主程序

（1）公共程序

公共程序如图 9-16 所示。公共程序用于处理各种工作方式都需要执行的任务，以及不同工作方式之间互相切换的处理。公共程序的编写通常要考虑 5 个部分：原点条件、初始状态、复位非初始步、复位回原点步和复位连续标志位。

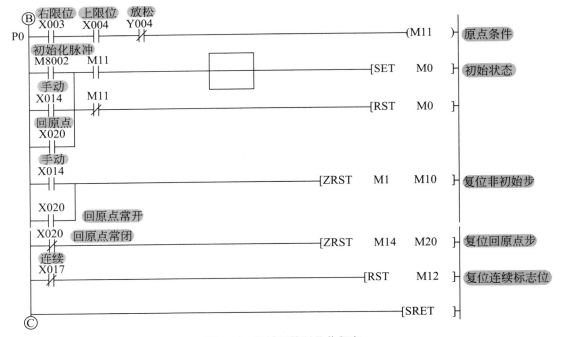

图 9-16　机械手控制公共程序

机械手处于最上面和最右面且夹紧装置放松时为原点状态，因此原点条件由上限位 X4 的常开触点、右限位 X3 的常开触点和表示机械手放松 Y4 常闭触点的串联电路组成，当串联电路接通时，辅助继电器 M11 变为 ON。

　　机械手在原点位置，系统处于手动、回原点或初始化状态时，初始步 M0 都会被置位，此时为执行自动程序做好准备；若此时 M11 为 OFF，则 M0 会被复位，初始步变为不活动步，即使此时按下启动按钮，自动程序也不会转换到下一步，因此禁止了自动工作方式的运行。

　　当手动、自动、回原点 3 种工作方式相互切换时，自动程序可能会有两步被同时激活，为了防止误动作，因此在手动或回原点状态下，辅助继电器 M1～M10 要被复位。

　　在非回原点工作方式下，X20 常闭触点闭合，辅助继电器 M14～M20 被复位。

　　在非连续工作方式下，X17 常闭触点闭合，辅助继电器 M12 被复位，系统不能执行连续程序。

　　（2）手动程序

　　手动程序如图 9-17 所示。当按下左行启动按钮（X10 常开触点闭合），且上限位被压合（X4 常开触点闭合）时，机械手左行；当碰到左限位时，常闭触点 X2 断开，Y0 线圈失电，左行停止。

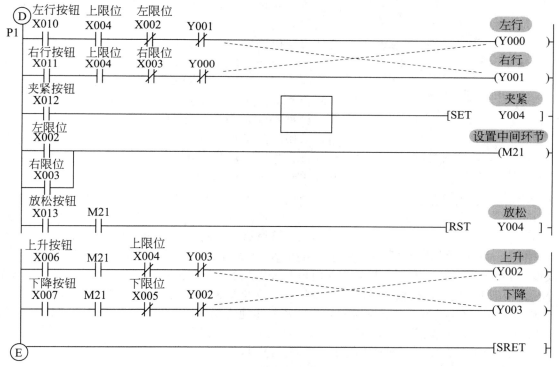

图 9-17　机械手控制手动程序

　　当按下右行启动按钮（X11 常开触点闭合），且上限位被压合（X4 常开触点闭合）时，机械手右行；当碰到右限位时，常闭触点 X3 断开，Y1 线圈失电，右行停止。

　　按下夹紧按钮，X12 变为 ON，线圈 Y4 被置位，机械手夹紧。

　　按下放松按钮，X13 变为 ON，线圈 Y4 被复位，机械手将工件放松。

　　当按下上升启动按钮（X6 常开触点闭合），且左限位或右限位被压合（X2 或 X3 常开触点闭合）时，机械手上升；当碰到上限位时，常闭触点 X4 断开，Y2 线圈失电，上升停止。

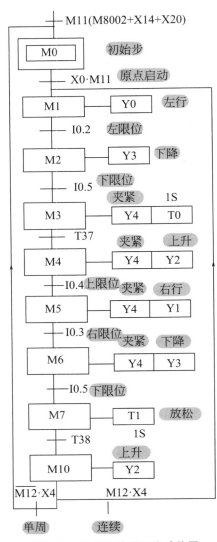

图中文字（从上到下）：

M11(M8002+X14+X20)

M0　初始步

X0·M11　原点启动

M1　Y0　左行

I0.2　左限位

M2　Y3　下降

I0.5　下限位

M3　Y4　T0　夹紧　1S

T37　夹紧　上升

M4　Y4　Y2

I0.4　上限位　夹紧　右行

M5　Y4　Y1

I0.3　右限位　夹紧　下降

M6　Y4　Y3

I0.5　下限位

M7　T1　放松

T38　1S　上升

M10　Y2

M12·X4　　M12·X4

单周　连续

图 9-18　机械手控制顺序功能图

当按下下降启动按钮（X7 常开触点闭合），且左限位或右限位被压合（X2 或 X3 常开触点闭合）时，机械手下降；当碰到下限位时，常闭触点 X5 断开，Y3 线圈失电，下降停止。

在手动程序编写时，需要注意以下几个方面。

① 为了防止方向相反的两个动作同时被执行，手动程序设置了必要的互锁。

② 为了防止机械手在最低位置与其他物体碰撞，在左右行电路中串联上限位常开触点加以限制。

③ 只有在最左端或最右端机械手才允许上升、下降和放松，因此设置了中间环节加以限制。

（3）自动程序

机械手控制顺序功能图，如图 9-18 所示，根据工作流程的要求，显然 1 个工作周期有"左行→下降→夹紧→上升→右行→下降→放松→上升"这 8 步，再加上初始步，因此共 9 步（从 M0 到 M7、M10）；在 M10 后应设置分支，考虑到单周和连续的工作方式，以一条分支转换到初始步，另一分支转换到 M1 步。需要说明的是，在画分支的有向连线时一定要画在原转换之下，即要标在 M11（M8002＋X14＋X20）的转换和 X0·M11 的转换之下，这是绘制顺序功能图时要注意的。

机械手控自动程序如图 9-19 所示。设计自动程序时，采用启保停电路编程法，其中 M0～M10 为中间编程元件，连续、单周、单步 3 种工作方式用连续标志 M12 和转换允许标志 M13 加以区别。

在连续工作方式下，常开触点 X17 闭合，此时处于非单步状态，常闭触点 X15 为 ON，线圈 M13 接通，允许转换；若原点条件满足，在初始步为活动步时，按下启动按钮 X0，线圈 M1 得电并自锁，程序进入左行步，线圈 Y0 接通，机械手左行；当碰到左限位开关 X2 时，程序转换到下降步 M2，左行步 M1 停止，线圈 Y3 接通，机械手下降；当碰到下限位开关 X5 时，程序转换到夹紧步 M3，下降步 M2 停止；以此类推，以后系统就这样一步一步地工作下去。需要指出的是，当机械手在步 M10 返回时，上限位 X4 状态为 1，因为先前连续标志位 M12 状态为 1，故转换条件 M12·X4 满足，系统将返回到 M1 步，反复连续地工作下去。

单周与连续原理相似，不同之处在于在单周的工作方式下，连续标志条件不满足（即线圈 M12 不得电），当程序执行到上升步 M10 时，满足的转换条件为 $\overline{M12}$·X4，因此系统将返回到初始步 M0，机械手停止运动。

在单步工作方式下，常闭触点 X15 断开，辅助继电器 M13 变为 OFF，不允许步与步之间的转换。当原点条件满足，在初始步为活动步时，按下启动按钮 X0，线圈 M1 得电并自锁，程序进入左行步；松开启动按钮 X0，辅助继电器 M13 马上失电。在左行步，线圈 Y0 得电，当左限位压合时，与线圈 Y0 串联的 X2 的常闭触点断开，线圈 Y0 失电，机械手停止左行。X2 常开触点闭合后，如不按下启动按钮 X0，辅助继电器 M13 状态为 0，程序不会跳转到下一步，直至按下启动按钮，程序方可跳转到下降步；此后在某步完成后必须按启动按钮一次，系统才能转换到下一步。

需要指出的是，M0 的启保停电路放在 M1 启保停电路之后的目的是防止在单步方式下程序连续跳转两步。若不如此，当步 M10 为活动步时，按下启动按钮 X0，M0 步与 M1 步

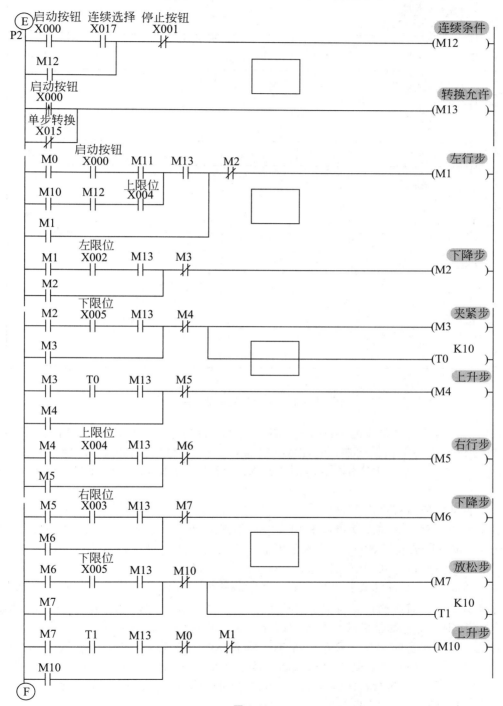

图 9-19

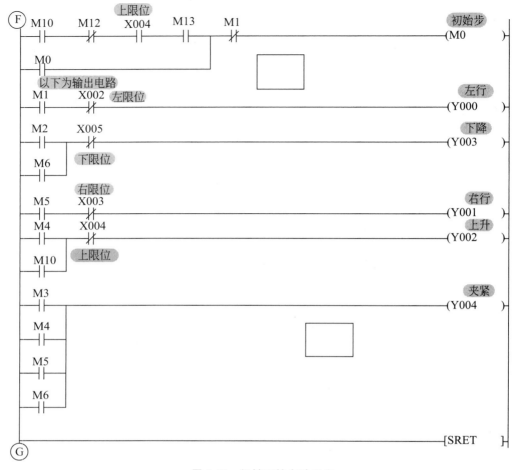

图 9-19　机械手控自动程序

同时被激活，这不符合单步的工作方式；此外转换允许步中，启动按钮 X0 用上升沿的目的是使 M13 仅 ON 一个扫描周期，它使 M0 接通后，下一扫描周期处理 M1 时，M13 已经为 0，故不会使 M1 为 1，只有当按下启动按钮 X0 时，M1 才为 1，这样处理符合才单步的工作方式。

（4）自动回原点程序

自动回原点程序的顺序功能图和梯形图，如图 9-20 所示。在回原点工作方式下，X20 状态为 1。按下启动按钮 X0 时，机械手可能处于任意位置，根据机械手所处的位置及夹紧装置的状态，可分以下几种情况讨论。

① 夹紧装置放松且机械手在最右端：夹紧装置处于放松且在最右端，所以直接上升返回原点位置即可。对应的程序为按下启动按钮 X0，条件 $X0 \cdot \overline{Y4} \cdot X3$ 满足，M20 步接通。

② 机械手在最左端：机械手在最左端夹紧装置可能处于放松状态，也可能处于夹紧状态。若处于放松状态时，按下启动按钮 X0，条件 $X0 \cdot X2$ 满足，因此依次执行 M14～M20 步程序，直至返回原点；若处于放松状态，按下启动按钮 X0，只执行 M14～M15 步程序，下降步 M16 以后不会执行，原因在于下降步 M16 的激活条件 $X3 \cdot Y4$ 不满足，并且当机械手碰到右限位 X3 时，M15 步停止。

③ 夹紧装置夹紧且不在最左端：按下启动按钮 X0，条件 $X0 \cdot Y4 \cdot \overline{X2}$ 满足，因此依次

执行 M16～M20 步程序，直至回到原点。

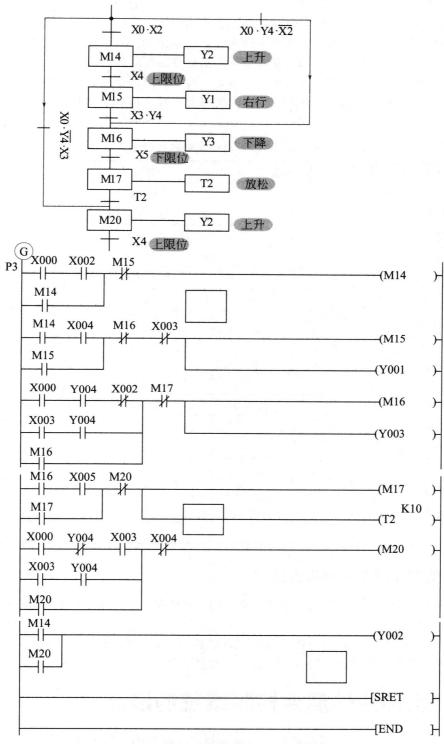

图 9-20 自动回原点程序的顺序功能图和梯形图

9.3.5 机械手自动控制调试

① 编程软件：编程软件采用 GX Developer-7.08。

② 系统调试：将各个输入/输出端子和实际控制系统的按钮、所需控制设备正确连接，完成硬件的安装并检查无误后，可以将事先编写的梯形图程序传送到 PLC 中进行调试了。

调试中，按照组合机床的工作原理逐一校对，检查功能是否能实现。如不能实现，找出是程序的原因，还是硬件接线的原因。经过反复试验，最终调试出正确的结果。机械手自动控制调试记录，如表 9-6 所示，可根据调试结果填写。

表 9-6　机械手自动控制调试记录

输入量	输入现象	输出量	输出现象
启动按钮		左行电磁阀	
停止按钮		右行电磁阀	
左限位		上升电磁阀	
右限位		下降电磁阀	
上限位		夹紧/放松电磁阀	
下限位			
上升按钮			
上升按钮			
左行按钮			
右行按钮			
夹紧按钮			
放松按钮			
手动			
单步			
单周			
连续			
回原点			

9.3.6 编制控制系统使用说明

根据调试的最终结果整理出完整的技术文件，单位存档，部分资料提供给用户，以利于系统的维修和改进。

编制的文件有硬件接线图，PLC 编程元件表和带有文字说明的梯形图和顺序功能图。

提供给用户的图纸为硬件接线图。处于技术保密考虑，一般不提供梯形图。

9.4 两种液体混合控制系统的设计

实际工程中，很多时候不单纯是一种量的控制（这里的量指的是数字量、模拟量等），往往是多种量的相互配合。两种液体混合控制就是数字量和模拟量配合控制的典型案例。本节将以两种液体混合控制为例，重点讲解含有多个量控制的 PLC 控制系统的设计。

9.4.1 两种液体控制系统的控制要求

两种液体混合控制系统示意图，如图 9-21 所示。具体控制要求如下。

（1）初始状态

容器为空，电磁阀 A～电磁阀 C 均为 OFF，液位开关 L1、L2、L3 均为 OFF，搅拌电动机 M 为 OFF，加热管不加热。

（2）启动运行

按下启动按钮后，打开电磁阀 A，注入液体 A；当液面到达 L2（L2＝ON）时，关闭电磁阀 A，打开电磁阀 B，注入 B 液体；当液面到达 L1（L1＝ON）时，关闭电磁阀 B，同时搅拌电动机 M 开始运行搅拌液体，30s 后电动机停止搅拌；接下来，2 个加热管开始加热，当温度传感器检测到液体的温度为 100℃时，加热管停止；电磁阀 C 打开放出混合液；当液面降至 L3 以下（L1＝L2＝L3＝OFF）时，再过 10s 后，容器放空，电磁阀 C 关闭。

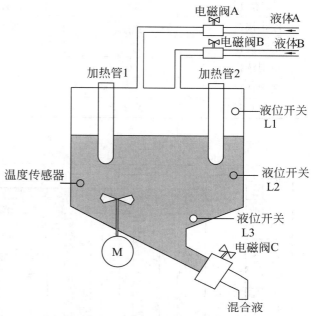

图 9-21　两种液体混合控制系统示意图

（3）停止运行

按下停止按钮，系统完成当前工作周期后停在初始状态。

9.4.2　PLC 及相关元件选型

两种液体混合控制系统采用三菱 FX2N-32MR 整体式 PLC＋FX2N-4AD-PT 模块，该 PLC 为 AC 供电，DC 输入、继电器输出型，FX2N-4AD-PT 模块由基本单元供电；

输入信号有 10 个，9 个为开关量，其中 1 个为模拟量。9 开关量输入，3 个由操作按钮提供，3 个由液位开关提供，最后 3 个由选择开关提供；模拟量输入有 1 路；输出信号有 5 个，3 个动作由直流电磁阀控制，2 个由接触器控制；本控制系统采用三菱 FX2N-32MR 整体式＋FX2N-4AD-PT 模块控制完全可以，输入输出点都有裕量。

各个元器件由用户提供，因此这里只给选型参数，不给具体料单。

9.4.3　硬件设计

两种液体混合控制的 I/O 分配，如表 9-7 所示，硬件设计的主回路、控制回路、PLC 输入输出回路及开孔图纸，如图 9-22 所示。

表 9-7　两种液体混合控制的 I/O 分配

输入量		输出量	
启动按钮	X0	电磁阀 A 控制	Y0
上限位 L1	X1	电磁阀 B 控制	Y1
中限位 L2	X2	电磁阀 C 控制	Y2

输入量		输出量	
下限位 L3	X3	搅拌控制	Y4
停止按钮	X4	加热控制	Y5
手动选择	X5		
单周选择	X6		
连续选择	X7		
电磁阀 C 按钮	X12		

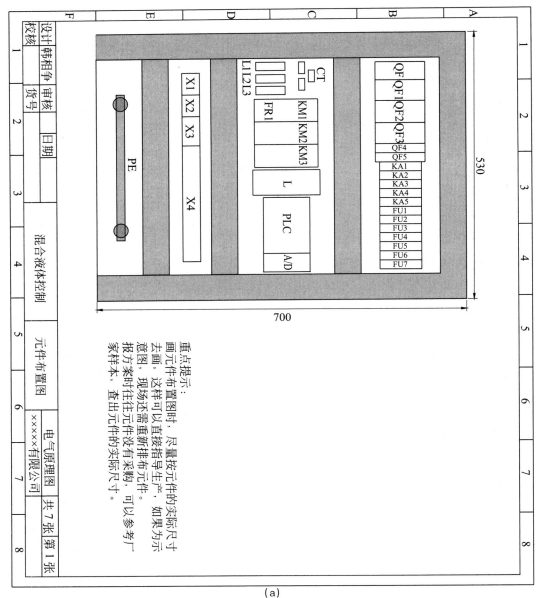

(a)

图 9-22

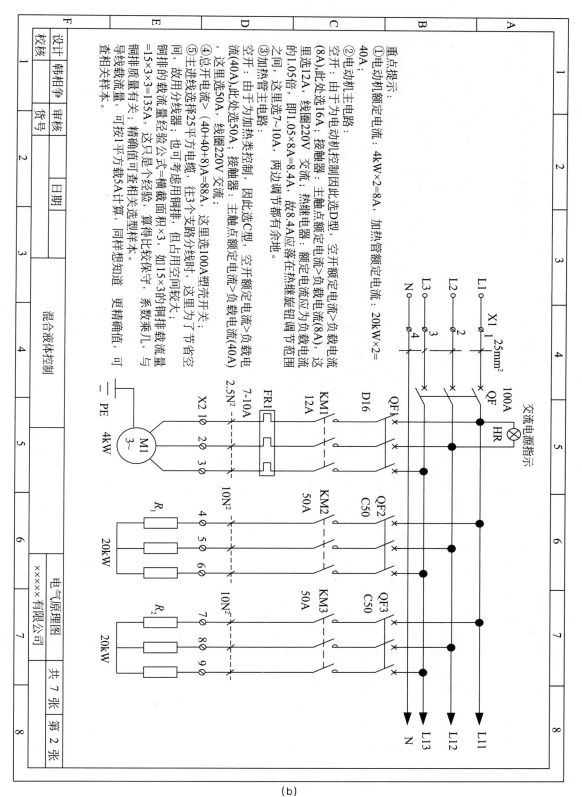

重点提示：
① 电动机额定电流：4kW×2=8A，加热管额定电流：20kW×2=40A；

② 电动机主电路：
空开：由于电动机控制因此选 D 型，空开额定电流>负载电流(8A)，此处选 16A；接触器：主触点额定电流>负载电流，故选 12A，线圈 220V 交流；热继电器：额定电流>负载电流，这里选 1.05 倍，即 1.05×8A=8.4A，应落在热继电器旋钮调节范围之间，这里选 7~10A，两边调节都有余地。

③ 加热管主电路：
空开：由于为加热类控制，因此选 C 型，空开额定电流>负载电流(40A)，此处选 50A；接触器：主触点额定电流>负载电流，故选 50A，线圈 220V 交流；

④ 总开电流>(40+40+8)A=88A，这里选 100A 塑壳开关；

⑤ 主进线选择 25 平方电缆，往 3 个支路分线时，如 15×3 的铜排分线间，这只是个经验算得比较保守，系数乘几，与导线载流量有关；精确值可查相关选型样本。

铜排的载流量经验公式＝横截面积×3，但占用空间，故用分线器，也可考虑应用铜排，15×3×3=135A，铜排质量重有关，可按 1 平方载 5A 计算，同样想知道更精确值，可查相关样本。

交流电源指示

X1 1 25mm²

100A QF
D16 QF1
HR
KM1 12A
FR1 7-10A
2.5N²
X2 1① 2② 3③
M1 3~ 4kW
PE

QF2 C50
KM2 50A
10N²
4④ 5⑤ 6⑥
R_1 20kW

QF3 C50
KM3 50A
10N²
7⑦ 8⑧ 9⑨
R_2 20kW

L11 L12 L13 N

（b）
图 9-22

F	校核	韩相争		页号	
	设计	审核		日期	

混合液体控制

电气原理图

×××××有限公司

共 7 张 第 2 张

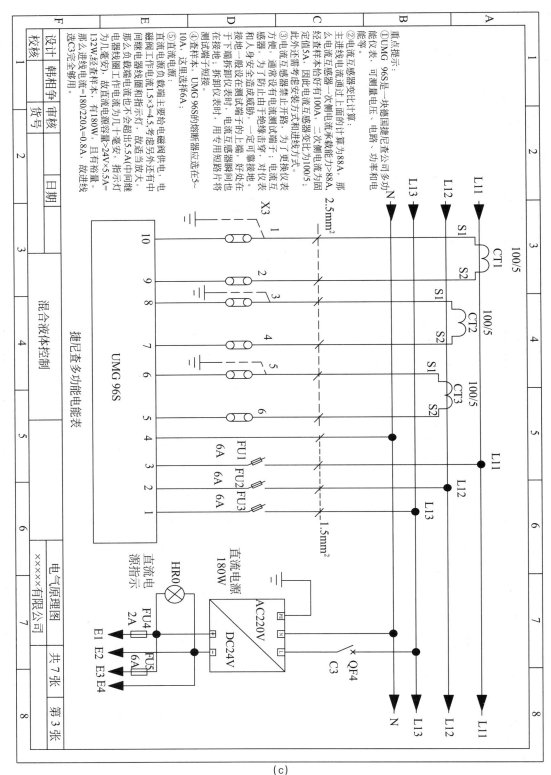

(c)

图 9-22

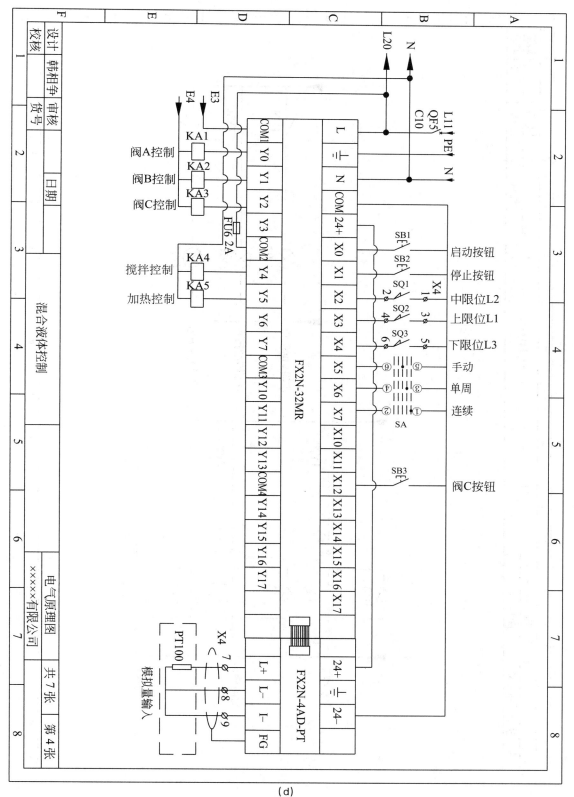

(d)

图 9-22

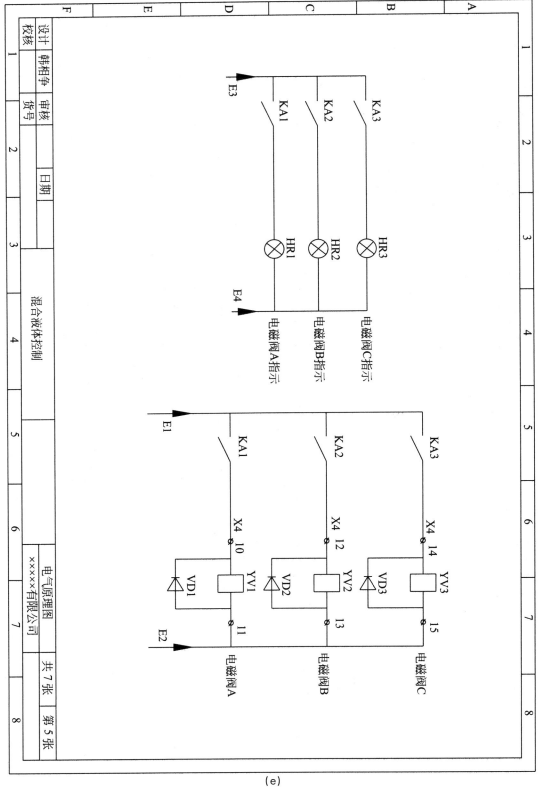

(e)

图 9-22

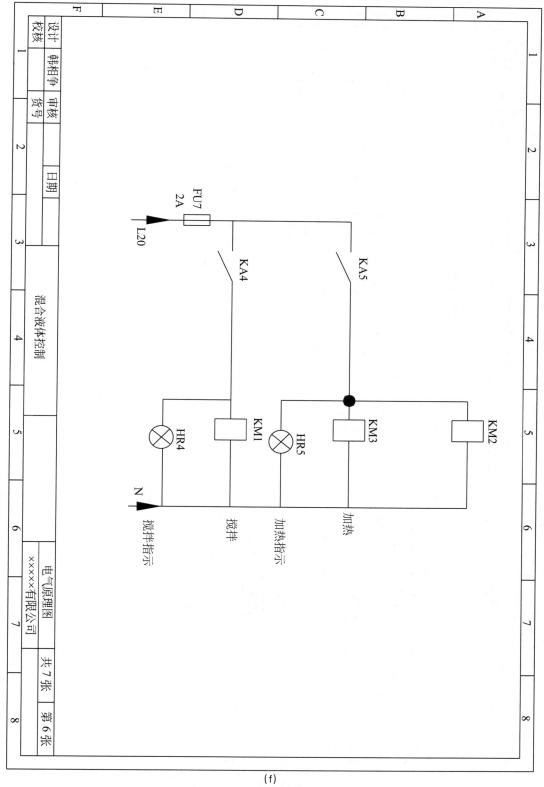

(f)

图 9-22

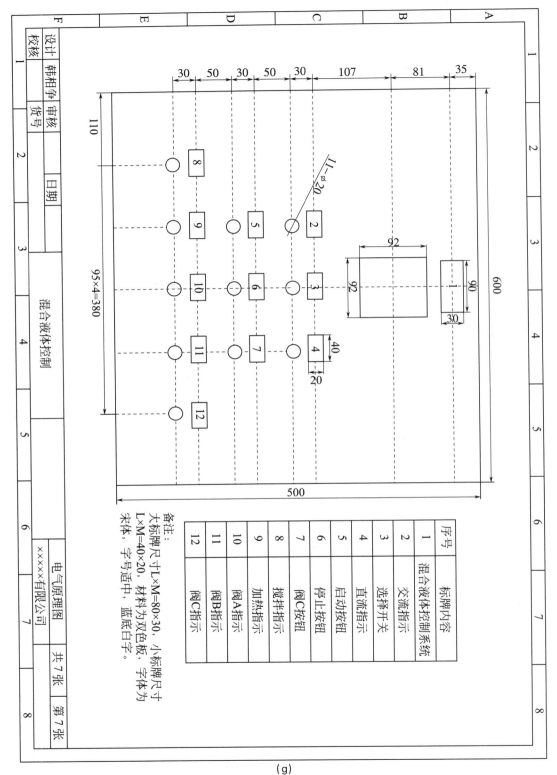

图 9-22　两种液体混合控制硬件图纸

(g)

9.4.4　程序设计

主程序如图 9-23 所示，当对应条件满足时，系统将执行相应的子程序。子程序主要包括 4 大部分，分别为公共程序、手动程序、自动程序和模拟量程序。

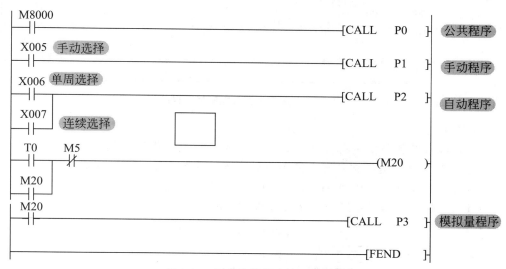

图 9-23　两种液体混合控制主程序

（1）公共程序

公共程序如图 9-24 所示。系统初始状态容器为空，电磁阀 A～电磁阀 C 均为 OFF，液位开关 L1、L2、L3 均为 OFF，搅拌电动机 M 为 OFF，加热管不加热；故将这些量的常闭点串联作为 M11 为 ON 的条件，即原点条件。其中有一个量不满足，那么 M11 都不会为 ON。

系统在原点位置，当处于手动或初始化状态时，初始步 M0 都会被置位，此时为执行自动程序做好准备；若此时 M11 为 OFF，则 M0 会被复位，初始步变为不活动步，即使此时按下启动按钮，自动程序也不会转换到下一步，因此禁止了自动工作方式的运行。

当手动、自动两种工作方式相互切换时，自动程序可能会有两步被同时激活，为了防止误动作，因此在手动状态下，辅助继电器 M1～M6 要被复位。

在非连续工作方式下，X7 常闭触点闭合，辅助继电器 M12 被复位，系统不能执行连续程序。

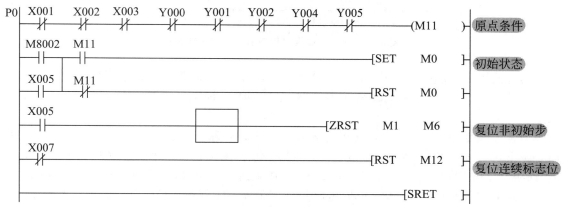

图 9-24　两种液体混合控制公共程序

（2）手动程序

手动程序如图 9-25 所示。此处设置电磁阀 C 手动，意在当系统有故障时，可以顺利将混合液放出。

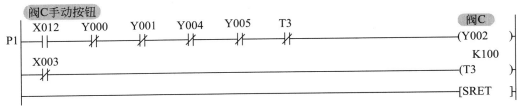

图 9-25　两种液体混合控制手动程序

（3）自动程序

两种液体混合控制顺序功能图，如图 9-26 所示，根据工作流程的要求，显然 1 个工作周期有"电磁阀 A 开→电磁阀 B 开→搅拌→加热→电磁阀 C 开→等待 10s"这 6 步，再加上初始步，因此共 7 步（从 M0 到 M6）；在 M6 后应设置分支，考虑到单周和连续的工作方式，一条分支转换到初始步，另一分支转换到 M1 步。

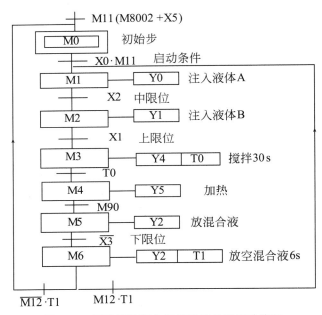

图 9-26　两种液体混合控制系统的顺序功能图

两种液体混合控制自动程序，如图 9-27 所示。设计自动程序时，采用置位复位指令编程法，其中 M0～M6 为中间编程元件，连续、单周 2 种工作方式用连续标志 M12 加以区别。

当常开触点 X7 闭合，此时处于连续方式状态；若原点条件满足，在初始步为活动步时，按下启动按钮 X0，线圈 M1 被置位，同时 M0 被复位，程序进入电磁阀 A 控制步，线圈 Y0 接通，电磁阀 A 打开注入液体 A；当液体到达中限位时，中限位开关 X2 为 ON，程序转换到电磁阀 B 控制步 M2，同时电磁阀 A 控制步 M1 停止，线圈 Y1 接通，电磁阀 B 打开，注入液体 B；以后各步转换以此类推，这里不再重复。

单周与连续原理相似，不同之处在于在单周的工作方式下，连续标志条件不满足（即线圈 M12 不得电），当程序执行到 M6 步时，满足的转换条件为 $\overline{M12} \cdot T1$，因此系统将返回到初始步 M0，系统停止工作。

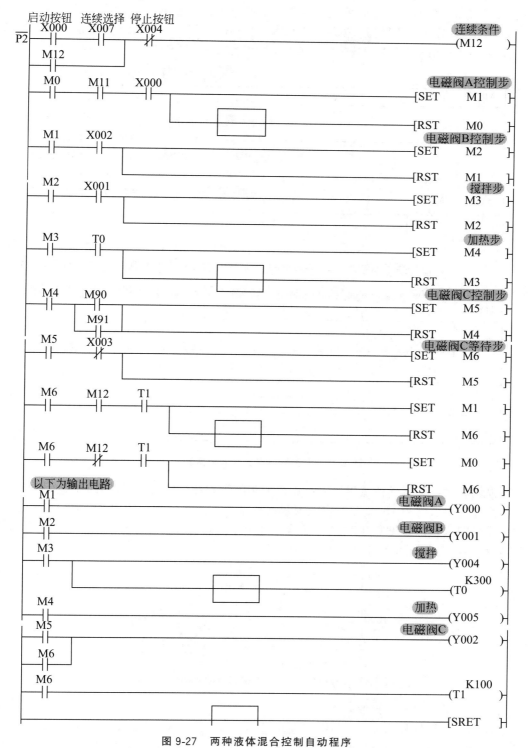

图 9-27　两种液体混合控制自动程序

（4）模拟量程序

两种液体混合控制模拟量程序，如图 9-28 所示。控制要求中有："当温度传感器检测到液体的温度为 100℃时，加热管停止；电磁阀 C 打开放出混合液体。"因此设置了此段程序。

这里应用的温度模拟量输入模块为 FX2N-4AD-PT，将 PT100 接入模块的 1 路模拟量通道。之后还需编写相关程序来设置模块的工作参数和读取转换过来的数字量，具体见图 9-28。

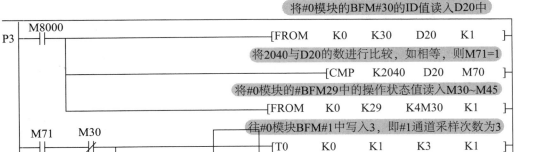

将#0模块的BFM#30的ID值读入D20中

[FROM K0 K30 D20 K1]

将2040与D20的数进行比较，如相等，则M71=1

[CMP K2040 D20 M70]

将#0模块的#BFM29中的操作状态值读入M30~M45

[FROM K0 K29 K4M30 K1]

往#0模块BFM#1中写入3，即#1通道采样次数为3

[T0 K0 K1 K3 K1]

[FROM K0 K5 D0 K1]

如模块工作无误，则BFM#5通道转换来的摄氏温度数字量平均值读入PLC的D0

若D0的数据等于1000，触点M50为ON，M91为ON，进而开关量程序进入阀C控制步

[CMP K1000 D0 M50]

(M90)

(M91)

[SRET]

[END]

图 9-28　两种液体混合控制模拟量程序

需强调的是，编写模拟量程序关键点在于实际物理量与模块数字量对应问题。在这个例子中，需计算出温度为 100℃时，对应模块的数字量是多少。根据 FX2N-4AD-PT 温度模拟量输入模块输入特性（见图 9-29），经计算，100℃对应模块数字量恰为 1000，故图 9-28 中比较指令 CMP 中写了 1000。

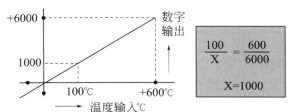

$$\frac{100}{X} = \frac{600}{6000}$$

$$X = 1000$$

图 9-29　FX2N-4AD-PT 温度模拟量输入模块输入特性

（5）模拟量编程知识扩展

某压力变送器量程为 0～10MPa，输出信号为 4～20mA，FX2N-4AD 的模拟量输入模块量程为 -20～20mA，转换后数字量为 -1000～1000，设转换后的数字为 X，试编程求压力值 Y。

解：$4\sim20$mA 对应数字量为 $200\sim1000$，即 $0\sim10000$kPa 对应数字量为 $200\sim1000$，故压力计算公式为：$Y=\dfrac{(10000-0)}{(1000-200)}(X-200)=\dfrac{25}{2}(X-200)$。编模拟量程序时，将此公式用 FX 系列 PLC 的语言表达出来即可，这里用到了减法、乘法和除法指令。

重点提示

① 在实际工程中，编写模拟量程序的关键在于找出实际物理量与模拟量模块内部数字量的对应关系，找对应关系的依据是输入或输出特性曲线；写模拟量程序实际上就是用 PLC 的语言表达出这种对应关系。

② 两个实用公式：

模拟量转化为数字量 $D=\dfrac{(D_m-D_0)}{(A_m-A_0)}(A-A_0)+D_0$

数字量转化为模拟量 $A=\dfrac{(A_m-A_0)}{(D_m-D_0)}(D-D_0)+A_0$

A_m 为模拟量信号最大值
A_0 为模拟量信号最小值
D_m 为数字量最大值
D_0 为数字量最小值
以上 4 个量都需代入实际值
A 为模拟量信号时时值
D 为数字量信号时时值
这两个属于未知量

9.4.5 两种液体混合自动控制调试

① 编程软件：编程软件采用 GX Developer-7.08。

② 系统调试：将各个输入/输出端子和实际控制系统的按钮、所需控制设备正确连接，完成硬件的安装并检查无误后，可以将事先编写的梯形图程序传送到 PLC 中进行调试了。

9.4.6 编制控制系统使用说明

根据调试的最终结果整理出完整的技术文件，单位存档，部分资料提供给用户，以利于系统的维修和改进。

编制的文件有硬件接线图，PLC 编程元件表和带有文字说明的梯形图和顺序功能图。

提供给用户的图纸为硬件接线图。

重点提示

① 处理数字量编程顺序控制编程法是关键，大型程序一定要画顺序功能图或流程图，这样思路非常清晰；

② 模拟量编程一定找好实际物理量与模块内部数字量的对应关系，用 PLC 语言表达出这一关系，表达这一关系无非用到加减乘除等指令；尽量画出流程图，这样编程有条不紊；

③ 学会应用程序的经典结构，一类程序设置一个子程序，通过主程序调用子程序，思路清晰明了。程序经典结构如下。

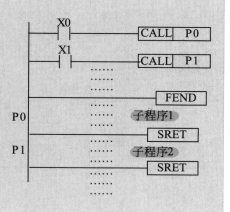

附录 A　FX 系列 PLC 常用指令

分类	FNC 编号	助记符	指令名称	适用机型			
				FX1S	FX1N	FX2N	FX2NC
程序流向控制指令	00	CJ	条件跳转指令	√	√	√	√
	01	CALL	子程序调用指令	√	√	√	√
	02	SRET	子程序返回指令	√	√	√	√
	03	IRET	中断返回指令	√	√	√	√
	04	EI	允许中断指令	√	√	√	√
	05	DI	禁止中断指令	√	√	√	√
	06	FEND	主程序结束指令	√	√	√	√
	07	WDT	看门狗指令	√	√	√	√
	08	FOR	循环开始指令	√	√	√	√
	09	NEXT	循环结束指令	√	√	√	√
传送与比较指令	10	CMP	比较指令	√	√	√	√
	11	ZCP	区间比较指令	√	√	√	√
	12	MOV	传送指令	√	√	√	√
	13	SMOV	移位传送指令	×	×	√	√
	14	CML	取反传送指令	×	×	√	√
	15	BMOV	块传送指令	√	√	√	√
	16	FMOV	多点传送指令	×	×	√	√
	17	XCH	数据交换指令	×	×	√	√
	18	BCD	BCD 码转换指令	√	√	√	√
	19	BIN	2 进制码转换指令	√	√	√	√
四则运算及逻辑运算指令	20	ADD	2 进制加法指令	√	√	√	√
	21	SUB	2 进制减法指令	√	√	√	√
	22	MUL	2 进制乘法指令	√	√	√	√
	23	DIV	2 进制除法指令	√	√	√	√
	24	INC	2 进制加 1 指令	√	√	√	√
	25	DEC	2 进制减 1 指令	√	√	√	√
	26	WAND	逻辑与指令	√	√	√	√
	27	WOR	逻辑或指令	√	√	√	√
	28	WOXR	异或指令	√	√	√	√
	29	NEG	求补指令	×	×	√	√

分类	FNC 编号	助记符	指令名称	适用机型			
				FX1S	FX1N	FX2N	FX2NC
循环及移位指令	30	ROR	循环右移指令	×	×	√	√
	31	ROL	循环左移指令	×	×	√	√
	32	RCR	带进位循环右移指令	×	×	√	√
	33	RCL	带进位循环左移指令	×	×	√	√
	34	SFTR	位右移指令	√	√	√	√
	35	SFTL	位左移指令	√	√	√	√
	36	WSFR	字右移指令	×	×	√	√
	37	WSFL	字左移指令	×	×	√	√
	38	SFWR	先进先出写指令	√	√	√	√
	39	SFRO	先进先出读指令	√	√	√	√
数据处理指令	40	ZRST	成批复位指令	√	√	√	√
	41	DECO	译码指令	√	√	√	√
	42	ENCO	编码指令	√	√	√	√
	43	SUM	置 1 位数总和指令	×	×	√	√
	44	BON	置 1 位数判别指令	×	×	√	√
	45	MEAN	平均值指令	×	×	√	√
	46	ANS	信号报警器置位指令	×	×	√	√
	47	ANR	信号报警器复位指令	×	×	√	√
方便指令	60	IST	初始状态指令	√	√	√	√
	61	SER	数据检索指令	×	×	√	√
	62	TTMR	示教定时器指令	×	×	√	√
	63	STMR	特殊定时器指令	×	×	√	√
	64	ALT	交替输出指令	√	√	√	√
外部 I/O 设备指令	70	TKY	十键输入指令	×	×	√	√
	73	SEGD	七段译码指令	×	×	√	√
时钟运算指令	166	TRD	时钟数据读出指令	√	√	√	√
	167	TWR	时钟数据写入指令	√	√	√	√

注：此表中给出的仅是本书提到的常用应用指令，不是 FX 系列 PLC 的全部指令。

附录 B　基本单元端子排布图

Ⅰ、AC 电源、DC 输入型

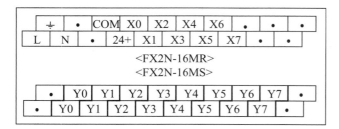

⏚	·	COM	X0	X2	X4	X6	·	·	·
L	N	·	24+	X1	X3	X5	X7	·	·	·

<FX2N-16MR>
<FX2N-16MS>

·	Y0	Y1	Y2	Y3	Y4	Y5	Y6	Y7	·
·	Y0	Y1	Y2	Y3	Y4	Y5	Y6	Y7	·

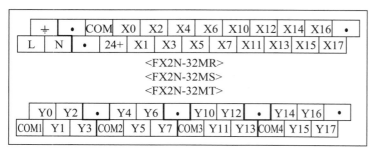

⏚	·	COM	X0	X2	X4	X6	X10	X12	X14	X16	·
L	N	·	24+	X1	X3	X5	X7	X11	X13	X15	X17

<FX2N-32MR>
<FX2N-32MS>
<FX2N-32MT>

Y0	Y2	·	Y4	Y6	·	Y10	Y12	·	Y14	Y16	·
COM1	Y1	Y3	COM2	Y5	Y7	COM3	Y11	Y13	COM4	Y15	Y17

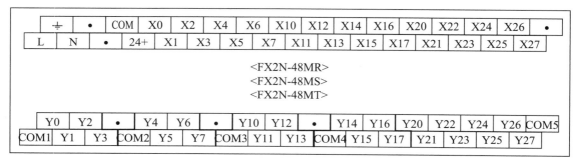

⏚	·	COM	X0	X2	X4	X6	X10	X12	X14	X16	X20	X22	X24	X26	·
L	N	·	24+	X1	X3	X5	X7	X11	X13	X15	X17	X21	X23	X25	X27

<FX2N-48MR>
<FX2N-48MS>
<FX2N-48MT>

Y0	Y2	·	Y4	Y6	·	Y10	Y12	·	Y14	Y16	Y20	Y22	Y24	Y26	COM5
COM1	Y1	Y3	COM2	Y5	Y7	COM3	Y11	Y13	COM4	Y15	Y17	Y21	Y23	Y25	Y27

⏚	·	COM	COM	X0	X2	X4	X6	X10	X12	X14	X16	X20	X22	X24	X26	X30	X32	X34	X36	·
L	N	·	24+	24+	X1	X3	X5	X7	X11	X13	X15	X17	X21	X23	X25	X27	X31	X33	X35	X37

<FX2N-64MR>
<FX2N-64MS>
<FX2N-64MT>

Y0	Y2	·	Y4	Y6	·	Y10	Y12	·	Y14	Y16	·	Y20	Y22	Y24	Y26	Y30	Y32	Y34	Y36	COM6
COM1	Y1	Y3	COM2	Y5	Y7	COM3	Y11	Y13	COM4	Y15	Y17	COM5	Y21	Y23	Y25	Y27	Y31	Y33	Y35	Y37

Ⅱ、DC 电源、DC 输入型

⏚	•	COM	X0	X2	X4	X6	X10	X12	X14	X16	•
○	○	•	24+	X1	X3	X5	X7	X11	X13	X15	X17

<FX2N-32MR-D>
<FX2N-32MT-D>

Y0	Y2	•	Y4	Y6	•	Y10	Y12	•	Y14	Y16	•
COM1	Y1	Y3	COM2	Y5	Y7	COM3	Y11	Y13	COM4	Y15	Y17

⏚	•	COM	X0	X2	X4	X6	X10	X12	X14	X16	X20	X22	X24	X26	•
○	○	•	24+	X1	X3	X5	X7	X11	X13	X15	X17	X21	X23	X25	X27

<FX2N-48MR-D>
<FX2N-48MT-D>

Y0	Y2	•	Y4	Y6	•	Y10	Y12	•	Y14	Y16	Y20	Y22	Y24	Y26	COM5
COM1	Y1	Y3	COM2	Y5	Y7	COM3	Y11	Y13	COM4	Y15	Y17	Y21	Y23	Y25	Y27

⏚	•	COM	COM	X0	X2	X4	X6	X10	X12	X14	X16	X20	X22	X24	X26	X30	X32	X34	X36	•
○	○	•	24+	24+	X1	X3	X5	X7	X11	X13	X15	X17	X21	X23	X25	X27	X31	X33	X35	X37

<FX2N-64MR-D>
<FX2N-64MT-D>

Y0	Y2	•	Y4	Y6	•	Y10	Y12	•	Y14	Y16	•	Y20	Y22	Y24	Y26	Y30	Y32	Y34	Y36	COM6
COM1	Y1	Y3	COM2	Y5	Y7	COM3	Y11	Y13	COM4	Y15	Y17	COM5	Y21	Y23	Y25	Y27	Y31	Y33	Y35	Y37

附录 C　FX 系列 PLC 特殊元件名称及含义

（1）PLC 状态

编号	名称	含义
M8000	RUN 监控	RUN 时为 ON
M8001	RUN 监控	RUN 时为 OFF
M8002	初始化脉冲	RUN 后 ON 一个扫描周期
M8003	初始化脉冲	RUN 后 OFF 一个扫描周期
M8004	出错	M8060～M8067 检测，M8062 除外
M8005	电池电压低	锂电池电压下降
M8006	电池电压降低锁存	保持降低信号
M8007	瞬停检测	
M8008	停电检测	

编号	名称	含义
M8009	DC24V 降低	检测 24V 电源异常
D8000	监视定时器	初始值 200ms
D8001	PLC 型号和版本	
D8002	存储器容量	
D8003	存储器类型	
D8004	出错特殊用辅助继电器地址	M8060～M8067
D8005	电池电压	0.1V 单位
D8006	电池电压降低检测	3.0V
D8007	瞬停次数	电源关闭清除
D8008	停电检测时间	4-2 项
D8009	下降单元编号	降低的起始输出编号

（2）步进梯形图

编号	名称	含义	编号	名称	含义
M8040	禁止转移	状态间禁止转移	D8040	RUN监控	RUN时为ON
M8041	开始转移		D8041	RUN监控	RUN时为OFF
M8042	自动脉冲		D8042	初始化脉冲	RUN后ON一个扫描周期
M8043	复原停止	IST指令用途	D8043	初始化脉冲	RUN后OFF一个扫描周期
M8044	原点条件		D8044	出错	M8060～M8067检测，M8062除外
M8045	禁止全输出复位		D8045	电池电压低	锂电池电压下降
M8046	STL状态工作	S0～S900工作检测	D8046	电池电压降低锁存	保持降低信号
M8047	STL监视有效	D8040～D8047有效	D8047	瞬停检测	
M8048	报警工作	S900～S900工作检测	D8048	停电检测	
M8049	报警有效	D8049有效	D8049	DC24V降低	检测24V电源异常

（3）标记

编号	名称	含义
M8020	零标记	应用指令运算标记
M8021	错位标记	
M8022	进位标记	
M8024	BMOV 方向判断	
M8025	HSC 方式	
M8026	RAMP 方式	
M8027	PR 方式	
M8028	执行 FROM/TO 指令时允许中断	
M8029	执行指令结束标记	应用指令用

参 考 文 献

［1］韩相争. 图解西门子 S7-200PLC 编程快速入门［M］. 北京：化学工业出版社，2013.

［2］黄净. 电器及 PLC 控制［M］. 北京：机械工业出版社，2008.

［3］杨后川，等. 三菱 PLC 应用 100 例［M］. 北京：电子工业出版社，2013.

［4］田淑珍. S7-200PLC 原理及应用［M］. 北京：机械工业出版社，2009.

［5］向晓汉. 三菱 FX 系列 PLC 完全精通教程［M］. 北京：化学工业出版社，2012.

［6］张永飞，姜秀玲. PLC 及应用［M］. 大连：大连理工大学出版社，2009.

［7］梁森，等. 自动检测与转换技术［M］. 北京：机械工业出版社，2008.

［8］吴启红. 可编程序控制系统设计技术［M］. 北京：机械工业出版社，2012.

［9］孙晋，张万忠. 可编程序控制器入门与应用［M］. 北京：中国电力出版社，2010.

［10］刘子林. 电机与电气控制［M］. 北京：电子工业出版社，2008.

［11］廖常初. FX 系列 PLC 编程及应用［M］. 北京：机械工业出版社，2007.

［12］廖常初. PLC 编程及应用［M］. 北京：机械工业出版社，2008.

［13］胡寿松. 自动控制原理［M］. 北京：科学出版社，2013.